四川省

2022年
生态环境质量报告

四川省生态环境厅 / 编

四川大学出版社
SICHUAN UNIVERSITY PRESS

图书在版编目（CIP）数据

2022 年四川省生态环境质量报告 / 四川省生态环境
厅编． — 成都：四川大学出版社，2023.9
 ISBN 978-7-5690-6366-0

 Ⅰ．①2… Ⅱ．①四… Ⅲ．①区域生态环境－环境质
量评价－研究报告－四川－2022 Ⅳ．① X321.271

 中国国家版本馆 CIP 数据核字（2023）第 183478 号

书　　　名：2022 年四川省生态环境质量报告
　　　　　　2022 Nian Sichuan Sheng Shengtai Huanjing Zhiliang Baogao
编　　　者：四川省生态环境厅

选题策划：毕　潜　王　睿
责任编辑：毕　潜　王　睿
责任校对：胡晓燕
装帧设计：墨创文化
责任印制：王　炜

出版发行：四川大学出版社有限责任公司
　　　　　地址：成都市一环路南一段 24 号（610065）
　　　　　电话：（028）85408311（发行部）、85400276（总编室）
　　　　　电子邮箱：scupress@vip.163.com
　　　　　网址：https://press.scu.edu.cn
审 图 号：川 S【2023】00069 号
印前制作：四川胜翔数码印务设计有限公司
印刷装订：四川煤田地质制图印务有限责任公司

成品尺寸：210 mm×285 mm
印　　张：16.75
字　　数：540 千字

版　　次：2023 年 11 月 第 1 版
印　　次：2023 年 11 月 第 1 次印刷
定　　价：230.00 元

扫码获取数字资源

四川大学出版社
微信公众号

编委会

驻市（州）生态环境监测中心站参与编写人员

四川省成都生态环境监测中心站： 黄　静　王全德

舒少波　黄　春

四川省自贡生态环境监测中心站： 毛志成

四川省攀枝花生态环境监测中心站： 孙建春

四川省泸州生态环境监测中心站： 罗　俊

四川省德阳生态环境监测中心站： 杨　贤

四川省绵阳生态环境监测中心站： 梁帮强

四川省广元生态环境监测中心站： 肖　沙

四川省遂宁生态环境监测中心站： 王　媛

四川省内江生态环境监测中心站： 丁雪卿

四川省乐山生态环境监测中心站： 赵　颖

四川省南充生态环境监测中心站： 舒　丽

四川省宜宾生态环境监测中心站： 蒋　霞

四川省广安生态环境监测中心站： 倪　斌

四川省达州生态环境监测中心站： 黄　梅

四川省巴中生态环境监测中心站： 唐樱殷

四川省雅安生态环境监测中心站： 周钰人

四川省眉山生态环境监测中心站： 张念华

四川省资阳生态环境监测中心站： 李春艳

四川省阿坝生态环境监测中心站： 龙瑞凤

四川省甘孜生态环境监测中心站： 蒋宇超

四川省凉山生态环境监测中心站： 苏永洁

主　编　单　位　　四川省生态环境监测总站

参加编写单位　　四川省辐射环境管理监测中心站

四川省生态环境科学研究院

四川省环境政策研究与规划院

发　布　单　位　　四川省生态环境厅

资料提供单位　　四川省农业农村厅

前　言

2022年，四川省委、省政府坚持以习近平新时代中国特色社会主义思想为指导，深入学习贯彻党的二十大精神和习近平总书记对四川工作系列重要指示精神，全面落实党中央、国务院关于生态文明建设的决策部署，坚持科学治污、精准治污、依法治污，深入打好污染防治攻坚战，加快推进绿色低碳发展，持续抓好生态保护修复，切实筑牢长江黄河上游生态屏障，推动生态环境质量持续改善，加快谱写美丽中国的四川篇章。

为系统反映2022年四川省生态环境质量状况及变化趋势，为生态环境管理提供决策依据，根据《环境监测报告制度》（环监〔1996〕914号），按照《环境质量报告书编写技术规范》（HJ 641—2012）和《2023年国家生态环境监测方案》（环办监测函〔2023〕120号）的要求，四川省生态环境厅组织四川省生态环境监测总站等有关部门编写了《2022年四川省生态环境质量报告》。本书分为5篇，概述了四川省自然环境、社会环境、生态环境保护和监测工作状况；详细描述了污染排放状况；以生态环境监测网监测数据为基础，全面科学地评价了2022年四川省环境空气、水环境、地下水、城市声环境、生态、农村、土壤和辐射等环境质量现状及变化趋势；深入分析了环境质量变化的原因，梳理了存在的主要环境问题，针对性地提出了持续改善环境质量的对策建议。此外，专题介绍了四川省在大气、水环境、污染源监测等方面的前瞻性研究，利用数学模型对"十三五"以来社会经济发展与空气、地表水、声环境质量的相关性进行了分析，并对生态环境质量进行了预测。需要说明的是，本书中行政区名称后面带"市"，表示该行政区主城区范围；行政区名称后面不带"市"，表示该行政区辖区内的中心城区和所辖县（市、区）。

本书在编写过程中得到了各级领导、相关部门和单位的大力支持，特此致谢！由于编写水平有限，尚存不足之处，敬请批评指正。

编　者
2023年6月

目 录

第一篇 概 况

第一章 自然环境概况 ⋯⋯⋯⋯⋯⋯⋯⋯⋯⋯⋯⋯⋯⋯⋯⋯⋯⋯⋯⋯⋯⋯⋯ 3
　一、地理位置 ⋯⋯⋯⋯⋯⋯⋯⋯⋯⋯⋯⋯⋯⋯⋯⋯⋯⋯⋯⋯⋯⋯⋯⋯⋯ 3
　二、地形地貌 ⋯⋯⋯⋯⋯⋯⋯⋯⋯⋯⋯⋯⋯⋯⋯⋯⋯⋯⋯⋯⋯⋯⋯⋯⋯ 3
　三、气候水文 ⋯⋯⋯⋯⋯⋯⋯⋯⋯⋯⋯⋯⋯⋯⋯⋯⋯⋯⋯⋯⋯⋯⋯⋯⋯ 3
　四、土壤及国土利用状况 ⋯⋯⋯⋯⋯⋯⋯⋯⋯⋯⋯⋯⋯⋯⋯⋯⋯⋯⋯⋯ 4
　五、自然资源 ⋯⋯⋯⋯⋯⋯⋯⋯⋯⋯⋯⋯⋯⋯⋯⋯⋯⋯⋯⋯⋯⋯⋯⋯⋯ 5
　六、自然灾害 ⋯⋯⋯⋯⋯⋯⋯⋯⋯⋯⋯⋯⋯⋯⋯⋯⋯⋯⋯⋯⋯⋯⋯⋯⋯ 7
第二章 社会经济概况 ⋯⋯⋯⋯⋯⋯⋯⋯⋯⋯⋯⋯⋯⋯⋯⋯⋯⋯⋯⋯⋯⋯⋯ 9
　一、行政区划及人口 ⋯⋯⋯⋯⋯⋯⋯⋯⋯⋯⋯⋯⋯⋯⋯⋯⋯⋯⋯⋯⋯⋯ 9
　二、主要经济指标 ⋯⋯⋯⋯⋯⋯⋯⋯⋯⋯⋯⋯⋯⋯⋯⋯⋯⋯⋯⋯⋯⋯⋯ 10
　三、基础设施 ⋯⋯⋯⋯⋯⋯⋯⋯⋯⋯⋯⋯⋯⋯⋯⋯⋯⋯⋯⋯⋯⋯⋯⋯⋯ 10
第三章 生态环境保护工作概况 ⋯⋯⋯⋯⋯⋯⋯⋯⋯⋯⋯⋯⋯⋯⋯⋯⋯⋯⋯ 12
　一、生态环境保护重要措施 ⋯⋯⋯⋯⋯⋯⋯⋯⋯⋯⋯⋯⋯⋯⋯⋯⋯⋯⋯ 12
　二、生态环境保护成效 ⋯⋯⋯⋯⋯⋯⋯⋯⋯⋯⋯⋯⋯⋯⋯⋯⋯⋯⋯⋯⋯ 16
第四章 生态环境监测工作概况 ⋯⋯⋯⋯⋯⋯⋯⋯⋯⋯⋯⋯⋯⋯⋯⋯⋯⋯⋯ 17
　一、巩固污染防治攻坚战 ⋯⋯⋯⋯⋯⋯⋯⋯⋯⋯⋯⋯⋯⋯⋯⋯⋯⋯⋯⋯ 17
　二、推进能力建设现代化 ⋯⋯⋯⋯⋯⋯⋯⋯⋯⋯⋯⋯⋯⋯⋯⋯⋯⋯⋯⋯ 17
　三、拓宽监测网络覆盖面 ⋯⋯⋯⋯⋯⋯⋯⋯⋯⋯⋯⋯⋯⋯⋯⋯⋯⋯⋯⋯ 18
　四、提升数据质量支持力 ⋯⋯⋯⋯⋯⋯⋯⋯⋯⋯⋯⋯⋯⋯⋯⋯⋯⋯⋯⋯ 18
　五、提高环境监测公信力 ⋯⋯⋯⋯⋯⋯⋯⋯⋯⋯⋯⋯⋯⋯⋯⋯⋯⋯⋯⋯ 19

第二篇 污染排放

第一章 废气污染物排放 ⋯⋯⋯⋯⋯⋯⋯⋯⋯⋯⋯⋯⋯⋯⋯⋯⋯⋯⋯⋯⋯⋯ 23
　一、废气主要污染物排放现状及区域分布 ⋯⋯⋯⋯⋯⋯⋯⋯⋯⋯⋯⋯ 23
　二、工业废气主要污染物行业排放状况 ⋯⋯⋯⋯⋯⋯⋯⋯⋯⋯⋯⋯⋯ 25
　三、废气污染物排放变化趋势 ⋯⋯⋯⋯⋯⋯⋯⋯⋯⋯⋯⋯⋯⋯⋯⋯⋯⋯ 27
第二章 废水污染物排放 ⋯⋯⋯⋯⋯⋯⋯⋯⋯⋯⋯⋯⋯⋯⋯⋯⋯⋯⋯⋯⋯⋯ 29

一、 废水主要污染物排放现状及区域分布 ……………………… 29
二、 工业废水主要污染物行业排放状况 ………………………… 31
三、 废水污染物排放变化趋势 …………………………………… 33
第三章 固体废弃物产生、处置和综合利用 ……………………… 35
一、 一般工业固体废物 …………………………………………… 35
二、 工业危险废物 ………………………………………………… 36
三、 生活垃圾 ……………………………………………………… 36
第四章 重点排污单位执法监测 …………………………………… 38
一、 重点排污单位达标情况 ……………………………………… 38
二、 主要污染物达标情况 ………………………………………… 42

第三篇 生态环境质量状况

第一章 生态环境质量监测及评价方法 …………………………… 45
一、 城市环境空气 ………………………………………………… 45
二、 降水 …………………………………………………………… 46
三、 地表水 ………………………………………………………… 46
四、 集中式饮用水水源地 ………………………………………… 51
五、 地下水 ………………………………………………………… 53
六、 城市声环境 …………………………………………………… 56
七、 生态质量 ……………………………………………………… 57
八、 农村环境 ……………………………………………………… 58
九、 土壤环境 ……………………………………………………… 60
十、 辐射环境 ……………………………………………………… 61
第二章 城市环境空气质量 ………………………………………… 62
一、 现状评价 ……………………………………………………… 62
二、 年内时空变化分布规律分析 ………………………………… 69
三、 2016—2022 年变化趋势分析 ………………………………… 70
四、 小结 …………………………………………………………… 73
五、 原因分析 ……………………………………………………… 73
第三章 城市降水质量 ……………………………………………… 79
一、 现状评价 ……………………………………………………… 79
二、 年内时空变化分布规律分析 ………………………………… 81
三、 2016—2022 年变化趋势分析 ………………………………… 83
四、 小结 …………………………………………………………… 85
第四章 地表水环境质量 …………………………………………… 86
一、 现状评价 ……………………………………………………… 86
二、 年内时空变化分布规律分析 ………………………………… 95
三、 2016—2022 年变化趋势分析 ………………………………… 101
四、 岷江和沱江水生态试点调查监测 …………………………… 105
五、 小结 …………………………………………………………… 111
六、 原因分析 ……………………………………………………… 111

第五章　集中式饮用水水源地水质 ……………………………………………………………… 113
　　一、现状评价 ……………………………………………………………………………… 113
　　二、年内空间分布规律分析 ……………………………………………………………… 115
　　三、2016—2022 年变化趋势分析 ………………………………………………………… 116
　　四、小结 …………………………………………………………………………………… 118
　　五、原因分析 ……………………………………………………………………………… 119
第六章　地下水环境质量 …………………………………………………………………………… 120
　　一、国家地下水环境质量考核点位 ……………………………………………………… 120
　　二、省级地下水环境质量监测点位 ……………………………………………………… 126
　　三、小结 …………………………………………………………………………………… 127
　　四、原因分析 ……………………………………………………………………………… 127
第七章　城市声环境质量 …………………………………………………………………………… 128
　　一、区域声环境质量 ……………………………………………………………………… 128
　　二、道路交通声环境质量 ………………………………………………………………… 131
　　三、功能区声环境质量 …………………………………………………………………… 134
　　四、小结 …………………………………………………………………………………… 136
第八章　生态质量状况 ……………………………………………………………………………… 137
　　一、现状评价 ……………………………………………………………………………… 137
　　二、2020—2022 年变化趋势分析 ………………………………………………………… 140
　　三、小结 …………………………………………………………………………………… 143
第九章　农村环境质量 ……………………………………………………………………………… 144
　　一、农村环境质量现状评价 ……………………………………………………………… 144
　　二、农村面源污染状况 …………………………………………………………………… 150
　　三、农村黑臭水体状况 …………………………………………………………………… 152
　　四、2016—2022 年变化趋势分析 ………………………………………………………… 153
　　五、小结 …………………………………………………………………………………… 157
第十章　土壤环境质量 ……………………………………………………………………………… 159
　　一、现状评价 ……………………………………………………………………………… 159
　　二、年内空间分布规律分析 ……………………………………………………………… 161
　　三、小结 …………………………………………………………………………………… 162
第十一章　辐射环境质量 …………………………………………………………………………… 163
　　一、电离辐射 ……………………………………………………………………………… 163
　　二、电磁辐射 ……………………………………………………………………………… 164
　　三、小结 …………………………………………………………………………………… 164

第四篇　专题分析

第一章　区域—城市"天空地"一体化大气污染物精细化防控体系建设 …………………… 167
　　一、体系框架 ……………………………………………………………………………… 167
　　二、主要建设内容 ………………………………………………………………………… 168
　　三、应用案例 ……………………………………………………………………………… 170

第二章　四川省地表水国控断面汛期污染强度动态分析及应用 ·················· 175
　　一、数据来源与计算 ·· 175
　　二、结果与讨论 ·· 176
　　三、小结 ·· 183
第三章　气候变化和污染防治政策对岷江流域水质的影响研究 ················ 184
　　一、数据来源与方法 ·· 184
　　二、结果与讨论 ·· 187
　　三、小结 ·· 191
第四章　重点城市环境空气中特征挥发性有机物组分变化规律及对策研究 ······ 192
　　一、研究内容 ·· 192
　　二、结果与讨论 ·· 192
　　三、小结 ·· 193
第五章　快速执法筛查监测在大气污染防治工作中的应用 ···················· 195
　　一、应用背景 ·· 195
　　二、技术路线 ·· 195
　　三、应用案例 ·· 195
　　四、小结 ·· 200
第六章　社会经济发展与生态环境质量的关联性分析 ························ 201
　　一、灰色关联性分析方法 ·· 201
　　二、数据来源 ·· 202
　　三、关联性分析结果与评价 ·· 202

第五篇　总　结

第一章　生态环境质量状况主要结论 ·· 211
第二章　主要环境问题 ·· 213
第三章　对策与建议 ·· 214
第四章　生态环境质量预测 ·· 217
　　一、环境空气质量预测 ·· 217
　　二、地表水质量预测 ·· 218
　　三、功能区声环境质量预测 ·· 221

附　表 ··· 223

第一篇　概况

2022

第一章　自然环境概况

一、地理位置

四川简称川或蜀，位于中国西南部，地处长江上游，素有"天府之国"的美誉。介于东经92°21′～108°12′和北纬26°03′～34°19′之间，东西长1075余千米，南北宽900余千米。东连渝，南邻滇、黔，西接西藏，北接青、甘、陕三省。面积为48.6万平方千米，次于新疆、西藏、内蒙古和青海，居全国第五位。

二、地形地貌

四川省地貌东西差异大，地形复杂多样，位于我国大陆地势三大阶梯中的第一级青藏高原和第二级长江中下游平原的过渡带，高差悬殊，西高东低的特点明显。西部为高原、山地，海拔多在4000米以上，东部为盆地、丘陵，海拔多在1000～3000米之间。境内最高点在西部大雪山主峰贡嘎山，海拔7556米；最低点在东部邻水县幺滩镇御临河出境处，海拔186.77米。山地和高原占四川省面积的81.4%，可分为四川盆地、川西北高原和川西南山地三大部分。四川省地形地貌如图1.1-1所示。

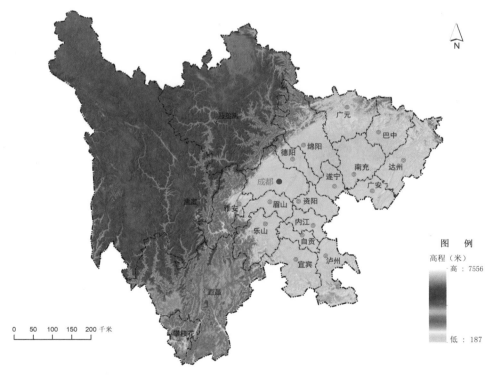

图1.1-1　四川省地形地貌

三、气候水文

四川省气候复杂多样，且地带性和垂直变化明显；季风气候明显，雨热同季；区域间差异显著，东部冬暖、春早、夏热、秋雨、多云雾、少日照、生长季长，西部则寒冷、冬长、基本无夏、日照充足、降水集中、干雨季分明；气候垂直变化大，气候类型多；气象灾害种类多，发生频率高且范围大，主要有干旱，其次是暴雨、洪涝和低温等。

2022年四川省年均气温15.9℃，比常年偏高0.7℃，已连续10年高于常年平均值，盆地中部明显偏高1℃～1.7℃。年均降水量844.7毫米，较常年偏少12%，与常年同期相比，大部分地方降水偏少1～3成，绵阳、成都、德阳3市偏少4～5成。2016—2022年四川省年均气温及降水量见表1.1-1。

表1.1-1 2016—2022年四川省年均气温及降水量

年份	2016	2017	2018	2019	2020	2021	2022
年均气温（℃）	15.7	15.6	15.4	15.4	15.4	15.6	15.9
年均降水量（mm）	982.1	947.5	1156.8	1034.4	1132.2	1070.5	844.7

四、土壤及国土利用状况

四川省土壤资源有25个土类、63个亚类、137个土属、380个土种，区域分布特征十分明显。东部盆地丘陵为紫色土区域，东部盆周山地为黄壤区域，川西南山地河谷为红壤区域，川西北高山为森林土区域，川西北高原为草甸土区域。四川省土壤类型分布如图1.1-2所示。

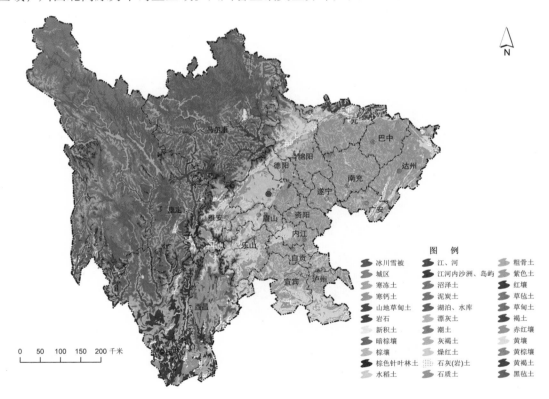

图1.1-2 四川省土壤类型分布

根据四川省第三次全国国土调查主要数据公报，主要地类面积构成：耕地522.72万公顷，以水田、旱地为主，凉山州、南充、达州面积较大；园地120.32万公顷，以果林、茶园为主，主要分布在凉山州、成都、眉山；林地2541.96万公顷、草地968.78万公顷、湿地123.08万公顷，这三类主要分布在三州地区；城镇村及工矿用地184.12万公顷；交通运输用地47.39万公顷；水域及水利设施用地105.32万公顷。四川省各类型土地面积构成比例如图1.1-3所示。

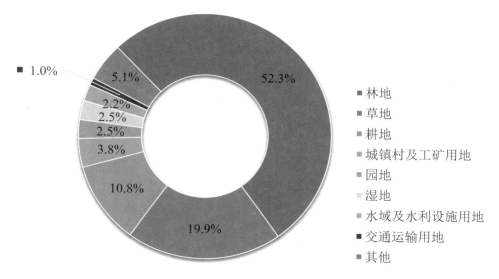

图1.1-3　四川省各类型土地面积构成比例

五、自然资源

1. 水资源

四川省水资源丰富，居全国前列。水资源总量约为3489.7亿立方米，其中：多年平均天然河川径流量为2547.5亿立方米，占水资源总量的73%；上游入境水为942.2亿立方米，占水资源总量的27%。地下水资源量为546.9亿立方米，可开采量为115亿立方米。境内遍布湖泊冰川，有湖泊1000多个、冰川200余条和一定面积的沼泽，多分布于川西北和川西南，湖泊总蓄水量约为15亿立方米，加上沼泽蓄水量，共计约为35亿立方米。

四川省水资源总量丰富，人均水资源量高于全国，但时空分布不均，形成区域性缺水和季节性缺水；水资源以河川径流最为丰富，但径流量的季节分布不均，大多集中在6—10月，洪旱灾害时有发生；河道迂回曲折，利于农业灌溉；天然水质良好，但部分地区也有污染。

（1）地表水资源

四川省河流众多，有"千河之省"之称，境内共有大小河流近1400条，其中流域面积在100平方千米以上的河流有1229条，以长江水系为主。长江干流上游青海巴塘河口至四川宜宾岷江口段称为金沙江，位于四川和西藏、云南边界，主要流经四川西部、南部；支流遍布，较大的有雅砻江、岷江、大渡河、沱江、嘉陵江、青衣江、涪江、渠江、安宁河、赤水河等；黄河流经四川西北部，位于四川和青海交界，支流包括黑河和白河。境内遍布湖泊冰川，主要湖泊有邛海、泸沽湖和马湖等。四川省地表河流分布如图1.1-4所示。

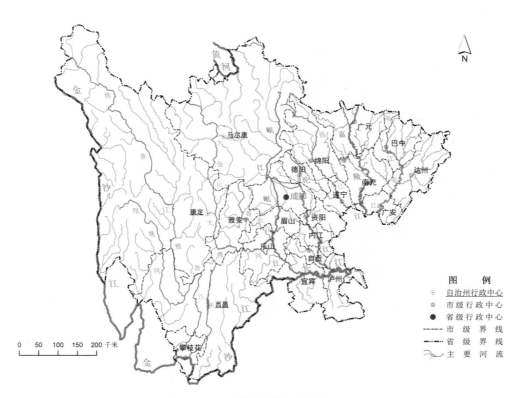

图1.1-4　四川省地表河流分布

（2）地下水资源

四川省地下水主要分为松散岩类孔隙水、碳酸盐岩岩溶水、基岩裂隙水三大类。松散岩类孔隙水主要分布于成都平原、彭眉平原、峨眉平原、安宁河谷平原、盐源盆地、石渠高原河谷、红原—若尔盖草原等地，面积共约2万平方千米。碳酸盐岩岩溶水主要分布在盆周及川西南山地、盆东及川西高原局部地段，面积共约5.8万平方千米。基岩裂隙水可分为碎屑岩类孔隙裂隙水和变质岩、岩浆岩裂隙水。碎屑岩类孔隙裂隙水主要分布在东部盆地（红层）广大地区和局部盆周山地、川西南山地及川西高原区；盆地西侧边缘、威远穹隆北西翼外围和西南山地的西昌、会理等地；盆地内、盆地周边及西南山地区的背斜翼部、倾没端及向斜轴部，形成自流斜地或向斜盆地，分布总面积15.1万平方千米。变质岩、岩浆岩裂隙水主要赋存在西部高原高山区三叠系西康群砂板岩、片岩和东、西、南边缘山地元古界、古生界的石英岩、板岩、千枚岩、结晶灰岩、大理岩、变质火山岩等的构造裂隙、风化网状裂隙中；西部高山高原区（岩浆岩）、西南山地区以喷出酸性玄武岩为主。

2. 矿产资源

四川省地质单元多样，成矿条件较好，矿产资源种类丰富。截至目前已发现矿产136种，查明资源储量的矿产98种，128个亚矿种。能源矿产、黑色金属矿产、有色金属矿产、稀有（含稀散）及稀土金属矿产、贵金属矿产、化工原料非金属矿产、冶金辅助原料非金属矿产、建材及其他矿产均有分布。矿产资源分布相对集中，区域特色明显，部分能源资源类矿产在全国处于优势地位。

（1）能源矿产

能源矿产主要分布在川东和川南地区，查明资源储量的能源矿产6种：煤炭、石油、天然气、页岩气、煤层气、天然沥青，主要为天然气、页岩气和煤炭。

天然气和页岩气为四川省优势矿产，探明地质储量均排名全国第一。天然气资源丰富，基本覆盖四川盆地，累计探明地质储量占全国总量的20.7%；页岩气资源储量巨大，主要分布在川南地区的宜宾、内江、自贡等地，累计探明地质储量占全国总量的65.5%；煤炭矿区572个，主要分布在宜宾、泸州、达州、攀枝花等地，煤炭资源储量居全国第十四位。

（2）金属矿产

金属矿产主要集中于川西和攀西地区。查明资源储量的黑色金属矿产5种、有色金属矿产13种、贵金属矿产4种、稀有金属矿产15种。

黑色金属矿产中，四川省主要的优势矿产为钒钛磁铁矿，集中分布于攀枝花和凉山州，现有矿区36个，铁矿查明资源储量居全国第三位，钒、钛查明资源储量居全国第一位。

有色金属矿产、稀有金属矿产、贵金属矿产主要分布在川西高原和凉山州的会理、会东地区。主要的有色金属矿产为铜、铅、锌、铝等，查明资源储量均在全国前十，主要位于凉山州、甘孜州、雅安和乐山等地；稀有金属矿产中，锂矿资源优势巨大，现有矿区16个，主要分布于甘孜州和阿坝州，查明资源储量居全国第一位；贵金属矿产以岩金为主，主要分布于阿坝州和甘孜州。

（3）非金属矿产

非金属矿产中，查明资源储量的冶金辅助原料非金属矿产12种、化工原料非金属矿产16种、建材及其他非金属矿产54种。化工原料非金属矿产中，硫铁矿、芒硝、岩盐资源储量巨大，查明资源储量居全国第一位，其中硫铁矿主要分布在泸州和宜宾等地，芒硝主要分布在成都、雅安和眉山等地，岩盐主要分布在乐山、自贡和宜宾等地；磷矿查明资源储量居全国第六位，主要分布在德阳、凉山州和乐山等地；建材及其他非金属矿产中，石墨（晶质）为重要战略性矿产，查明资源储量居全国第四位，主要分布在攀枝花和巴中。

3. 森林及动植物资源

四川省森林面积为1955.36亿公顷，森林蓄积量为19.44亿立方米，均居全国第四位；草地面积为1.45亿亩，居全国第六位；湿地面积为1846万亩，居全国第六位，若尔盖湿地是我国面积最大的高寒泥炭沼泽湿地。

据调查统计，四川省境内中国特有种目前记录的数量为6656种，其中，植物特有种为6245种，包括裸子植物64种、被子植物6181种，包含国家Ⅰ级重点保护野生植物18种、国家Ⅱ级重点保护野生植物55种。动物特有种为403种，包括哺乳类79种、鸟类43种、两栖类69种、爬行类66种、鱼类146种，包含国家Ⅰ、Ⅱ级重点保护动物142种。

六、自然灾害

1. 气象灾害

2022年四川省区域性暴雨过程少，暴雨天气站次数偏少，属暴雨偏弱年。四川省有130个县站出现暴雨天气，共计发生暴雨309站次，排历史第8少位，其中大暴雨44站次，无特大暴雨出现。共出现3场区域性暴雨天气过程，5月1次，6月2次，7—8月未出现区域性暴雨过程。区域性暴雨次数较常年偏少。

四川省春旱偏轻，夏旱一般，伏旱范围广、强度大，总体为重旱年。春旱发生范围小，重旱以上区域主要集中在攀枝花市。夏旱发生范围较广，重旱以上区域主要出现在盆地西北和盆地东北等地。伏旱发生范围广、持续时间长、旱情偏重，盆地大部、川西高原中部、攀西地区东北部均有较大范围的重、特旱发生，其中盆地尤为显著。

2. 干旱灾害

2022年，持续干旱造成除攀枝花市以外的20个市（州）138个县（市、区）761.6万人次受灾，因旱饮水困难需救助121.4万人次，农作物受灾面积52.2万公顷，直接经济损失48亿元。干旱灾情近10年来最重，为均值的7.5倍。

3. 地震灾害

2022年，四川省发生破坏较大地震3次，为"6·1"芦山6.1级地震、"6·10"马尔康6.0级震群及"9·5"泸定6.8级地震。

6月1日芦山6.1级地震的最高烈度为Ⅷ度（8度），等震线长轴呈北东走向，长轴为76千米，短轴为65千米，四川省主要涉及雅安市芦山县、宝兴县、天全县、名山区、雨城区和成都市邛崃市、大邑县，共计7个区（县）。

6月10日马尔康6.0级震群型地震的最高烈度为Ⅷ度（8度），等震线长轴呈北西走向，长轴为111千米，短轴为67千米，四川省主要涉及阿坝州马尔康市、阿坝县、红原县、壤塘县，共计4个县（市）。

9月5日泸定6.8级地震的最高烈度为Ⅸ度（9度），等震线长轴呈北西走向，长轴为195千米，短轴为112千米，四川省主要涉及3个市（州）的12个县（市、区），82个乡镇（街道）。

第二章　社会经济概况

一、行政区划及人口

四川省辖21个地级行政区，其中18个地级市、3个自治州；共55个市辖区、19个县级市、105个县、4个自治县，合计183个县级区划；街道459个、镇2016个、乡626个，合计3101个乡级区划。截至2022年末，常住人口为8374万，城镇化率为58.35%。

1. 五大经济区

四川省21个地级行政区分为五大经济区，各经济区的区域范围分别如下：

成都平原经济区：成都、德阳、绵阳、遂宁、资阳、眉山、乐山、雅安。

川南经济区：内江、自贡、宜宾、泸州。

川东北经济区：广元、巴中、达州、广安、南充。

攀西经济区：攀枝花、凉山州。

川西北生态示范区：甘孜州、阿坝州。

四川省五大经济区区域范围及地理位置如图1.2-1所示。

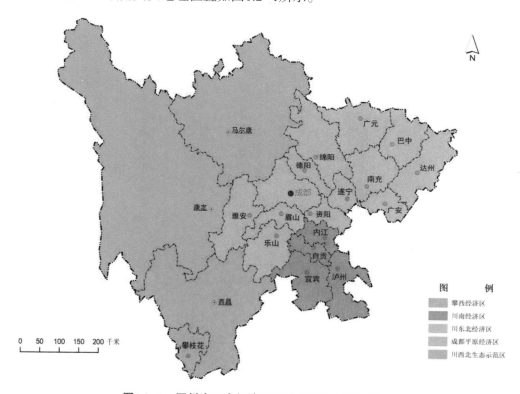

图1.2-1　四川省五大经济区区域范围及地理位置

2. 成渝双城经济圈

2021年10月，中共中央、国务院印发了《成渝地区双城经济圈建设规划纲要》。规划范围包括四川省成都、自贡、泸州、德阳、绵阳（除平武县、北川县）、遂宁、内江、乐山、南充、眉山、宜宾、广安、达州（除万源市）、雅安（除天全县、宝兴县）、资阳等15个市与重庆市区及其27个区（县）和开州、云阳的部分地区，总面积为18.5万平方千米，2019年常住人口为9600万，地区生产总值近6.3万亿元。成渝地区双城经济圈位于"一带一路"和长江经济带交汇处，是西部陆海新通道的起点，具有连接西南与西北，沟通东亚与东南亚、南亚的独特优势。区域内生态禀赋优良、能源矿产丰富、城镇密布、风物多样，是我国西部人口最密集、产业基础最雄厚、创新能力最强、市场空间最广阔、开放程度最高的区域，在国家发展大局中具有独特而重要的战略地位。

预计到2025年，中小城市和县城发展提速，大中小城市和小城镇优势互补，成渝地区双城经济圈城镇化率将达到66%左右。

二、主要经济指标

2022年四川省经济顶住多重超预期因素冲击，主要指标运行总体平稳，积极因素不断累积，为"十四五"四川经济高质量发展奠定了更加坚实的基础。地区生产总值达到56749.8亿元，稳居全国第六位。按可比价格计算同比上升2.9个百分点，年均增速高于全国0.8个百分点。人均地区生产总值超过6.5万元。

分产业看，第一产业增加值5964.3亿元，同比增长4.3%；第二产业增加值21157.1亿元，同比增长3.9%；第三产业增加值29628.4亿元，同比增长2.0%。2016—2022年四川省地区生产总值及产业结构变化趋势如图1.2-2所示。

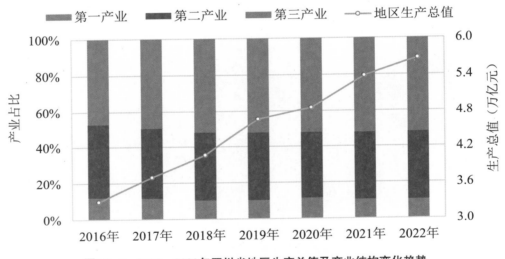

图1.2-2 2016—2022年四川省地区生产总值及产业结构变化趋势

三、基础设施

1. 污水处理

截至2022年底，累计建成城市（县城）生活污水处理厂339座，处理能力1181.37万吨/日，污水处理率达96.9%。建制镇生活污水处理设施1804个，处理能力166.6万吨/日，建制镇生活污水集中处理率达68.3%。

2. 垃圾处理

截至2022年底，累计建成城市生活垃圾无害化处理厂（场）217座（其中焚烧发电厂39座），处理能力6万吨/日（其中焚烧发电处理能力4.41万吨/日）；城市、县城生活垃圾无害化处理率分别达到100%、99.8%；厨余垃圾处理能力5421.15吨/日。农村生活垃圾收运处置体系覆盖四川省98%的行政村。

3. 交通

2022年，四川省在营公交车辆34010辆，其中新能源公交车19459辆，占比57.2%；在营出租车45792辆，其中新能源出租车15246辆，占比33.3%。四川省港口码头具备岸电供电能力泊位135个，同比增加37.8%；具备岸电受电设备船舶251艘，同比增加32.8%。四川省客运枢纽51个，其中21个配备交换电基础设施，占比41.2%；四川省高速公路服务区165对，其中140对建有交换电基础设施，占比84.8%。

第三章 生态环境保护工作概况

2022年，四川省各级各部门以习近平新时代中国特色社会主义思想为指导，深入学习贯彻党的二十大精神和习近平总书记对四川工作系列重要指示精神，全面落实党中央、国务院关于生态文明建设的决策部署，推动生态环境质量持续改善，加快谱写美丽中国的四川篇章。

一、生态环境保护重要措施

1. 全面落实党中央、国务院关于生态文明建设决策部署

坚定不移践行习近平生态文明思想。 四川省坚持以习近平生态文明思想为指导，深入学习贯彻习近平总书记来川视察重要指示精神，专门制定出台《贯彻落实习近平总书记来川视察对生态环境保护工作重要要求具体措施分工方案》，切实推动习近平总书记重要指示精神落地落实。出台《美丽四川建设战略规划纲要（2022—2035年）》《四川省"十四五"生态环境保护规划》《关于深入打好污染防治攻坚战的实施意见》，系统部署四川省生态文明建设工作。深入推进区域重大战略生态环境保护工作，印发实施《成渝地区双城经济圈生态环境保护规划》《四川省黄河流域"十四五"生态环境保护规划》《四川省"十四五"长江流域水生态环境保护规划》等。

坚决扛起长江黄河上游生态保护政治责任。 省委、省政府主要负责同志主持召开省生态环境保护委员会第三次会议、省推动长江经济带发展领导小组暨省推动黄河流域生态保护和高质量发展领导小组全体会议、四川省生态环境保护工作电视电话会议、省委常委会会议、省政府常务会议等，推动党中央、国务院决策部署在四川落地生根。

紧扣四川省中心大局依法履职尽责。 省人大着力强化立法监督，制定《四川省土壤污染防治条例》，修订《四川省〈中华人民共和国土地管理法〉实施办法》，审议《四川省大熊猫国家公园管理条例》，填补大熊猫国家公园管理和执法的法律空白。率先开展赤水河流域保护"共同决定+条例"执法检查，首次开展川渝人大常委会嘉陵江流域生态环境保护"四川条例"和"重庆决定"联合执法检查，受全国人大常委会委托开展长江保护法执法检查。配合全国人大常委会来川开展环境保护法执法检查。

立足地方实际提高履职能力。 省政协围绕"学习贯彻习近平总书记来川视察重要指示精神，推进长江上游生态环境保护和高质量发展"协商议政。开展"高质量推进大熊猫国家公园建设"对口协商，形成的调研报告得到省委主要领导签批。开展"加快创建若尔盖国家公园，打造最美高原湿地国家名片"专家协商，与重庆市政协开展联合履职，助力濑溪河流域成为成渝地区结合部的示范生态走廊。

2. 深入打好蓝天保卫战，大气环境质量实现"双下降""双增加"

强化统筹联动。 修订《四川省重污染天气应急预案（修订）》，印发实施《关于深入打好2022年大气污染防治攻坚战的通知》，制定实施《四川省环境空气质量积分管理暂行办法》，将空气质量目标管控任务细化到每一天、每一时。推进工业源、移动源、扬尘源污染综合整治，开展"千名专家进万企"帮服，实施重点行业绩效评级。

加快推进结构调整。 印发实施《四川省"十四五"能源发展规划》《四川省"十四五"可再生能源发展规划》，推进全国优质清洁能源基地建设，四川省水电装机容量达9657万千瓦，风电装机容量达598万千瓦，光伏发电装机容量达205万千瓦。加快建设国家天然气（页岩气）千亿立方米级产能基地。实施"电动四川"行动计划。全年淘汰老旧车23.7万辆，同比增加20.3%，推进新能源车替代24.45万辆，同比增加80%，城市公交新能源车辆占比达50%，主要路段高速公路服务区基本实

现充电桩全覆盖。城镇新建民用建筑全面执行绿色建筑标准。

协同推进减污降碳。出台《关于完整准确全面贯彻新发展理念做好碳达峰碳中和工作的实施意见》，制定工业等重点行业领域碳达峰专项方案和支撑保障方案。成都、乐山两市开展"三线一单"减污降碳协同管控全国试点。出台实施《四川省碳市场能力提升行动方案》，累计成交国家核证自愿减排量突破3600万吨，成交额突破11亿元。推动四川天府新区成功入选国家气候投融资试点，推进国家低碳城市试点、气候适应型城市建设试点。启动17个近零碳排放园区试点。深化国家碳监测评估试点。

3. 深入打好碧水保卫战，持续提升水生态环境质量

全面落实河湖长制。在全国率先开展河湖长制进驻式督查试点，出台《四川省省级河长联络员单位联席会议制度》，修订河湖长制工作省级考核办法，将考核结果纳入领导干部自然资源资产离任审计和生态环境损害责任追究。首次安排省级财政水利发展资金2000万元，强化工作激励。22位省级河湖长带头开展巡河湖45次，带动四川省近5万名河湖长巡河问河360万次，推动整改问题19万个。

扎实开展"清河护岸净水保水禁渔"五项行动。强力"清河"，1516座需退出的小水电退出1384座。常态"护岸"，完成3055条河流、171个湖泊管理范围划定和155条流域面积1000平方千米以上河流、29个湖泊的岸线保护与利用规划编制。黄河干流若尔盖段应急处置工程顺利完工。深入"净水"，实施琼江等重点小流域水污染治理攻坚，开工建设污水垃圾处理设施1814个，新（改）建污水管网8546千米，完成长江干流、岷江等流域入河排污口溯源整治。105个城市建成区黑臭水体治理工程全面竣工。严格"保水"，对557个流域套县域用水总量管控单元实施精细化管理。新增水土流失综合治理面积5130平方千米。持续"禁渔"，查办违法违规案件3570件。全年增殖放流鱼苗3505万尾。

加强饮用水水源地保护。印发《四川省"十四五"饮用水水源环境保护规划》，农村集中式饮用水水源地完成保护区划定，划定、调整、撤销11处县级及以上集中式饮用水水源地保护区，在用城市集中式饮用水水源地全部完成保护区边界立标和一级保护区隔离防护设施建设。

强化地下水污染防治。建成运行全国第一个省级地下水环境管理决策系统信息化平台。编制实施四川省83个"十四五"地下水国考点位水质达标或保持方案。广元市废弃矿井涌水治理试点项目成果经验在全国推广。

4. 深入打好净土保卫战，着力推动乡村生态振兴

加强农业农村生态环境保护。印发实施"十四五"农业农村生态环境保护规划、畜禽养殖污染防治规划，化肥农药继续保持零增长，四川省畜禽粪污综合利用率达77%以上，秸秆综合利用率达92.8%，废旧农膜回收率达84%。耕地质量平均等级提升至5.39等，同比提高0.12等。持续整治农村人居环境，农村卫生厕所普及率达91%，成都市龙泉驿区、泸州市古蔺县、乐山市沙湾区、雅安市荥经县、阿坝藏族羌族自治州汶川县获评全国村庄清洁行动先进县，数量排名全国第一。累计完成99个纳入国家监管的农村黑臭水体整治，66.1%的行政村生活污水得到有效治理。

加强土壤污染防治。四川省1198家企业列入2022年度土壤污染重点监管单位。140家耕地周边涉镉问题企业纳入排查整治清单，64家企业完成整治销号。9个土壤源头管控项目纳入"国家102项重大工程"，启动实施4个项目。完成土壤污染状况初步调查地块1289个。持续更新《四川省建设用地土壤污染风险管控和修复名录》。建设四川省长江黄河上游土壤风险管控区，完成四川省21个市（州）土壤污染风险管控分区方案。

推动新污染物治理。印发实施《四川省新污染物治理工作方案》。开展化学品环境国际公约管控物质统计调查，将全氟化合物等新污染物纳入调查统计范围。在全国率先完成抗生素环境赋存、风险评估和环境耐药性等系列调查。

5. 提升环境监督管理水平，切实保障生态环境安全

加强固体废弃物监管处置。开展危险废物风险集中治理，建立危险废物监管联动工作机制。推进危险废物规划项目建设，四川省危险废物持证经营单位达79家，处置利用能力521.16万吨/年，同比增加37.1%；医疗废物集中处置能力14.99万吨/年，同比增加13.8%。危险废物收集总能力5.5万吨/年，同比增加5.5万吨/年；废铅蓄电池收集能力73.2万吨/年，环比增加1万吨/年。联合重庆市印发实施《关于推进成渝地区双城经济圈"无废城市"共建的指导意见》《成渝地区双城经济圈"无废城市"共建机制》。深化尾矿库污染防治，印发《四川省"十四五"尾矿库污染治理实施方案》，实施分类分级环境监管，持续排查整治尾矿库环境问题。

提升生态环境应急处置能力。推动2300余家重点企业实行环境应急"一企一单一案"管理，累计整治次生环境风险隐患问题2764个。完成省内13个重点流域环境风险评估。完成3万余家风险企业预案备案。基本实现四川省应急物资保障全覆盖。开展应急培训及演练200余次，联合云南省、重庆市开展"2022年川滇渝三省（市）长江流域突发生态环境事件应急综合演练"。全年有效处置突发环境事件5起，同比下降44%，事件数量连续3年下降。

持续从严开展核与辐射安全监管。依法依规完成3412个辐射类环评、许可、审批、备案等工作。持续提升省级和重点市（州）核与辐射安全监管和应急监测能力。加强辐射监测网络自动化建设，开展四川省581个国控、省控点位辐射环境质量监测。有效运行核安全协调机制，完成并总结核与辐射安全隐患排查三年行动，安全开展放射源及放射性废物收贮，防止次生核与辐射安全事故。四川省核与辐射环境安全可控。

6. 加强生态系统保护修复，不断提升生态系统稳定性

扎实推进"两园"建设。全面启动大熊猫国家公园建设，2639亩集体人工商品林调整为公益林，埋设界碑界桩2894个，实施大熊猫栖息地生态修复4万亩。组织实施若尔盖草原湿地生态保护修复工程，若尔盖国家公园主要创建任务基本完成。

加强自然保护地监管。优化调整生态保护红线面积至148681.56平方千米，占四川省幅员面积的30.6%，较2018年增加670平方千米。完成生态保护红线生态破坏问题监管试点，核查整改疑似生态破坏问题1208个。持续推进自然保护地强化监督"绿盾"行动和卫星遥感问题整改，现场核查1679个疑似生态破坏问题。规范自然保护地建立、调整、建设审批程序，编制自然保护地总体规划64个，整改问题371个。四川省森林覆盖率达到40.3%，草原综合植被覆盖度达到82.6%，森林蓄积量达到19.44亿立方米。

大力开展生态文明示范创建。扎实推进川西北生态示范区建设，印发实施《川西北生态示范区建设水平评价指标体系》和考核办法。将生态文明示范创建纳入市（州）生态环境保护党政同责目标考核，对完成国家级、省级生态文明示范创建的地区分别奖补800万元、300万元。全年创建10个国家生态文明建设示范区、2个"两山"实践创新基地，数量居全国第一位。

加强生物多样性保护。首次明确生物多样性保护责任分工，出台贯彻落实《关于进一步加强生物多样性保护的意见》责任分工方案，编制《四川省生物多样性保护优先区域规划（2022—2030年）》。组织"五县两山两湖一线"（黄河流域5县，贡嘎山、海子山，泸沽湖、邛海）自然保护地地方政府开展生物多样性调查。在60%以上水生生物关键栖息地设置监测站点，开展环境监测，四川省水生生物资源恢复向好。

7. 持续推进"放管服"改革，全力服务稳增长

扎实推进生态环境分区管控落地应用。在全国率先出台规划环评、项目环评与"三线一单"符合性分析要点，指导环评与"三线一单"有效联动，为90个规划环评和510个重点项目、965个拟签约项目环评提前研判环境可行性。2022年3月，生态环境部部长黄润秋率队到四川省调研并召开座谈会，充分肯定四川省采取"三导一新"工作思路推动"三线一单"落地应用的做法，并要求在全

国"先行一步、引导示范"。

持续提升环评审批服务质效。开展环评审批权限调整下放执行效果评估，优化调整环评审批权限。分层分类分区提供精准环评审批服务，全面推行环评预审服务。建立"一张清单、一套专班"全程跟进服务机制，实施环评服务提示函明确环评要求和指导意见。2022年，四川省共5393个项目环评获得审批，涉及投资约1.58万亿元。持续推进"最多跑一次"改革，全年受理政务服务事项4330件，办结4289件，办事企业、群众主动评价满意率为100%。督促指导环评单位提升环评文件质量，累计完成740份环评文件抽查复核，对34家环评单位及34名编制人员予以通报批评、失信记分和网站公示，移交4批复核发现的违法问题线索。

全面实施排污许可提质增效行动。强化排污许可质量监管，试点探索排污许可与环评"二合一"审批、污染源排口"一源一码"管理等创新工作，全面提升排污许可质量。将13.09万余家固定污染源纳入排污许可管理，其中核发排污许可证17474张（重点管理4425张，简化管理13049张），下达限期整改通知书4张，排污登记113472家。

8. 持续健全督察执法体制机制，守牢生态环境底线

完善生态环境保护督察机制。出台《四川省环境质量改善不力约谈办法》《四川省长江生态环境问题整改销号办法》，修订《四川省生态环境保护督察问题整改销号办法》《建设项目环境影响评价区域限批管理办法》，建立政府督查与生态环境监督贯通协调机制，完善中央督察问题现场核查机制，形成发现问题、解决问题的管理闭环。

扎实整改生态环境问题。编制落实中央生态环境保护督察及国家移交长江黄河问题整改方案，严格执行"清单制+责任制+销号制"，155项第一轮中央督察整改任务完成152项，69项第二轮中央督察整改任务完成43项，国家移交的72个长江黄河问题完成64个。4个案例入选全国督察整改看成效正面典型，数量居全国前列。纵深推进省级督察，对成都、自贡、德阳、宜宾、蜀道集团开展第三轮第一批省级生态环境保护督察。开展2022年川渝联合督察，推动大清流河流域水环境质量改善。持续整改省级督察问题，8924个第一轮省级督察发现问题完成8921个，689项第二轮省级督察整改任务完成647项，5038个第二轮省级督察移交信访问题办结4951个。建立健全四川省、市、县三级生态环境问题发现机制，7365个排查发现问题整改7143个。

健全生态环境执法机制。建立健全执法稽查、直办案件预审、行政处罚办案指引等执法工作机制，修订完善自由裁量标准，建立典型案例指导机制。常态化实施正面清单制度，对纳入正面清单的1306家企业开展非现场执法检查17953次、指导帮扶3047次，减免环境行政处罚17次。全年下达行政处罚决定书3191份，同比下降31%；罚款金额1.95亿元，同比下降47%；适用环境保护法配套办法及涉嫌环境污染犯罪移送司法机关五类案件158件，同比下降37%。

9. 深入推进生态文明体制改革，提升生态环境治理能力水平

完善生态环境保护制度体系。加快推进地方立法，出台《四川省水资源条例》，修订实施《四川省固体废物污染环境防治条例》《四川省土壤污染防治条例》。强化标准体系建设，出台固体废物堆存场所土壤风险评估技术规范等地方标准。落实生态环境损害赔偿和审计监督制度，累计办理生态环境损害赔偿案件590件，对289名党政领导干部开展自然资源资产离任审计。健全责任体系，优化生态环境保护党政同责考评和污染防治攻坚战成效考核，印发《四川省水生态环境质量和环境空气质量激励约束办法》《四川省省级生态环境保护资金绩效管理办法》《四川省流域横向生态保护补偿激励政策实施方案》，压实生态环境质量改善责任。

夯实资金项目保障。争取中央资金24.8亿元。甘孜州获国务院环境类督查激励。推动黄河上游若尔盖草原湿地山水林田湖草沙冰一体化保护和修复工程入围国家"十四五"重大工程。举办首届节能环保产业暨环保基础设施招商会，促成签约投资项目569亿元、融资项目869亿元。拓宽环保融资渠道，新增8亿元政府一般债券。成都银行、成都农商银行发行60亿元绿色金融债券，省农行、农发行新增绿色贷款520亿元。成功争取4个项目入选国家EOD模式试点。

加强宣传引导。 持续开展习近平生态文明思想进学校、进农村活动。反映四川生物多样性保护成果的纪录片《生态秘境》于党的二十大期间在央视播出，并在COP15会议期间展播，获得广泛赞誉。首次组织地方政府举办生态文明建设专场新闻发布会，省、市两级全年举办新闻发布会105场，获生态环境部肯定并在全国推广。

二、生态环境保护成效

2022年，四川省细颗粒物平均浓度为31微克/立方米，同比下降3.1%；重污染天数为7天，同比减少8天。细颗粒物平均浓度达标城市增至15个，县（市、区）增至148个。环境空气质量优良天数率为89.3%，总体保持稳定。537个河湖评价健康率达到90%以上。地表水国、省控监测断面水质优良率达99.4%，创近20年来最好水平。34个国家级水量分配考核断面、23个国家级重点河湖生态流量考核断面全部达标。邛海入选全国第一批美丽河湖建设优秀案例。土壤环境总体保持稳定。

第四章 生态环境监测工作概况

2022年，四川省生态环境监测系统深入践行习近平生态文明思想，全面落实省委、省政府和生态环境部的工作要求，坚决扛起生态文明建设的政治责任和主体责任，加快建设现代化生态环境监测体系，全力支撑狠抓污染防治攻坚，推动生态环境质量持续改善。

一、巩固污染防治攻坚战

做好例行监测工作。四川省生态环境监测系统对大气、水、土壤、生态、污染源等39项2万余个点位开展例行监测工作，上报监测数据和监测报告。

及时开展应急监测。启动建立四川省应急监测技术体系，编制并印发《环境应急监测工作手册》《四川省突发生态环境事件应急监测典型案例汇编》，为四川省应急监测技术的提升提供了技术支撑。成功组织应对"3·9"金川县撒瓦脚乡煤焦油运输车侧翻事件、"9·5"泸定地震、"11·12"大渡河铊浓度异常等5起环境事件应急监测，组织编制了《四川省地震灾害环境应急监测工作方案（试行）》，配合国家总站编写的甘孜泸定地震应急监测专报获得了翟青副部长的批示。参与完成"2022年川滇渝三省（市）长江流域突发生态环境事件应急综合演练"，应急监测出动人员千余人次。

探索开展专项监测。组织开展重要流域新型污染物筛查、评估，聚焦重点流域和饮用水水源地，开展水体中新污染物筛查分析和风险评估；组织开展四川省重点流域环境DNA水生生物群落监测工作，初步摸清四川省生物资源家底，逐步形成四川省水生生物物种清单。完成四川省农业面源污染选区和布点方案、四川省农业面源污染监测方案，初步构建农业面源污染监测体系，监测方案得到监测司和卫星中心的充分肯定，作为范本之一向其他省份推荐。

深化污染成因监测。将执法监测工作与大气污染防治工作相结合，开展重污染天气走航监测上千次，对15个城市10915家企业开展VOCs走航排查监测，收集监测日报205份，形成《成、德、眉、资涉VOCs排查监测分析报告》《四川省重点城市涉VOCs企业排查监测/抽测分析报告》，加大执法抽测抽查力度，提升执法监测精度，督促涉嫌超标企业整改，有效助力臭氧污染防治攻坚。

二、推进能力建设现代化

开展专项治理，推动工作作风转变。厅党组、驻厅纪检监察组在生态环境监测系统开展专项治理，围绕"防风险、转作风、促发展、树形象"的目标，省总站和21个驻市（州）站共自查出463个问题。

强化装备能力，促进区域协调发展。省总站以三年行动计划为契机，投入近6000万元着力发展应急监测、生态遥感、预警预报及实验室分析测试能力。投入3.3亿元为驻市（州）站添置地表水109项全分析、颗粒物和挥发性有机物组分手工监测、地下水和生态质量监测设备，淘汰老旧车辆，改善实验条件，为县级监测机构配置有毒有害气体、生物毒性等应急监测设备，逐步补齐基层监测能力。

提升技术水平，开展人才梯队建设。召开全国大气联盟超站会议，邀请300多名国内大气研究领域专家、学者，为四川省超级站建设、大气污染成因分析、科技治污等方面提供了宝贵经验。召开片区站长座谈会，围绕党风廉政建设、队伍建设、测管协同等展开交流，推动对接帮扶走深走实；通过分批定制、小班教学，分别开展执法监测，挥发性有机物、地表水特定项目手工监测，水生态和地下水监测，便携式仪器使用，预警预报等七大专题培训，精准补齐能力短板。

突出科研创新，支撑监测高质量发展。生态环境监测系统成功申报2个四川省科技厅项目，1个重庆市科技局项目，14个生态环境厅项目，7个市级科研项目，1个团体标准，1个国家校准规范；合计发表学术论文50余篇，获得发明专利3项，有效地将科技创新成果与监测技术结合应用，支撑环境监测高质量发展。

三、拓宽监测网络覆盖面

试点温室气体监测网络。组织编制《四川省温室气体监测能力建设项目实施方案》，在成都市开展国家碳监测评估试点工作，在成都、绵阳、宜宾、遂宁、巴中、达州、乐山等7市建设温室气体自动监测站，重建九寨沟温室气体综合背景监测站，逐步形成温室气体监测能力。

拓展延伸大气监测网络。在攀枝花、遂宁、内江、乐山、眉山、资阳等6市建设大气复合型组分监测站，在成都、自贡、攀枝花、绵阳、南充、达州等市的8个省级及以上经济开发区试点建设空气自动监测站，进一步完善大气监测网络。

建设声环境监测网络。组织成都平原、川南、川东北等地区10个市（州）开展声环境监测网络建设，印发《四川省声环境功能区自动监测站点位布设要求》，指导完成点位调整并进行核查，逐步完成105个省控声功能区建设自动监测站，实时监控城市噪声变化情况，及时了解各时段污染源噪声排放水平，为噪声污染精准防治工作提供技术支撑。

推进污染源监测监控体系建设。完成第二批固定污染源监测监控体系建设试点，在高速公路沿线、村庄和一定规模种植区域安装高空视频监控系统606套，实现动态监视污染排放情况。在18个市开展第三批固定污染源监测监控体系建设试点。

建设生态环境综合观测站。完成成都市龙门山、巴中市光雾山、阿坝州唐克镇生态环境质量综合观测站样地选点、地面站建设前期准备工作，建成后将实现流域生态环境质量和生态状况的长期监测。

四、提升数据质量支持力

完善制度，压实各方责任。将国省控环境质量自动站基础条件保障列入党政同责目标考核；先后5次发文通报97个国控水站、39个国控空气站、175个省控水站和85个省控空气站采水系统故障、供水不足、废液未处置、供电不稳、异常停运等问题，压实各地运维保障责任，切实做好电力供应、网络通信等基础条件保障工作，确保监测数据真实、准确、有效。

落实"三防"措施，提高监管效能。在大气污染防治重点区域、国省控水站和空气站等点位周边安装1187个高空视频监控，24小时抓拍报警，实时监控采样条件；各市（州）局将自动站巡查纳入"双随机"执法监管工作，定期对自动站周边物理隔离设施和警示标牌开展巡查并进行修缮更换。

加强日常监管，开展飞行检查。省级联合市场监管局对10家社会监测机构开展"双随机"检查，利用生态环境监测业务管理系统对170余家监测机构开展的4440次业务活动进行抽查，发现问题294个；对雅安市名山区人为干扰国控站点采样条件和广元市人为干扰"经开区"国控空气自动站采样条件的行为进行调查核实。

持续监督管理，强化生态环境监测质量控制。全年组织审核了117个生态环境监测机构的上岗考核申请，组织117个市、县级监测站的1390名技术人员参加上岗考核理论考试。根据中国环境监测总站《生态环境监测技术人员持证上岗考核实施细则》，编制完成《四川省生态环境监测技术人员持证上岗考核实施细则》，有效推进技术人员能力考核工作。

五、提高环境监测公信力

开展环境智慧监测试点。选取广元、遂宁两市为应急智慧监测系统试点单位，以某一流域为重点，把流域重点源、监测点位、断面、敏感保护目标等基础信息纳入地理信息系统。选取成都、宜宾两市为监测业务运行试点单位，试点建设四川省生态环境监测综合管理系统，推动四川省各项生态环境监测工作标准化、规范化、信息化。

强化环境质量预警预报。实现四川省13条河长制河流干支流关键断面水文径流量和水质未来3天精细化预报、未来4～8天趋势性预报。开展未来14天高时空分辨率空气质量等级预报，开展四川省各市（州）未来7天主要污染物浓度预报，实现不同区域污染物精细化传输和溯源联动分析，特征污染热区识别以及污染过程影响评估分析。

强化监测数据共享。四川省362个水站水质数据与重庆实现共享，其中国控115个，省控205个，饮用水23个，市控19个。生态环境厅与发改、自然资源、住建、交通、水利、农业农村、卫健、市场监管、税务、气象等10个部门实现生态环境监测数据共享联动，助推环境质量改善。

强化环境信息公开。发布环境质量报告书、生态环境状况公报，环境空气质量、水环境质量状况等信息；每月发布各市（州）、县（市、区）、经济技术开发区的环境空气和地表水质量排名及变化情况，倒逼各级党委、政府压实环境保护主体责任。

第二篇 污染排放

2022

第一章　废气污染物排放

一、废气主要污染物排放现状及区域分布

1. 二氧化硫

2021年，四川省二氧化硫排放总量为13.58万吨。其中，工业源排放量为10.55万吨，占比77.7%；生活源排放量为3.02万吨，占比22.2%；集中式污染治理设施排放量为53.19吨，占比不足0.1%。

宜宾、达州、南充、甘孜州和阿坝州的二氧化硫排放量位居四川省前五位，合计7.60万吨，占四川省的56.0%。2021年四川省21个市（州）二氧化硫排放量对比如图2.1-1所示。

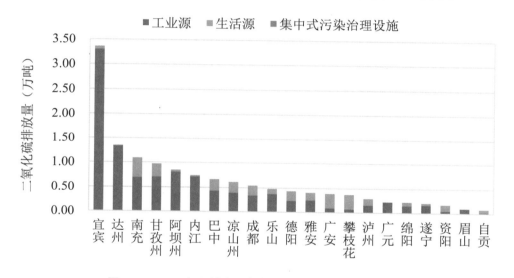

图2.1-1　2021年四川省21个市（州）二氧化硫排放量对比

2. 氮氧化物

2021年，四川省氮氧化物排放总量为34.97万吨。其中，工业源排放量为14.60万吨，占比41.7%；生活源排放量为2.14万吨，占比6.1%；集中式污染治理设施排放量为229.93吨，占比0.1%；移动源排放量为18.22万吨，占比52.1%。

成都、达州、宜宾、甘孜州和阿坝州的氮氧化物排放量居四川省前五位，合计18.16万吨，占四川省的51.9%。2021年四川省21个市（州）氮氧化物排放量对比如图2.1-2所示。

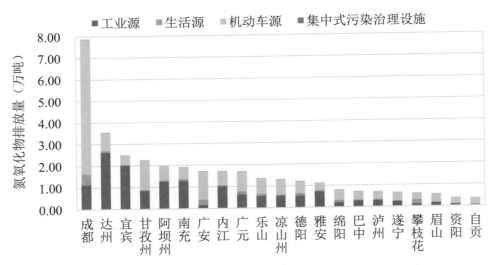

图2.1-2　2021年四川省21个市（州）氮氧化物排放量对比

3. 颗粒物

2021年，四川省颗粒物排放总量为19.21万吨。其中，工业源排放量为14.22万吨，占比74.0%；生活源排放量为4.80万吨，占比25.0%；集中式污染治理设施排放量为22.09吨，占比0.01%；移动源排放量为0.20万吨，占比1.0%。

宜宾、阿坝州、甘孜州、达州和南充的颗粒物排放量位居四川省前五位，合计10.43万吨，占四川省的54.3%。2021年四川省21个市（州）颗粒物排放量对比如图2.1-3所示。

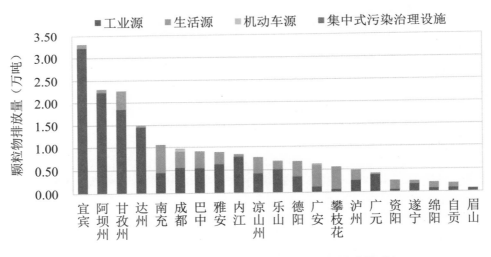

图2.1-3　2021年四川省21个市（州）颗粒物排放量对比

4. 挥发性有机物

2021年，四川省挥发性有机物排放总量为24.17万吨。其中，工业源排放量为5.93万吨，占比24.5%；城镇生活源排放量为9.97万吨，占比41.3%；移动源排放量为8.27万吨，占比34.2%。

成都、广元、凉山州、阿坝州和广安的挥发性有机物排放量位居四川省前五位，合计13.25万吨，占四川省的32.3%。2021年四川省21个市（州）挥发性有机物排放量对比如图2.1-4所示。

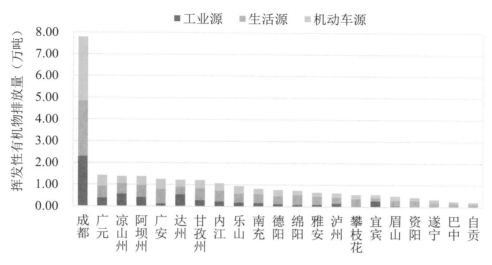

图2.1-4　2021年四川省21个市（州）挥发性有机物排放量对比

二、工业废气主要污染物行业排放状况

1. 二氧化硫

2021年，四川省重点调查工业废气中二氧化硫排放量为10.55万吨，排放量位于前五位的行业依次为黑色金属冶炼和压延加工业、非金属矿物制品业、化学原料和化学制品制造业、电力热力生产和供应业、有色金属冶炼和压延加工业，占工业废气排放总量的92.4%。其中，黑色金属冶炼和压延加工业贡献最大，占比36.8%；其次是非金属矿物制品业，占比26.8%。2021年四川省重点工业行业二氧化硫排放量占比如图2.1-5所示。

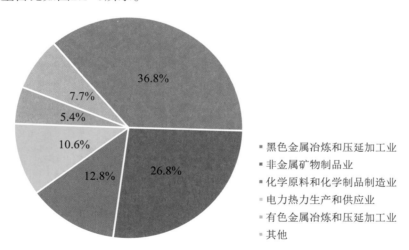

图2.1-5　2021年四川省重点工业行业二氧化硫排放量占比

2. 氮氧化物

2021年，四川省重点调查工业废气中氮氧化物排放量为14.60万吨，排放量位于前五位的行业依次为非金属矿物制品业、黑色金属冶炼和压延加工业、电力热力生产和供应业、化学原料和化学制品制造业以及石油、煤炭及其他燃料加工业，占工业排放总量的93.7%。其中，非金属矿物制品业贡献最大，占比43.4%；其次是黑色金属冶炼和压延加工业，占比23.8%。2021年四川省重点工业行

业氮氧化物排放量占比如图2.1-6所示。

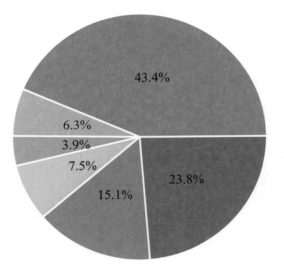

图2.1-6　2021年四川省重点工业行业氮氧化物排放量占比

3. 颗粒物

2021年，四川省重点调查工业废气中颗粒物排放量为14.22万吨，排放量位于前五位的行业依次为非金属矿物制品业，石油、煤炭及其他燃料加工业，黑色金属冶炼和压延加工业，黑色金属矿采选业，化学原料和化学制品制造业，占工业排放总量的82.6%。其中，非金属矿物制品业贡献最大，占比33.1%；其次是石油、煤炭及其他燃料加工业，占比17.2%。2021年四川省重点工业行业颗粒物排放量占比如图2.1-7所示。

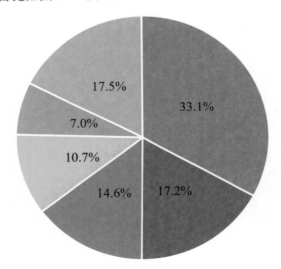

图2.1-7　2021年四川省重点工业行业颗粒物排放量占比

4. 挥发性有机物

2021年，四川省重点调查工业废气中挥发性有机物排放量为5.93万吨，排放量位于前六位的行业依次为石油、煤炭及其他燃料加工业，化学原料和化学制品制造业，橡胶和塑料制品业，造纸和纸制品业，木材加工和木、竹、藤、棕、草制品业，医药制造业，占工业排放总量的66.3%。其中，石油、煤炭及其他燃料加工业贡献最大，占比25.1%；其次是化学原料和化学制品制造业，占比17.3%。2021年四川省重点工业行业挥发性有机物排放量占比如图2.1-8所示。

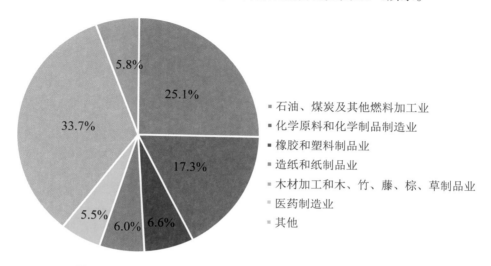

图2.1-8　2021年四川省重点工业行业挥发性有机物排放量占比

三、废气污染物排放变化趋势[①]

1. 二氧化硫

2021年，四川省二氧化硫排放总量同比下降16.8%，其中工业源下降15.6%，生活源下降20.7%。攀枝花、南充、广安、资阳、阿坝州和甘孜州排放量呈上升趋势，其他市（州）均有所下降。

2. 氮氧化物

2021年，四川省氮氧化物排放总量同比下降13.5%，其中工业源下降10.5%，移动源下降17.7%，而生活源上升6.6%。各市（州）呈上升或下降趋势的地区比较均衡，其中排放量较大的成都下降20.8%，达州下降33.6%，德阳上升37.0%，南充上升41.0%。

3. 颗粒物

2021年，四川省颗粒物排放总量同比下降14.2%，其中工业源下降11.8%，生活源下降19.8%，移动源下降34.1%。内江、南充、达州、甘孜州和凉山州呈上升趋势，其他市（州）均有所下降，其中排放量较大的宜宾下降23.0%。

4. 挥发性有机物

2021年，四川省挥发性有机物排放总量同比下降9.2%，其中工业源下降3.8%，生活源下降6.7%，移动源下降15.4%。泸州、德阳、遂宁、广安、达州、资阳、甘孜州和凉山州呈上升趋势，其他市（州）均有所下降，其中排放量较大的成都下降3.7%。

2021年四川省废气主要污染物排放总量同比变化如图2.1-9所示。

---

① 因2020年无各市（州）移动源排放量数据，故各地区的年度对比不包含移动源排放量数据。

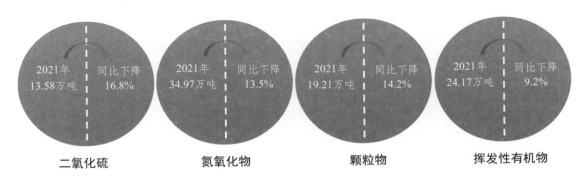

二氧化硫   氮氧化物   颗粒物   挥发性有机物

图2.1-9   2021年四川省废气主要污染物排放总量同比变化

第二章 废水污染物排放

一、废水主要污染物排放现状及区域分布

1. 化学需氧量

2021年，四川省化学需氧量排放总量为135.82万吨。其中，工业源排放量为1.76万吨，占比1.3%；农业源排放量为74.29万吨，占比54.7%；生活源排放量为59.73万吨，占比44.0%；集中式污染治理设施排放量为0.04万吨，占比0.03%。

成都、眉山、宜宾、乐山和凉山州的化学需氧量排放量位居四川省前五位，合计35.73万吨[①]，占四川省的58.1%。2021年四川省21个市（州）化学需氧量排放量对比如图2.2-1所示。

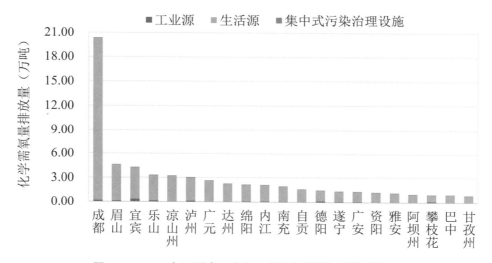

图2.2-1 2021年四川省21个市（州）化学需氧量排放量对比

2. 氨氮

2021年，四川省氨氮排放总量为6.49万吨。其中，工业源排放量为0.12万吨，占比1.8%；农业源排放量为1.07万吨，占比16.5%；生活源排放量为5.29万吨，占比81.5%；集中式污染治理设施排放量为65.54吨，占比0.1%。

成都、眉山、乐山、宜宾和凉山州的氨氮排放量位居四川省前五位，合计3.76万吨，占四川省的69.4%。2021年四川省21个市（州）氨氮排放量对比如图2.2-2所示。

---

① 因废水中农业源排放量仅统计到省级，各市（州）化学需氧量、氨氮、总氮和总磷的排放量统计时扣除农业源排放量。

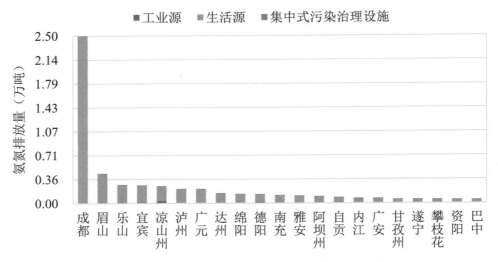

■工业源 ■生活源 ■集中式污染治理设施

图2.2-2 2021年四川省21个市（州）氨氮排放量对比

3. 总氮

2021年，四川省总氮排放总量为19.21万吨。其中，工业源排放量为0.47万吨，占比2.4%；农业源排放量为8.25万吨，占比42.9%；生活源排放量为10.47万吨，占比54.5%；集中式污染治理设施排放量为0.01万吨，占比0.1%。

成都、眉山、宜宾、乐山和泸州的总氮排放量位居四川省前五位，合计6.95万吨，占四川省的63.4%。2021年四川省21个市（州）总氮排放量对比如图2.2-3所示。

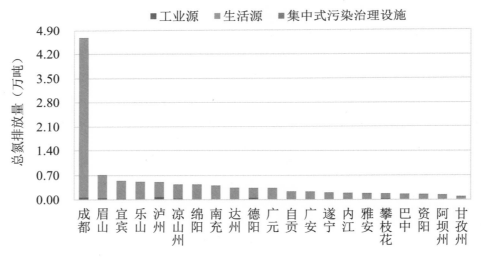

■工业源 ■生活源 ■集中式污染治理设施

图2.2-3 2021年四川省21个市（州）总氮排放量对比

4. 总磷

2021年，四川省总磷排放总量为1.82万吨。其中，工业源排放量为0.02万吨，占比1.1%；农业源排放量为1.22万吨，占比67.0%；生活源排放量为0.57万吨，占比31.3%；集中式污染治理设施排放量为3.46吨，占比0.02%。

成都、眉山、宜宾、凉山州和乐山的总磷排放量位居四川省前五位，合计0.37万吨，占四川省的62.4%。2021年四川省21个市（州）总磷排放量对比如图2.2-4所示。

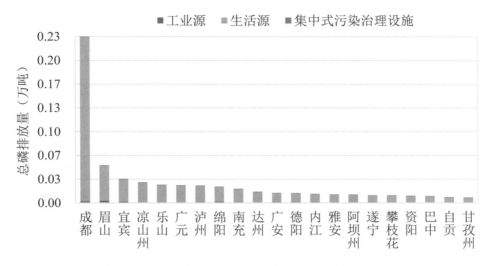

图2.2-4　2021年四川省21个市（州）总磷排放量对比

二、工业废水主要污染物行业排放状况

1. 工业废水排放量

2021年，四川省重点调查工业废水排放总量为4.25亿吨。化学原料和化学制品制造业，造纸和纸制品业，计算机、通信和其他电子设备制造业，水的生产和供应业，煤炭开采和洗选业，酒、饮料和精制茶制造业的排放量位居前六位。2021年四川省重点工业行业废水排放结构如图2.2-5所示。

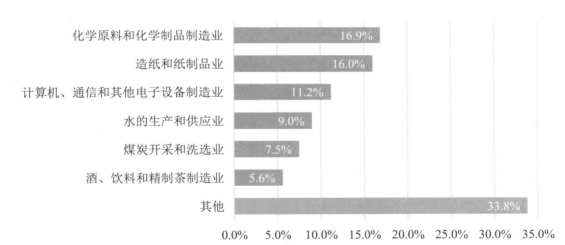

图2.2-5　2021年四川省重点工业行业废水排放结构

2. 化学需氧量

2021年，四川省重点调查工业废水中化学需氧量排放量为1.65万吨。主要集中在化学原料和化学制品制造业，造纸和纸制品业，农副食品加工业，酒、饮料和精制茶制造业，纺织业，化学纤维制造业6个行业，占四川省重点工业行业排放总量的72.4%。其中，化学原料和化学制品制造业贡献最大，占工业排放总量的16.5%；其次是造纸和纸制品业，占比15.4%。2021年四川省重点工业行业化学需氧量排放结构如图2.2-6所示。

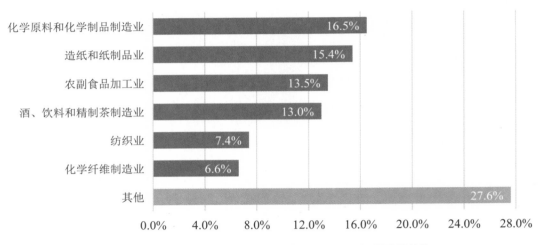

图2.2-6　2021年四川省重点工业行业化学需氧量排放结构

3. 氨氮

2021年，四川省重点调查工业废水中氨氮排放量为1192.72吨。主要集中在有色金属冶炼和压延加工业，化学原料和化学制品制造业，农副食品加工业，化学纤维制造业，酒、饮料和精制茶制造业，计算机、通信和其他电子设备制造业6个行业，占四川省重点工业行业排放总量的81.9%。其中，有色金属冶炼和压延加工业贡献最大，占工业排放总量的29.1%；其次是化学原料和化学制品制造业，占比24.1%。2021年四川省重点工业行业氨氮排放结构如图2.2-7所示。

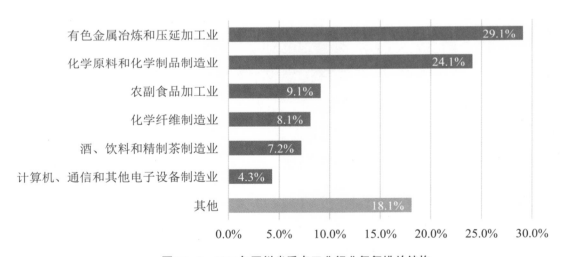

图2.2-7　2021年四川省重点工业行业氨氮排放结构

4. 总氮

2021年，四川省重点调查工业废水中总氮排放量为4216.16吨。主要集中在化学原料和化学制品制造业，农副食品加工业，有色金属冶炼和压延加工业，酒、饮料和精制茶制造业，水的生产和供应业，计算机、通信和其他电子设备制造业6个行业，占四川省重点工业行业排放总量的71.1%。其中，化学原料和化学制品制造业贡献最大，占工业排放总量的33.6%；其次是农副食品加工业，占比8.9%。2021年四川省重点工业行业总氮排放结构如图2.2-8所示。

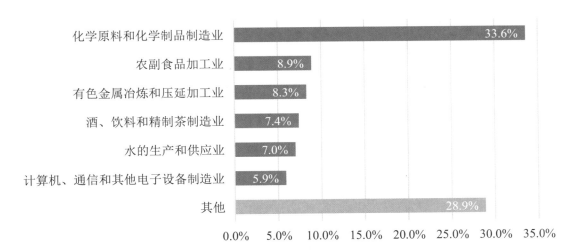

图2.2-8　2021年四川省重点工业行业总氮排放结构

5. 总磷

2021年，四川省重点调查工业废水中总磷排放量为160.15吨。主要集中在农副食品加工业，酒、饮料和精制茶制造业，化学原料和化学制品制造业，计算机、通信和其他电子设备制造业，水的生产和供应业，食品制造业6个行业，占四川省重点工业行业排放总量的83.7%。其中，农副食品加工业贡献最大，占工业排放总量的33.0%；其次是酒、饮料和精制茶制造业，占比13.8%。2021年四川省重点工业行业总磷排放结构如图2.2-9所示。

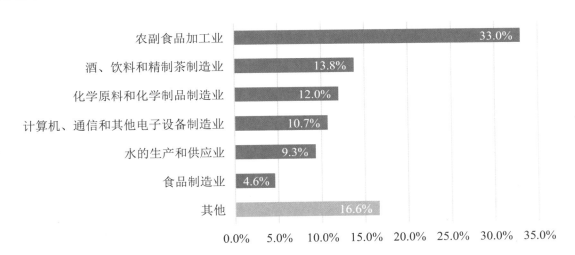

图2.2-9　2021年四川省重点工业行业总磷排放结构

三、废水污染物排放变化趋势

1. 化学需氧量

2021年，四川省化学需氧量排放总量同比上升4.1%，主要是农业源上升51.4%，生活源下降24.2%。自贡和广元呈上升趋势，其他市（州）均有所下降。

2. 氨氮

2021年，四川省氨氮排放总量同比下降19.1%，主要是生活源下降25.5%。自贡、广元和阿坝州呈上升趋势，其他市（州）均有所下降。

3. 总氮

2021年，四川省总氮排放总量同比下降4.2%，主要是生活源下降17.8%。自贡、广元、资阳和凉山州呈上升趋势，其他市（州）均有所下降。

4. 总磷

2021年，四川省总磷排放总量同比上升2.4%，主要是农业源上升28.0%，而生活源下降27.7%。广元呈上升趋势，其他市（州）均有所下降。

2021年四川省废水主要污染物排放总量同比变化如图2.2-10所示。

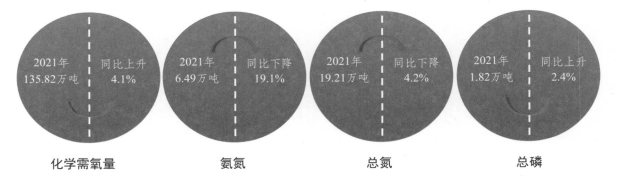

| 化学需氧量 | 氨氮 | 总氮 | 总磷 |

图2.2-10　2021年四川省废水主要污染物排放总量同比变化

第三章　固体废弃物产生、处置和综合利用

一、一般工业固体废物

1. 总体状况

2021年，四川省一般工业固体废物产生量为14435.15万吨。综合利用量为6151.29万吨，其中综合利用往年贮存量为203.04万吨；处置量为2350.88万吨，其中处置往年贮存量为42.36万吨；贮存量为6178.34万吨，一般固体废物倾倒丢弃量为0.04万吨。

2. 区域分布状况

一般工业固体废物产生量比较大的地区是攀枝花和凉山州，产生量占四川省的68.1%，这两个地区的综合利用率和处置率均不高，主要是由于采矿企业较多，尾矿贮存量占比较大。2021年四川省重点地区一般工业固体废物综合利用率和处置率见表2.3-1。

表2.3-1　2021年四川省重点地区一般工业固体废物综合利用率和处置率

类别	市（州）	产生量（万吨）	综合利用率（%）	处置率（%）
一般工业固体废物	攀枝花	6870.31	21.0	20.1
	凉山州	2962.08	29.0	14.8
	四川省	14435.15	42.0	16.2

3. 行业分布状况

黑色金属矿采选业，黑色金属冶炼和压延加工业，化学原料和化学制品制造业，电力、热力生产和供应业，有色金属矿采选业产生量居四川省前五位，占四川省的88.9%。其中，黑色金属矿采选业和有色金属矿采选业的综合利用率仅为14.4%和10.1%，低于四川省重点调查工业的平均水平；黑色金属冶炼和压延加工业，电力、热力生产和供应业综合利用率较高，分别为93.2%和86.1%。2021年四川省一般工业固体废物主要产生行业综合利用率和处置率见表2.3-2。

表2.3-2　2021年四川省一般工业固体废物主要产生行业综合利用率和处置率

类别	行业名称	产生量（万吨）	综合利用率（%）	处置率（%）
一般工业固体废物	黑色金属矿采选业	6803.69	14.4	16.0
	黑色金属冶炼和压延加工业	1903.72	93.2	6.5
	化学原料和化学制品制造业	1874.79	50.9	32.9
	电力、热力生产和供应业	1175.55	86.1	8.4
	有色金属矿采选业	1071.00	10.1	15.2
	四川省	14435.15	42.0	16.2

4. 年度变化趋势

2021年，四川省一般工业固体废物产生量同比下降3.1%，其中产生量最大的攀枝花和凉山州分别下降3.8%和12.2%；综合利用量同比上升8.7%，攀枝花下降6.8%，凉山州上升51.3%；处置量同比

下降8.3%，攀枝花下降12.7%；贮存量同比下降12.5%；丢弃量同比下降95.8%。

二、工业危险废物

1. 总体状况

2021年，四川省工业危险废物产生量为482.70万吨，利用处置量为497.61万吨，其中利用处置往年贮存量为33.78万吨，送持证单位利用处置量为129.60万吨；危险废物贮存量为44.31万吨。

2. 区域分布状况

四川省工业危险废物产生量较大的地区有攀枝花、德阳、成都和雅安，产生量占四川省的80.6%。攀枝花、德阳和成都的处置率高于四川省平均水平，雅安低于四川省平均水平。2021年四川省重点地区工业危险废物处置率见表2.3-3。

表2.3-3 2021年四川省重点地区工业危险废物处置率

类别	市（州）	产生量（万吨）	处置率（%）
工业危险废物	攀枝花	235.32	99.98
	德阳	77.14	99.5
	成都	39.06	98.2
	雅安	37.59	67.2
	四川省	482.70	96.3

3. 行业分布状况

四川省工业危险废物产生量主要集中在化学原料和化学制品制造业，有色金属冶炼和压延加工业，电力、热力生产和供应业3个行业，产生量占四川省的86.5%。化学原料和化学制品制造业，电力、热力生产和供应业处置率高于四川省平均水平，有色金属冶炼和压延加工业处置率低于四川省平均水平。2021年四川省工业危险废物主要产生行业处置率见表2.3-4。

表2.3-4 2021年四川省工业危险废物主要产生行业处置率

类别	行业名称	产生量（万吨）	处置率（%）
工业危险废物	化学原料和化学制品制造业	333.42	99.7
	有色金属冶炼和压延加工业	43.11	70.0
	电力、热力生产和供应业	41.10	98.1
	四川省	482.70	96.3

4. 年度变化趋势

四川省工业危险废物产生量同比上升5.6%，其中产生量较大的攀枝花、成都和雅安分别上升1.1%、34.2%和5.9%；处置量同比上升8.5%，其中送持证单位处置量上升77.8%；本年末贮存量同比下降10.8%。

三、生活垃圾

1. 总体状况

2021年，四川省生活垃圾产生量为1734.97万吨，同比上升9.6%。人均生活垃圾产生量为

207.23千克，同比上升18千克。四川省生活垃圾处理率达100%，其中无害化处理率达99.93%，同比基本持平。

2. 变化趋势

四川省生活垃圾产生量总体呈上升趋势，从2016年的1299.29万吨逐年上升到2021年的1734.97万吨。卫生填埋比重总体呈下降趋势，从2016年的64.3%逐年下降到2021年的18.3%；无害化焚烧比重总体呈上升趋势，从2016年仅为26.2%上升到2021年的79.0%；堆肥比重近几年也持续上升，但整体比率还非常低，2016年占比低于1.0%，2021年也仅有2.6%；简易处理比重整体呈下降趋势，2016年简易处理率为2.7%，2021年简易处理率为0.07%。2016—2021年四川省生活垃圾处理方式变化情况如图2.3-1所示。

图2.3-1　2016—2021年四川省生活垃圾处理方式变化情况

3. 无害化处理

2021年，成都、自贡、攀枝花、泸州、德阳、绵阳、广元、遂宁、内江、乐山、南充、眉山、宜宾、广安、达州、资阳共计16个市的生活垃圾无害化处理率达到100%；阿坝州和甘孜州的无害化处理率同比均有所上升，但仍低于四川省平均水平99.9%；雅安、巴中和凉山州的无害化处理率有所下降。2021年四川省21个市（州）生活垃圾无害化处理率如图2.3-2所示。

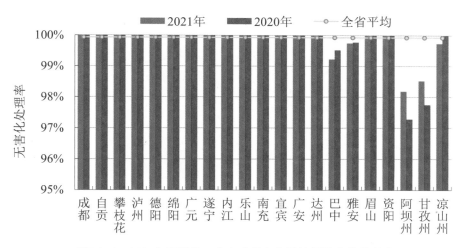

图2.3-2　2021年四川省21个市（州）生活垃圾无害化处理率

第四章　重点排污单位执法监测

一、重点排污单位达标情况

根据四川省生态环境厅《关于印发〈2022年四川省生态环境监测方案〉的通知》（川环办函〔2022〕100号）的要求，按照任务分工和属地化管理原则，2022年四川省各级生态环境监测站对辖区内的重点排污单位开展了执法监测，对《2022年四川省重点排污单位名录》中的水和大气环境重点排污单位至少完成一次监测，其他执法监测对象监测频次由各地根据管理需要确定。

1. 水环境重点排污单位

2022年，四川省21个市（州）应监测水环境重点排污单位1284家，实际监测1153家，其中有1141家达标，达标率为99.0%。不达标企业分布在成都、广元、遂宁、南充、宜宾、广安和眉山，共计12家，超标因子为氨氮、总氮、总磷、化学需氧量、总铜、五日生化需氧量、悬浮物、粪大肠菌群数、苯胺类。2022年四川省21个市（州）水环境重点排污单位监测情况见表2.4-1。

表2.4-1　2022年四川省21个市（州）水环境重点排污单位监测情况

市（州）	重点名录企业数（家）	年度应监测企业数（家）	实测企业数（家）	不达标企业数（家）	监测完成率（%）	监测达标率（%）
成都	461	461	398	3	86.3	99.2
自贡	40	40	36	0	90.0	100
攀枝花	36	36	28	0	77.8	100
泸州	38	38	36	0	94.7	100
德阳	66	66	64	0	97.0	100
绵阳	56	56	52	0	92.9	100
广元	60	60	58	2	96.7	96.6
遂宁	36	36	36	1	100	97.2
内江	42	42	39	0	92.9	100
乐山	50	50	46	0	92.0	100
南充	68	68	66	2	97.1	97.0
宜宾	73	73	69	1	94.5	98.6
广安	49	49	47	2	95.9	95.7
达州	36	36	29	0	80.6	100
巴中	31	31	29	0	93.5	100
雅安	29	29	21	0	72.4	100
眉山	35	35	33	1	94.3	97.0
资阳	22	22	21	0	95.5	100
阿坝州	15	15	13	0	86.7	100

续表

市（州）	重点名录企业数（家）	年度应监测企业数（家）	实测企业数（家）	不达标企业数（家）	监测完成率（%）	监测达标率（%）
甘孜州	4	4	3	0	75.0	100
凉山州	37	37	29	0	78.4	100
四川省	1284	1284	1153	12	89.8	99.0

2. 大气环境重点排污单位

2022年，四川省21个市（州）应监测大气环境重点排污单位1539家，实际监测1114家，其中有1091家达标，达标率为97.9%。不达标企业分布在成都、南充、达州、阿坝州和甘孜州，共计23家，超标因子为锑、砷、铅、铬、钴、铜、锰、镍及其化合物、挥发性有机物、苯、二甲苯、臭气浓度、氟化物、铅、二氧化硫、氮氧化物、颗粒物、一氧化碳、氯化氢、氯气、二噁英类。2022年四川省21个市（州）大气环境重点排污单位监测情况见表2.4-2。

表2.4-2 2022年四川省21个市（州）大气环境重点排污单位监测情况

市（州）	重点名录企业数（家）	年度应监测企业数（家）	实测企业数（家）	不达标企业数（家）	监测完成率（%）	监测达标率（%）
成都	304	304	244	1	80.3	99.6
自贡	21	21	20	0	95.2	100
攀枝花	62	62	53	0	85.5	100
泸州	131	131	79	0	60.3	100
德阳	54	54	52	0	96.3	100
绵阳	44	44	38	0	86.4	100
广元	63	63	56	0	88.9	100
遂宁	20	20	17	0	85.0	100
内江	118	118	91	0	77.1	100
乐山	94	94	83	0	88.3	100
南充	125	125	89	12	71.2	86.5
宜宾	51	51	43	0	84.3	100
广安	45	45	25	0	55.6	100
达州	165	165	98	1	59.4	99.0
巴中	9	9	8	0	88.9	100
雅安	56	56	8	0	14.3	100
眉山	42	42	36	0	85.7	100
资阳	63	63	32	0	50.8	100
阿坝州	32	32	28	7	87.5	75.0

市（州）	重点名录企业数（家）	年度应监测企业数（家）	实测企业数（家）	不达标企业数（家）	监测完成率（%）	监测达标率（%）
甘孜州	4	4	3	2	75.0	33.3
凉山州	36	36	11	0	30.6	100
四川省	1539	1539	1114	23	72.4	97.9

3. 土壤环境重点排污单位

2022年，四川省21个市（州）土壤环境重点监管单位1120家，14个市（州）开展监测，实际监测251家，其中233家未超过风险筛选值，占比为92.8%。超过风险筛选值的企业分布在泸州、德阳、阿坝州、甘孜州和凉山州，共计18家，超标因子为镉、砷、铅、六价铬、镍、锌、铍。2022年四川省21个市（州）土壤环境重点排污单位监测情况见表2.4-3。

表2.4-3　2022年四川省21个市（州）土壤环境重点排污单位监测情况

市（州）	重点名录企业数（家）	实测企业数（家）	超过风险筛选值企业数（家）	实际监测占重点名录比例（%）	实际监测未超风险筛选值率（%）
成都	261	0	—	0	—
自贡	16	15	0	93.8	100
攀枝花	86	0	—	0	—
泸州	55	7	3	12.7	57.1
德阳	92	54	8	58.7	85.2
绵阳	60	50	0	83.3	100
广元	35	8	0	22.9	100
遂宁	44	0	—	0	—
内江	35	4	0	11.4	100
乐山	60	0	—	0	—
南充	27	11	0	40.7	100
宜宾	52	0	—	0	—
广安	22	0	—	0	—
达州	26	8	0	30.8	100
巴中	10	6	0	60.0	100
雅安	55	5	0	9.1	100
眉山	43	0	—	0	—
资阳	12	11	0	91.7	100
阿坝州	29	29	5	100	82.8
甘孜州	14	12	1	85.7	91.7

续表

市（州）	重点名录企业数（家）	实测企业数（家）	超过风险筛选值企业数（家）	实际监测占重点名录比例（%）	实际监测未超风险筛选值率（%）
凉山州	86	31	1	36.0	96.8
四川省	1120	251	18	22.4	92.8

4. 声环境重点排污单位

2022年，四川省声环境重点监管单位共5家，实际监测5家，达标率为100%。2022年四川省声环境重点排污单位监测情况见表2.4-4。

表2.4-4　2022年四川省声环境重点排污单位监测情况

市（州）	重点名录企业数（家）	实测企业数（家）	不达标企业数（家）	实际监测占重点名录比例（%）	监测达标率（%）
攀枝花	3	3	0	100	100
绵阳	2	2	0	100	100
四川省	5	5	0	100	100

5. 其他重点排污单位

2022年，四川省21个市（州）其他重点排污单位593家，15个市（州）开展监测，实际监测553家，其中542家达标，达标率为98.0%。不达标企业分布在成都、自贡、德阳、南充、达州、资阳和阿坝州，共计11家，超标因子为二氧化硫、氨氮、五日生化需氧量、粪大肠菌群。2022年四川省21个市（州）其他重点排污单位监测情况见表2.4-5。

表2.4-5　2022年四川省21个市（州）其他重点排污单位监测情况

市（州）	重点名录企业数（家）	实测企业数（家）	不达标企业数（家）	实际监测占重点名录比例（%）	监测达标率（%）
成都	361	361	3	100	99.2
自贡	1	1	1	100	0
攀枝花	5	5	0	100	100
泸州	3	0	—	0	—
德阳	22	21	3	95.5	85.7
绵阳	8	7	0	87.5	100
广元	0	0	—	0	—
遂宁	0	0	—	0	—
内江	37	34	0	91.9	100
乐山	13	12	0	92.3	100
南充	31	29	1	93.5	96.6
宜宾	5	4	0	80.0	100

市（州）	重点名录企业数（家）	实测企业数（家）	不达标企业数（家）	实际监测占重点名录比例（%）	监测达标率（%）
广安	13	13	0	100	100
达州	45	44	1	97.8	97.7
巴中	7	7	0	100	100
雅安	0	0	——	0	——
眉山	2	2	0	100	100
资阳	11	11	1	100	90.9
阿坝州	5	2	1	40.0	50.0
甘孜州	9	0	——	0	——
凉山州	15	0	——	0	——
四川省	593	553	11	93.3	98.0

二、主要污染物达标情况

1. 化学需氧量

2022年，四川省废水污染源化学需氧量外排达标率为99.9%。其中，水环境重点排污单位达标率为99.9%，其他重点排污单位达标率为100%。除眉山外，其他20个市（州）达标率为100%。

2. 氨氮

2022年，四川省废水污染源氨氮外排达标率为99.8%。其中，水环境重点排污单位达标率为99.8%，其他重点排污单位达标率为100%。除广安、达州、眉山外，其他18个市（州）达标率为100%。

3. 二氧化硫

2022年，四川省工业废气污染源二氧化硫外排达标率为99.3%。其中，大气环境重点排污单位达标率为99.3%，其他重点排污单位达标率为100%。除成都、南充、达州外，其他18个市（州）达标率为100%。

4. 氮氧化物

2022年，四川省工业废气污染源氮氧化物外排达标率为99.7%。其中，大气环境重点排污单位达标率为99.7%，其他重点排污单位达标率为100%。除南充、达州、甘孜州外，其他18个市（州）达标率为100%。

第三篇 生态环境质量状况

2022

第一章　生态环境质量监测及评价方法

一、城市环境空气

1. 监测点位

四川省21个市（州）政府所在地城市共布设国控城市环境空气质量监测点位104个（评价点89个，清洁对照点15个）。2022年四川省国控城市环境空气监测点位分布如图3.1-1所示。

图3.1-1　2022年四川省国控城市环境空气监测点位分布

2. 监测指标及频次

监测指标为二氧化硫（SO_2）、二氧化氮（NO_2）、一氧化碳（CO）、臭氧（O_3）、可吸入颗粒物（PM_{10}）、细颗粒物（$PM_{2.5}$）以及气象五参数（温度、湿度、气压、风向、风速）。监测频次为每天24小时连续监测。

3. 评价标准和评价方法

评价标准为《环境空气质量标准》（GB 3095—2012）及修改单、《环境空气质量指数（AQI）技术规定（试行）》（HJ 633—2012）、《环境空气质量评价技术规范（试行）》（HJ 663—2013）、《城市环境空气质量排名技术规定》（环办监测〔2018〕19号）。评价方法采用空气质量指数，对二氧化硫、二氧化氮、一氧化碳、臭氧、可吸入颗粒物和细颗粒物的实况浓度数据进行评价。空气质量指数范围及相应的空气质量级别见表3.1-1。

表3.1-1 空气质量指数范围及相应的空气质量级别

空气质量指数	空气质量级别	表征颜色	对健康影响情况	
0～50	一级（优）	绿色	空气质量令人满意，基本无空气污染	
51～100	二级（良）	黄色	空气质量可接受，但某些污染物可能对极少数异常敏感人群健康有较弱影响	
101～150	三级（轻度污染）	橙色	易感人群症状有轻度加剧，健康人群出现刺激症状	
151～200	四级（中度污染）	红色	进一步加剧易感人群症状，可能对健康人群心脏、呼吸系统有影响	
201～300	五级（重度污染）	紫色	心脏病和肺病患者症状显著加剧，运动耐受力降低，健康人群普遍出现症状	
>300	六级（严重污染）	褐红色	健康人群运动耐受力降低，有明显强烈症状，提前出现某些疾病	

4. 评价范围

21个市（州）政府所在地城市的国控监测点位89个，15个清洁对照点不参与评价。

二、降水

1. 监测点位

四川省21个市（州）政府所在地城市共布设降水监测点位67个，具体分布如图3.1-2所示。

2. 监测指标及频次

监测指标为降水量、电导率、pH、硫酸根离子（SO_4^{2-}）、硝酸根离子（NO_3^-）、氟离子（F^-）、氯离子（Cl^-）、铵离子（NH_4^+）、钙离子（Ca^{2+}）、镁离子（Mg^{2+}）、钾离子（K^+）和钠离子（Na^+）。监测频次为逢雨必测。

3. 评价标准和评价方法

评级方法以pH<5.6作为判断酸雨的依据；降水pH<4.50为重酸雨区，4.50≤pH<5.00为中酸雨区，5.00≤pH<5.60为轻酸雨区，pH≥5.60为非酸雨区；酸雨频率范围、频段分布按照6个范围（0，大于0小于等于20%，大于20%小于等于40%，大于40%小于等于60%，大于60%小于等于80%，大于80%小于等于100%）评价。

三、地表水

1. 水质监测

（1）监测点位

四川省共布设343个地表水考核监测断面（国控断面203个，省控断面140个），包括在长江（金沙江）、雅砻江、安宁河、赤水河、岷江、大渡河、青衣江、沱江、嘉陵江、涪江、渠江、琼江、黄河流域布设的329个河流监测断面和在14个重点湖库布设的14个湖库监测断面。四川省出、入境断面共计76个，其中入境断面34个，共界断面10个，出境断面32个。2022年四川省地表水监测断面分布如图3.1-3所示。

图3.1-2　2022年四川省城市降水监测点位分布

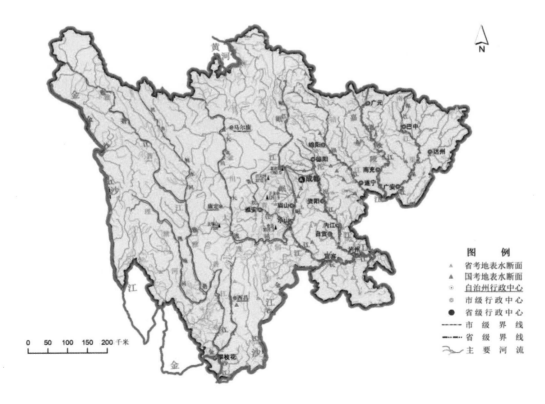

图3.1-3　2022年四川省地表水监测断面分布

（2）监测指标及频次

监测指标为水温、pH、溶解氧、高锰酸盐指数、化学需氧量、五日生化需氧量、氨氮、总磷、总氮、铜、锌、氟化物、硒、砷、汞、镉、六价铬、铅、氰化物、挥发酚、石油类、阴离子表面活性剂、硫化物、粪大肠菌群24项，湖库增加透明度、叶绿素a。每月监测1次，一年监测12次。

（3）评价标准和评价方法

依据《地表水环境质量标准》（GB 3838—2002）、《地表水环境质量评价办法（试行）》进行评价。

水质评价指标：水温、总氮、粪大肠菌群以外的21项指标，湖库总氮、粪大肠菌群单独评价。

湖库营养状态评价指标：高锰酸盐指数、总磷、总氮、叶绿素a、透明度。

河流断面水质定性评价见表3.1-2，河流、流域（水系）水质定性评价见表3.1-3。

表3.1-2　河流断面水质定性评价

水质类别	水质状况	表征颜色	水质功能
Ⅰ、Ⅱ类水质	优	蓝色	饮用水水源一级保护区、珍稀水生生物栖息地、鱼虾类产卵场、仔稚幼鱼的索饵场等
Ⅲ类水质	良好	绿色	饮用水水源二级保护区、鱼虾类越冬场、洄游通道、水产养殖区、游泳区
Ⅳ类水质	轻度污染	黄色	一般工业用水和人体非直接接触的娱乐用水
Ⅴ类水质	中度污染	橙色	农业用水及一般景观用水
劣Ⅴ类水质	重度污染	红色	除调节局部气候外，几乎无使用功能

表3.1-3　河流、流域（水系）水质定性评价

水质类别比例	水质状况	表征颜色
Ⅰ～Ⅲ类水质比例≥90%	优	蓝色
75%≤Ⅰ～Ⅲ类水质比例<90%	良好	绿色
Ⅰ～Ⅲ类水质比例<75%，且劣Ⅴ类水质比例<20%	轻度污染	黄色
Ⅰ～Ⅲ类水质比例<75%，且20%≤劣Ⅴ类水质比例<40%	中度污染	橙色
Ⅰ～Ⅲ类水质比例<60%，且劣Ⅴ类水质比例≥40%	重度污染	红色

2. 岷江和沱江水生态试点调查监测

为了初步掌握四川省重点流域水生态环境状况，建立有效的生物评价指标，2022年4—6月和9—11月，在岷江和沱江干流布设26个监测点位开展水生态试点调查监测。

（1）调查监测点位

在岷江干流布设15个点位，包括10个国控点位和5个省控点位；在沱江干流布设11个点位，包括9个国控点位和2个省控点位。岷江和沱江水生态试点调查监测点位信息见表3.1-4，2022年岷江和沱江水生态调查监测点位分布如图3.1-4所示。

表3.1-4　岷江和沱江水生态试点调查监测点位信息

编号	点位名称	所在市（州）	所属河流	点位属性	经度	纬度
1	渭门桥	阿坝州	岷江上游	国控	103.8247	31.7589
2	牟托	阿坝州	岷江上游	省控	103.6819	31.5353
3	映秀	阿坝州	岷江上游	省控	103.4920	31.1769
4	都江堰水文站	成都	岷江上游	国控	103.5889	31.0192
5	刘家壕	成都	岷江中游	省控	103.8108	30.6164
6	岷江渡	成都	岷江中游	省控	103.7198	30.7671
7	岳店子下	成都	岷江中游	国控	103.8668	30.3575
8	彭山岷江大桥	眉山	岷江中游	国控	103.8916	30.2114
9	岷江彭东交界	眉山	岷江中游	省控	103.8740	30.1590
10	岷江东青交界	眉山	岷江中游	国控	103.8391	29.9044
11	悦来渡口	乐山	岷江中游	国控	103.7401	29.7273
12	岷江青衣坝	乐山	岷江下游	国控	103.7850	29.4974
13	岷江沙咀	乐山	岷江下游	国控	103.8592	29.2581
14	月波	宜宾	岷江下游	国控	104.1599	29.0423
15	凉姜沟	宜宾	岷江下游	国控	104.6233	28.7799
16	三皇庙	成都	沱江上游	省控	104.4840	30.7941
17	宏缘	成都	沱江上游	国控	104.5339	30.6033
18	拱城铺渡口	资阳	沱江中游	国控	104.6806	30.0608
19	幸福村	资阳	沱江中游	国控	104.6532	29.9614
20	银山镇	内江	沱江中游	国控	104.9697	29.6872
21	高寺渡口	内江	沱江中游	省控	105.0919	29.5539
22	脚仙村	自贡	沱江下游	国控	105.0225	29.4413
23	老翁桥	自贡	沱江下游	国控	105.0075	29.2658
24	李家湾	自贡	沱江下游	国控	104.9747	29.1044
25	大磨子	泸州	沱江下游	国控	105.2593	28.9678
26	沱江大桥	泸州	沱江下游	国控	105.4459	28.9003

（2）调查监测内容及频次

水质理化监测指标：水温、pH、电导率、溶解氧、浊度、高锰酸盐指数、化学需氧量、五日生化需氧量、氨氮、总磷、总氮。

生境调查指标：底质、栖息地复杂性、大型木质残体分布、河岸稳定性、河道护岸变化、河水水量状况、河岸带植被覆盖率、水质状况、人类活动强度、河岸土地利用类型等。

水生生物指标：浮游植物、着生藻类、底栖动物和鱼类的种类组成、数量分布、优势种类、指示生物特征和生物多样性。

2022年4—6月和9—11月开展1次生境调查指标和水生生物指标调查监测，水质理化指标每月监测1次。

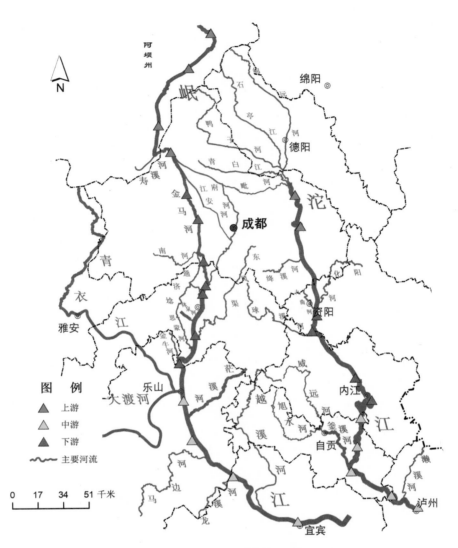

图3.1-4 2022年岷江和沱江水生态调查监测点位分布

（3）评价方法

利用综合指数法进行水生态环境质量综合评估，通过水质理化指标、水生生物指标和生境指标加权求和，构建河流水生态环境质量综合评价指数（WEQI），该指数表示水生态环境整体的质量状况。河流水生态环境质量综合评价指数按以下公式计算：

WEQI=0.4×水质理化指标赋分+0.2×生境指标赋分+0.4×水生生物指标赋分

水生态环境质量综合评估各指标评价方法及赋分标准见表3.1-5。根据水生态环境质量综合评价指数分值大小，将水生态环境质量状况等级分为五级，分别为优秀、良好、中等、较差和很差。水生态环境质量状况分级见表3.1-6。

表3.1-5　水生态环境质量综合评估各指标评价方法及赋分标准

指标类型	评价指标	赋分标准及含义
水质理化指标	水质类别	参照《地表水环境质量标准》（GB 3838—2002）基本项目标准限值，采用单因子评价，并根据水质类别对评价结果进行赋分：Ⅰ、Ⅱ类水质赋分5分，Ⅲ类水质赋分4分，Ⅳ类水质赋分3分，Ⅴ类水质赋分2分，劣Ⅴ类水质赋分1分
生境指标	生境状况	对现场调查的10项参数分别进行评分，每项参数分值范围为0～20分，划分为五个评价等级，每个监测点位的生境总分（H）由10项参数分值累加计算。$H>150$，生境状况优秀，赋分5分；$120<H\leqslant150$，生境状况良好，赋分4分；$90<H\leqslant120$，生境状况中等，赋分3分；$60<H\leqslant90$，生境状况较差，赋分2分；$H\leqslant60$，生境状况很差，赋分1分
水生生物指标	生物多样性及耐污敏感性	采用香农-威纳多样性指数（H）评价，划分为五个评价等级：$H>3$，评价为优秀，赋分5分；$2<H\leqslant3$，评价为良好，赋分4分；$1<H\leqslant2$，评价为中等，赋分3分；$0<H\leqslant1$，评价为较差，赋分2分；$H=0$，评价为很差，赋分1分 底栖动物采用适用于不可涉水大型河流的生物耐污敏感性指数（$BMWP$），划分为五个评价等级：$BMWP\geqslant86$，评价为优秀，赋分5分；$65\leqslant BMWP<86$，评价为良好，赋分4分；$43\leqslant BMWP<65$，评价为中等，赋分3分；$22\leqslant BMWP<43$，评价为较差，赋分2分；$BMWP<22$，评价为很差，赋分1分

表3.1-6　水生态环境质量状况分级

水生态质量状况	优秀	良好	中等	较差	很差
综合指数	$WEQI>4$	$3<WEQI\leqslant4$	$2<WEQI\leqslant3$	$1<WEQI\leqslant2$	$WEQI\leqslant1$
表征颜色	蓝色	绿色	黄色	橙色	红色

四、集中式饮用水水源地

1. 监测点位

四川省在21个市（州）政府所在地城市的46个市级集中式饮用水水源地（地表水型45个，地下水型1个）布设46个监测断面（点位）。在县（市、区）政府所在地城市的230个集中式饮用水水源地（地表水型200个，地下水型30个）布设234个监测断面（点位）。在2509个乡镇集中式饮用水水源地（地表水型1722个，地下水型787个）布设2593个监测断面（点位）。2022年四川省21个市（州）集中式饮用水水源地监测数量统计见表3.1-7，2022年四川省县级及以上城市集中式饮用水水源地空间分布如图3.1-5所示。

表3.1-7　2022年四川省21个市（州）集中式饮用水水源地监测数量统计

市（州）	市级集中式饮用水水源地数量（个）		县级集中式饮用水水源地数量（个）		乡镇集中式饮用水水源地数量（个）	
	地表水型	地下水型	地表水型	地下水型	地表水型	地下水型
成都	3	0	17	3	42	32
自贡	1	0	2	0	31	6
攀枝花	1	0	4	0	17	3
泸州	3	0	5	0	88	15
德阳	1	1	6	2	24	66

续表

市（州）	市级集中式饮用水水源地数量（个）		县级集中式饮用水水源地数量（个）		乡镇集中式饮用水水源地数量（个）	
	地表水型	地下水型	地表水型	地下水型	地表水型	地下水型
绵阳	2	0	6	2	119	36
广元	2	0	9	0	159	41
遂宁	2	0	5	0	27	3
内江	3	0	2	0	37	0
乐山	2	0	13	0	61	52
南充	2	0	6	0	88	50
宜宾	2	0	10	2	98	45
广安	1	0	7	0	15	21
达州	1	0	7	1	169	34
巴中	2	0	4	0	180	4
雅安	1	0	9	4	95	15
眉山	2	0	4	0	14	5
资阳	1	0	5	0	39	7
阿坝州	7	0	23	1	183	9
甘孜州	4	0	37	0	85	4
凉山州	2	0	19	15	151	339
四川省	45	1	200	30	1722	787

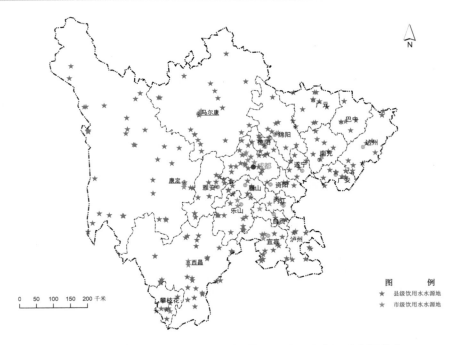

图3.1-5　2022年四川省县级及以上城市集中式饮用水水源地空间分布

2. 监测指标及频次

县级及以上城市集中式地表水型水源地监测指标为《地表水环境质量标准》（GB 3838—2002）中基本项目28项（表1除水温以外的23项及表2中5项）和表3中优选特定项目33项，总计61项，并统计取水量；全分析监测指标为GB 3838—2002中所有109项，并统计取水量。地下水型监测指标为《地下水质量标准》（GB/T 14848—2017）表1中39项，并统计取水量；全分析监测指标为GB/T 14848—2017中93项，并统计取水量。

乡镇集中式地表水型水源地监测指标为《地表水环境质量标准》（GB 3838—2002）中基本项目28项，并统计取水量，地下水型饮用水水源地监测指标为《地下水质量标准》（GB/T 14848—2017）表1中39项，并统计取水量。

不同类型集中式饮用水水源地监测频次见表3.1-8。

表3.1-8 不同类型集中式饮用水水源地监测频次

水源地类型		监测频次
市级集中式饮用水水源地	地表水型	每月1次，全年12次
	地下水型	每月1次，全年12次
	全分析	全年1次
县级集中式饮用水水源地	地表水型	每季度1次，全年4次
	地下水型	每半年1次，全年2次
	全分析	全年1次
乡镇集中式饮用水水源地	地表水型	每半年1次，全年2次
	地下水型	每半年1次，全年2次

3. 评价标准和评价方法

评价标准为《地表水环境质量标准》（GB 3838—2002）和《地下水质量标准》（GB/T 14848—2017）中Ⅲ类标准限值。评价方法采用单因子评价法评价。

五、地下水

1. 监测点位

（1）国家地下水环境质量考核点位

四川省21个市（州）共布设"十四五"国家地下水环境质量考核点位83个（区域点位30个、饮用水水源地点位21个、污染风险监控点位32个）。丰水期实际监测78个点位，5个点位未开展监测（南充4个点位干涸无水、成都1个点位不具备采样条件）；枯水期实际监测82个点位，1个点位未开展监测（南充1个点位干涸无水）。2022年四川省国家地下水环境质量考核点位分布如图3.1-6所示。

（2）省级地下水环境质量监测点位

省级地下水环境质量监测点位为四川省地下水环境调查评估与能力建设项目一期项目建成的地下水环境监测井，涉及德阳、绵阳、广元、遂宁、南充、广安、巴中、眉山和资阳等9个市，共计1142个监测点位。丰水期实际监测1093个，枯水期实际监测1073个。2022年省级地下水环境质量监测点位分布情况见表3.1-9。

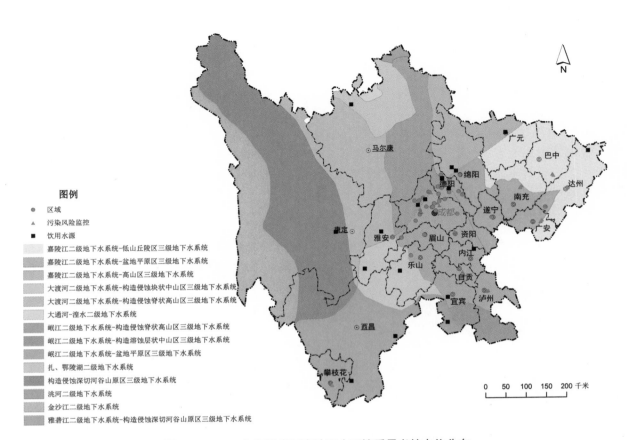

图3.1-6　2022年四川省国家地下水环境质量考核点位分布

表3.1-9　2022年省级地下水环境质量监测点位分布情况

序号	市（州）	丰水期实际监测			枯水期实际监测		
		污染源类点位数（个）	饮用水源类点位数（个）	合计（个）	污染源类点位数（个）	饮用水源类点位数（个）	合计（个）
1	德阳	99	39	138	94	39	133
2	绵阳	185	16	201	186	15	201
3	广元	95	21	116	95	21	116
4	遂宁	81	15	96	83	17	100
5	南充	80	12	92	68	12	80
6	广安	86	6	92	86	6	92
7	巴中	67	0	67	59	0	59
8	眉山	174	15	189	173	15	188
9	资阳	81	21	102	83	21	104
	合计	948	145	1093	927	146	1073

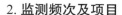

2. 监测频次及项目

（1）国家地下水环境质量考核点位监测频次及项目

监测频次：丰、枯两期各监测1次。

监测项目：《地下水质量标准》（GB/T 14848—2017）表1中除总大肠杆菌、菌落总数及总α放射性、总β放射性等4项指标外的35项基本指标；17个污染风险监控点位增加监测特征污染选测指标，见表3.1-10。

表3.1-10　2022年四川省地下水污染风险监控点位选测特征指标统计

序号	市（州）	监测点位编号	监测点位名称	选测特征指标
1	成都	SC-14-15	彭州市成都石油化学工业园区1号	镍、氯苯、乙苯、二甲苯（总量）、苯并[a]芘
2	成都	SC-14-15	彭州市成都石油化学工业园区2号	
3	成都	SC-14-17	彭州市成都石油化学工业园区3号	
4	成都	SC-14-19	成都崇州经济开发区1号	镍、银
5	成都	SC-14-22	成都崇州经济开发区2号	
6	成都	SC-14-23	成都崇州经济开发区3号	
7	攀枝花	SC-14-28	东区攀钢集团矿业有限公司选矿厂马家田1号	铍、镍、银
8	攀枝花	SC-14-29	东区攀钢集团矿业有限公司选矿厂马家田2号	
9	攀枝花	SC-14-30	东区攀钢集团矿业有限公司选矿厂马家田3号	
10	攀枝花	SC-14-31	东区攀钢集团矿业有限公司选矿厂马家田4号	
11	南充	SC-14-58	仪陇县新政镇石佛岩村武家湾1号	铍、镍
12	南充	SC-14-59	仪陇县新政镇石佛岩村武家湾3号	
13	南充	SC-14-60	仪陇县新政镇石佛岩村武家湾4号	
14	南充	SC-14-61	仪陇县新政镇石佛岩村武家湾5号	
15	广安	SC-14-66	前锋区经济技术开发区新桥工业园区1号	二氯甲烷、氯乙烯、乙苯、二甲苯、苯乙烯
16	广安	SC-14-67	前锋区经济技术开发区新桥工业园区2号	
17	广安	SC-14-68	前锋区经济技术开发区新桥工业园区3号	

（2）省级地下水环境质量监测点位监测频次及项目

监测频次：丰水期和枯水期各监测1次。

监测项目：《地下水质量标准》（GB/T 14848—2017）表1常规指标中的29项，包括pH、硫酸盐、氯化物、铁、锰、铜、锌、铝、挥发性酚类、阴离子表面活性剂、耗氧量（COD_{Mn}法，以O_2计）、氨氮、硫化物、钠、亚硝酸盐（以N计）、硝酸盐（以N计）、氰化物、氟化物、碘化物、汞、砷、硒、镉、铬（六价）、铅、三氯甲烷、四氯化碳、苯和甲苯。污染风险监控点位根据所在区域污染源特征，增测相应特征指标。

3. 评价标准

按照《"十四五"国家地下水环境质量考核点位监测与评价方案》（环办监测〔2021〕15号）文件要求，饮用水水源地点位监测结果评价标准执行《地下水质量标准》（GB/T 14848—2017）表1和表2中Ⅲ类标准，区域点位和污染风险监控点位监测结果评价标准执行GB/T 14848—2017表1

和表2中Ⅳ类标准。色、嗅和味、浑浊度、肉眼可见物、总硬度和溶解性总固体等6项指标不参与评价。

4. 评价方法

水质类别评价均采用《地下水质量标准》（GB/T 14848—2017）综合评价方法，即根据该点位参评指标中结果最差的一项来确定水质类别。

区域点位按单次监测值（监测频次为1次/年）或年度算术平均值（监测频次超过1次/年）进行评价；饮用水水源地点位和污染风险监控点位按单次监测值评价，以同一年度内多次评价结果中最差的类别作为该点位全年的水质类别。

六、城市声环境

1. 监测点位

四川省21个市（州）政府所在地城市共布设声环境质量监测点位4079个。其中，区域声环境质量监测点位2838个，道路交通干线声环境质量监测点位1015个，全年各监测1次；功能区声环境质量监测点位226个，按季度监测。2022年四川省城市声环境质量监测点位分布如图3.1-7所示。

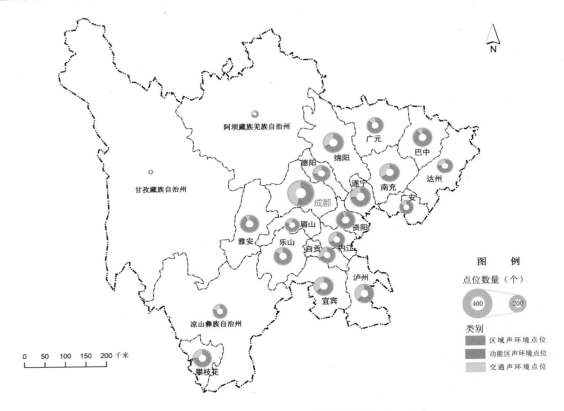

图3.1-7　2022年四川省城市声环境质量监测点位分布

2. 评价标准和评价方法

依据《声环境质量标准》（GB 3096—2008）和《环境噪声监测技术规范　城市声环境常规监测》（HJ 640—2012）进行达标与等级评价。

七、生态质量

1. 监测范围

监测涉及四川省全域。遥感监测项目为土地利用/植被覆盖数据6大类、26小项，其他监测项目为归一化植被指数、生物物种数据、建成区绿地面积、建成区公园绿地可达指数、自然灾害受灾面积、生态保护红线面积等。

2. 监测指标体系

生态质量评价利用生态质量指数（*EQI*）反映评价区域的生态质量，数值范围为0～100。指标体系包括生态格局、生态功能、生物多样性和生态胁迫4个一级指标，下设11个二级指标、18个三级指标。

3. 评价标准和评价方法

评价方法为《区域生态质量评价办法（试行）》。各项监测指标在生态质量评价中的权重见表3.1-11。

表3.1-11　各项评价指标权重

指标	生态格局指数	生态功能指数	生物多样性指数	生态胁迫指数
权重	0.36	0.35	0.19	0.10

生态质量指数计算方法如下：

生态质量指数 = 0.36×生态格局 + 0.35×生态功能 + 0.19×生物多样性 + 0.10×（100 - 生态胁迫）

生态质量类型分级：共分为5类，即一类、二类、三类、四类和五类，见表3.1-12。

生态质量变化幅度分级：根据生态质量指数与基准值的变化情况，将生态质量变化幅度分为三级七类。三级为"变好""基本稳定""变差"，其中，"变好"包括"轻微变好""一般变好""明显变好"，变差包括"轻微变差""一般变差""明显变差"。生态质量变化幅度分级见表3.1-13。

表3.1-12　生态质量类型分级

类别	一类	二类	三类	四类	五类
指数	$EQI \geqslant 70$	$55 \leqslant EQI < 70$	$40 \leqslant EQI < 55$	$30 \leqslant EQI < 40$	$EQI < 30$
描述	自然生态系统覆盖比例高，人类干扰强度低，生物多样性丰富，生态结构完整，系统稳定，生态功能完善	自然生态系统覆盖比例较高，人类干扰强度较低，生物多样性较丰富，生态结构较完整，系统较稳定，生态功能较完善	自然生态系统覆盖比例一般，受到一定程度的人类活动干扰，生物多样性丰富度一般，生态结构完整性和稳定性一般，生态功能基本完善	自然生态本底条件较差，人类干扰强度较大，自然生态系统较脆弱，生态功能较低	自然生态本底条件差或人类干扰强度大，自然生态系统脆弱，生态功能低

表3.1-13　生态质量变化幅度分级

变化等级	变好			基本稳定	变差		
	轻微变好	一般变好	明显变好		轻微变差	一般变差	明显变差
ΔEQI 阈值	$1 \leqslant \Delta EQI < 2$	$2 \leqslant \Delta EQI < 4$	$\Delta EQI \geqslant 4$	$-1 < \Delta EQI < 1$	$-2 < \Delta EQI \leqslant -1$	$-4 < \Delta EQI \leqslant -2$	$\Delta EQI \leqslant -4$

八、农村环境

1. 监测点位

农村环境质量监测点位：99个村庄（重点监控村庄15个，一般监控村庄84个）共布设环境空气点位99个，土壤点位25个，县域地表水断面（点位）216个，农村面源污染断面68个。99个村庄分布在21个市（州）的99个县，如图3.1-8所示。

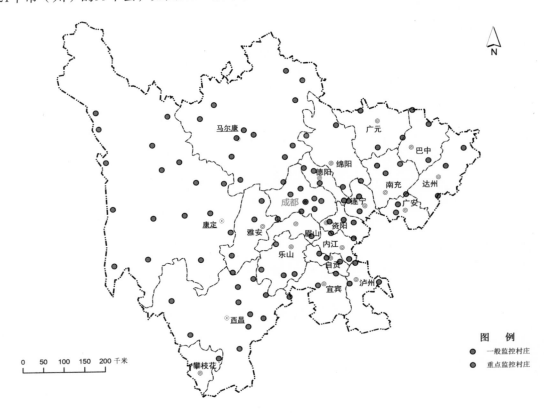

图3.1-8 2022年四川省农村环境质量监测村庄分布

农村千吨万人饮用水水源地水质监测点位：地表水型断面（点位）383个（河流型216个、湖库型167个），地下水型点位51个，共434个断面（点位），分布在20个市（州）的110个县（市、区）。

灌溉面积10万亩及以上的农田灌溉水水质监测点位：34个农田灌区共120个点位，分布在14个市（州）的38个县（市、区）。

日处理能力20吨及以上农村生活污水处理设施出水水质点位：监督性监测抽查1171家农村生活污水处理设施，分布在21个市（州）的141县（市、区）。

农村黑臭水体监测断面：2022年纳入国家监管清单并已完成整治的农村黑臭水体共计19个，分布于4个市的6个县（市、区），2个（无裸露水体，不具备采样条件）未监测，实际监测17个，共17个断面。

2. 监测指标及频次

2022年四川省农村环境质量监测项目及监测频次见表3.1-14。

表3.1-14　2022年四川省农村环境质量监测项目及监测频次

环境质量要素	监测项目	监测频次
环境空气	二氧化硫、二氧化氮、可吸入颗粒物、细颗粒物、一氧化碳、臭氧	手工监测为每季度1次，连续监测5天；自动监测为连续24小时监测
县域地表水	《地表水环境质量标准》（GB 3838—2002）表1中24项指标	每季度监测1次
土壤	pH、阳离子交换量，镉、汞、砷、铅、铬、铜、镍、锌等元素的全量，以及自选特征污染物	每五年监测1次
面源污染地表水	流量、总氮、总磷、氨氮、硝酸盐氮（以N计）、高锰酸盐指数、化学需氧量	每季度监测1次
农村千吨万人饮用水水源地	《地表水环境质量标准》（GB 3838—2002）表1、表2共28项指标；《地下水质量标准》（GB/T 14848—2017）表1共37项常规指标（总α放射性和总β放射性为选测指标）	地表水每季度监测1次；地下水上下半年各监测1次
灌溉规模在10万亩及以上的灌溉水	《农田灌溉水质标准》（GB 5084—2021）表1中基本控制项目16项，表2中选择性控制项目为选测指标	上下半年各监测1次
日处理能力20吨及以上农村生活污水处理设施出水	必测项目：化学需氧量和氨氮 选测项目：pH、五日生化需氧量、悬浮物、总磷、粪大肠菌群、动植物油	上下半年各监测1次
农村黑臭水体水质	监测项目：透明度、溶解氧、氨氮	第三季度监测1次

3. 评价指标和评价方法

农村环境质量评价标准和评价方法执行《农村环境质量综合评价技术规定》（修订征求意见稿），以县域为基本单元进行综合评价。环境空气质量评价采用实况数据。2021年土壤监测结果纳入2022年评价。

空气、土壤、县域地表水、千吨万人饮用水水源地、农田灌溉水、生活污水处理设施等要素均按照现行有效的评价方式评价后计算指数，并按照权重计算农村环境状况指数（I_{env}）。根据农村环境状况指数，将农村环境状况分为五级，见表3.1-15。农业面源污染评价采用内梅罗指数综合评价法。根据县域的内梅罗综合指数值，将农业面源污染状况分为五级，见表3.1-16。

表3.1-15　农村环境状况分级

级别	优	良	一般	较差	差
农村环境状况指数（I_{env}）	$I_{env} \geq 90$	$75 \leq I_{env} < 90$	$55 \leq I_{env} < 75$	$40 \leq I_{env} < 55$	$I_{env} < 40$

表3.1-16　内梅罗指数综合评价分级标准

水质等级	清洁	轻度污染	中度污染	重污染	严重污染
内梅罗指数	0～1.0	1.0～2.0	2.0～3.0	3.0～5.0	≥5.0

黑臭水体水质的评价参照《农村黑臭水体治理工作指南（试行）》（环办土壤函〔2019〕826号）中农村黑臭水质监测判定方法，即透明度、溶解氧、氨氮3项指标中任意1项不达标即为黑臭水体。农村黑臭水体水质监测指标阈值见表3.1−17。

表3.1−17 农村黑臭水体水质监测指标阈值

监测指标	指标阈值	
透明度（cm）	<25*	
溶解氧（mg/L）	<2	
氨氮（mg/L）	>15	

注：*表示水深不足25 cm时，透明度按水深的40%取值。

九、土壤环境

1. 监测点位

2022年监测重点风险点195个（包括国家点位95个、省级点位100个），一般风险点409个（包括国家点位194个、省级点位215个）。2022年四川省土壤环境质量监测点位空间分布如图3.1−9所示。

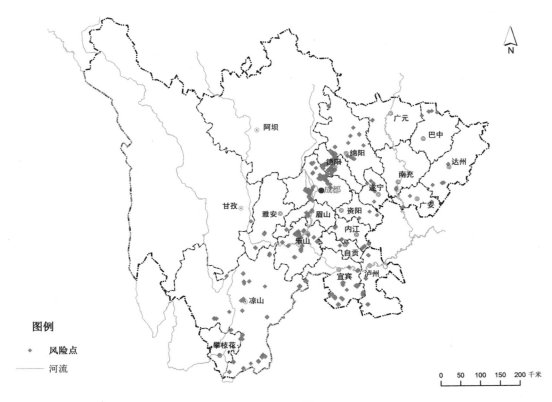

图3.1−9　2022年四川省土壤环境质量监测点位空间分布

2. 监测项目及监测频次

监测项目：土壤pH、阳离子交换量、有机质含量、砷、镉、铬、铜、铅、镍、汞、锌、六六六总量、滴滴涕总量和多环芳烃。

监测频次：重点风险点每年完成1次监测，一般风险点每五年完成2次监测。

3. 评价标准

依据《土壤环境质量农用地土壤污染风险管控标准（试行）》（GB 15618—2018）进行评价。评价指标为砷、镉、铬、铜、铅、镍、汞、锌、六六六总量、滴滴涕总量和多环芳烃。

十、辐射环境

1. 监测内容

四川省辐射环境质量监测包括辐射环境自动站、陆地、空气、地表水、水环境、土壤、电磁辐射等监测工作，具体见表3.1-18。

表3.1-18　2022年四川省辐射环境质量监测内容统计

监测对象		监测项目	监测频次	国控点位数（个）	省控点位数（个）
陆地γ辐射		γ辐射空气吸收剂量率（自动站）	连续	27	15
		γ辐射累积剂量	1次/季	12	12
		γ辐射空气吸收剂量率（瞬时）	1次/年	—	21
空气	气溶胶	γ能谱分析（^{7}Be、^{234}Th、^{228}Ra、^{40}K、^{137}Cs、^{134}Cs、^{131}I、^{210}Pb）、^{210}Po、总α、总β	1次/月 1次/季 1次/年	27	6
	沉降物	γ能谱分析（^{7}Be、^{234}Th、^{228}Ra、^{214}Bi、^{40}K、^{137}Cs、^{134}Cs、^{131}I）	1次/季	23	1
	降水氚	^{3}H	1次/季	1	—
	氚化水	^{3}H	1次/年	1	1
	空气中氡	氡累积剂量	1次/季	1	1
	空气中碘	^{131}I	1次/季	23	—
水	地表水	总U、Th、^{226}Ra、^{90}Sr、^{137}Cs、总α、总β	2次/年	6	20
	地下水	总U、Th、^{226}Ra、^{210}Pb、^{210}Po、总α、总β	1次/年		
	饮用水源地水	^{90}Sr、^{137}Cs、总α、总β	1次/年	21	21
土壤	土壤	γ能谱分析（^{238}U、^{232}Th、^{226}Ra、^{40}K、^{137}Cs）、^{90}Sr	1次/年	21	—
电磁辐射		工频电磁场强度	1次/年	1	—
		工频磁感应强度	1次/年	1	—
		综合电场强度	1次/年	2	17
		工频电磁场强度	连续	—	3
		综合电场强度	连续	—	16

2. 评价标准和评价方法

评价标准为《电离辐射防护与辐射源安全基本标准》（GB 18871—2002）、《电磁环境控制限值》（GB 8702—2014）、《生活饮用水卫生标准》（GB 5749—2006）。

第二章　城市环境空气质量

一、现状评价

1. 主要监测指标

2022年，四川省21个市（州）政府所在地城市环境空气二氧化硫、二氧化氮、可吸入颗粒物、细颗粒物年均值及一氧化碳日均值第95百分位数浓度值、臭氧日最大8小时滑动平均值第90百分位数浓度值均达到《环境空气质量标准》（GB 3095—2012）二级标准。绵阳市、遂宁市、内江市、南充市、广安市、达州市、雅安市、广元市、巴中市、资阳市、攀枝花市、阿坝州、甘孜州、凉山州共14个市（州）城市环境空气质量均达标。2022年四川省城市环境空气主要监测指标年均浓度及达标情况如图3.2-1所示。

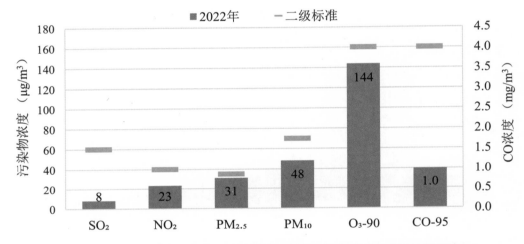

图3.2-1　2022年四川省城市环境空气主要监测指标年均浓度及达标情况

（1）二氧化硫

2022年，四川省二氧化硫年均浓度为8微克/立方米，同比保持不变。21个市（州）城市年均浓度均达到《环境空气质量标准》（GB 3095—2012）二级标准，浓度范围为4～21微克/立方米。共18个市（州）城市年均浓度值达到个位数，浓度较高的市（州）依次为攀枝花市（21微克/立方米）、凉山州（11微克/立方米）、泸州市和遂宁市（10微克/立方米）。共有8个市（州）年均浓度同比下降，降幅较大的依次为成都市（33.3%）、阿坝州（25.0%）、绵阳市（25.0%）；7个市同比上升，升幅较大的依次为广安市（33.3%）、广元市（28.6%）、遂宁市（25.0%）；自贡市、德阳市、乐山市、巴中市、甘孜州、凉山州6个市（州）同比保持不变。2022年四川省21个市（州）城市二氧化硫年均浓度及同比变化空间分布如图3.2-2所示。

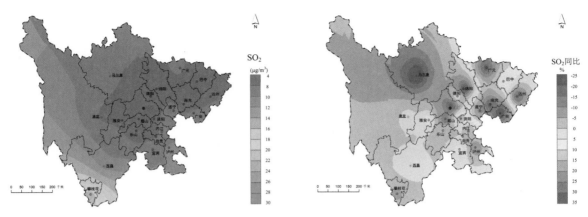

图3.2-2 2022年四川省21个市（州）城市二氧化硫年均浓度及同比变化空间分布

（2）二氧化氮

2022年，四川省二氧化氮年均浓度为23微克/立方米，同比下降4.2个百分点。21个市（州）年均浓度均达到《环境空气质量标准》（GB 3095—2012）二级标准，浓度范围为11～35微克/立方米，浓度较高的城市依次为达州市（35微克/立方米）、眉山市和成都市（30微克/立方米）。共有14个市（州）年均浓度同比下降，降幅较大的依次为南充市（19.0%）、成都市（14.3%）、泸州市和广元市（11.1%）；2个市（州）同比上升，依次为达州市（12.9%）、凉山州（6.7%）；攀枝花市、内江市、巴中市、遂宁市、阿坝州5个市（州）同比保持不变。2022年四川省21个市（州）城市二氧化氮年均浓度及同比变化空间分布如图3.2-3所示。

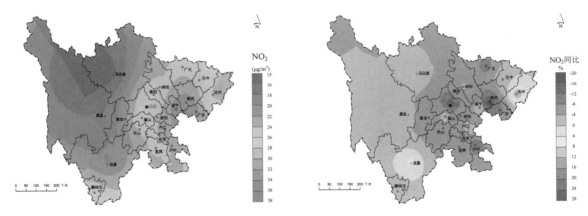

图3.2-3 2022年四川省21个市（州）城市二氧化氮年均浓度及同比变化空间分布

（3）可吸入颗粒物

2022年，四川省可吸入颗粒物年均浓度为48微克/立方米，同比下降2.0个百分点。21个市（州）年均浓度均达到《环境空气质量标准》（GB 3095—2012）二级标准，浓度范围为17～63微克/立方米，浓度较高的城市依次为德阳市（63微克/立方米）、宜宾市和泸州市（60微克/立方米）。共有10个市（州）年均浓度同比下降，降幅较大的依次为阿坝州（34.6%）、达州市（18.3%）、内江市（11.5%）；6个市（州）同比上升，升幅较大的依次为甘孜州（23.5%）、泸州市（15.4%）、遂宁市（10.2%）；德阳市、宜宾市、广安市、广元市、凉山州5个市（州）同比保持不变。2022年四川省21个市（州）城市可吸入颗粒物年均浓度及同比变化空间分布如图3.2-4所示。

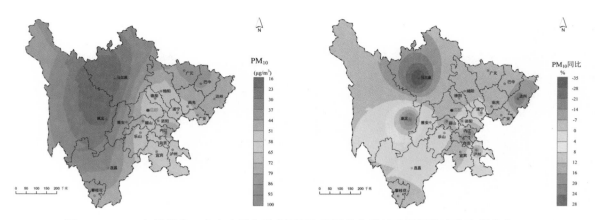

图3.2-4　2022年四川省21个市（州）城市可吸入颗粒物年均浓度及同比变化空间分布

（4）细颗粒物

2022年，四川省细颗粒物年均浓度为31微克/立方米，同比下降3.1个百分点。21个市（州）中共有15个年均浓度达到《环境空气质量标准》（GB 3095—2012）二级标准，占比为71.4%；成都市、自贡市、泸州市、乐山市、眉山市、宜宾市6个城市超标，占比为28.6%，超标倍数为0.09～0.20倍。21个市（州）年均浓度范围为8～42微克/立方米，浓度较高的依次为宜宾市（42微克/立方米）、泸州市（41微克/立方米）、乐山市（40微克/立方米）。共有10个市（州）年均浓度同比下降，降幅较大的依次为阿坝州（41.2%）、达州市（21.1%）、攀枝花市（9.7%）；5个市同比上升，升幅较大的依次为资阳市（17.9%）、眉山市（11.8%）、乐山市（8.1%）；泸州市、广安市、遂宁市、巴中市、凉山州、甘孜州6个市（州）保持不变。2022年四川省21个市（州）城市细颗粒物年均浓度及同比变化空间分布如图3.2-5所示。

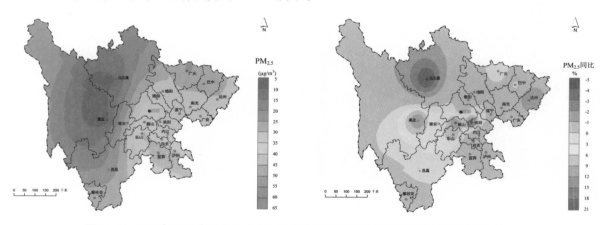

图3.2-5　2022年四川省21个市（州）城市细颗粒物年均浓度及同比变化空间分布

（5）一氧化碳

2022年，四川省一氧化碳日均值第95百分位数浓度为1.0毫克/立方米，同比下降9.1个百分点。21个市（州）日均值第95百分位数浓度均达到《环境空气质量标准》（GB 3095—2012）二级标准，浓度范围为0.6～2.1毫克/立方米，浓度较高的城市依次为攀枝花市（2.1毫克/立方米），广元市、眉山市和达州市（1.2毫克/立方米）。8个市（州）日均值第95百分位浓度同比下降，降幅较大的城市为南充市（18.2%）、达州市（14.3%）、成都市（10.0%）、泸州市（10.0%）、德阳市（10.0%）、阿坝州（10.0%）；3个市（州）同比上升，依次为凉山州（25.0%）、雅安市

（12.5%）、眉山市（9.1%）；自贡市、绵阳市、广元市、遂宁市、内江市、乐山市、宜宾市、巴中市、资阳市、甘孜州10个市（州）同比保持不变。2022年四川省21个市（州）城市一氧化碳日均值第95百分位数浓度及同比变化空间分布如图3.2-6所示。

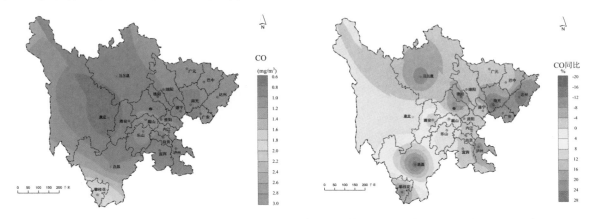

图3.2-6　2022年四川省21个市（州）城市一氧化碳日均值第95百分位浓度及同比变化空间分布

（6）臭氧

2022年，四川省臭氧日最大8小时滑动平均值第90百分位数浓度为144微克/立方米，同比上升13.4个百分点。21个市（州）中16个城市日最大8小时滑动平均值第90百分位数浓度达到《环境空气质量标准》（GB 3095—2012）二级标准，占比为76.2%，成都市、自贡市、德阳市、眉山市、宜宾市5个城市超标，占比为23.8%，超标倍数为0.01～0.13倍。21个市（州）浓度范围为106～181微克/立方米，浓度较高的城市依次为成都市（181微克/立方米）、眉山市（173微克/立方米）、德阳市和宜宾市（165微克/立方米）。2个市（州）浓度同比下降，依次为攀枝花市（5.3%）、凉山州（1.6%）；19个市（州）浓度同比上升，升幅较大的依次为南充市（23.4%）、雅安市（22.9%）、达州市（21.9%）。2022年四川省21个市（州）城市臭氧日最大8小时滑动平均值第90百分位数浓度及同比变化空间分布如图3.2-7所示。

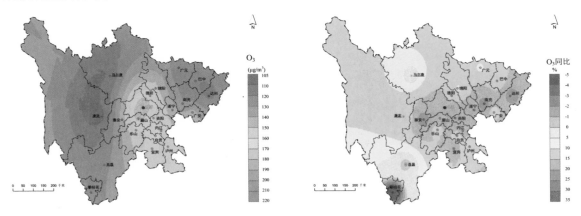

图3.2-7　2022年四川省21个市（州）城市臭氧日最大8小时滑动平均值第90百分位浓度及同比变化空间分布

2. 空气质量指数

2022年，四川省环境空气质量总体优良天数率为89.3%，同比下降0.2个百分点，其中优占38.6%，良占50.7%；总体污染天数率为10.7%，其中轻度污染为9.7%，中度污染为0.9%，重度污染为0.1%。21个市（州）优良天数率范围为77.3%～100%，空气污染天数率较多的城市依次为成都市、眉山市、宜宾市。2022年四川省环境空气质量级别分布如图3.2-8所示。

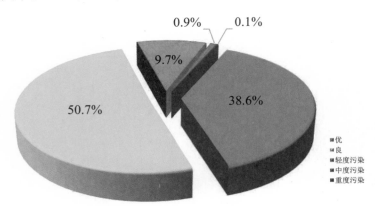

图3.2-8　2022年四川省环境空气质量级别分布

　　2022年，四川省五大经济区中，川西北生态示范区环境空气质量最好，优良天数率为100%；攀西经济区次之，优良天数率为98.5%；川东北经济区优良天数率为94.8%；成都平原经济区优良天数率为85.1%；川南经济区优良天数率为81.0%。2022年四川省五大经济区空气质量状况如图3.2-9所示。

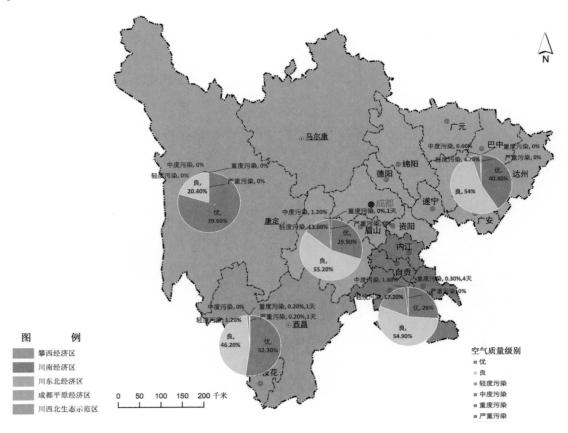

图3.2-9　2022年四川省五大经济区空气质量状况

3. 超标天数及污染指标

2022年，四川省21个市（州）城市累积超标天数为819天，同比增加15天，污染主要由臭氧和颗粒物造成，其中臭氧污染437天，细颗粒物污染395天，可吸入颗粒物污染39天，同比分别增加190天、减少146天、减少62天。污染越严重，细颗粒物为首要污染物的占比越大，污染天气时四川省首要污染指标为臭氧、细颗粒物、可吸入颗粒物，占比分别为52.5%、47.4%、0.2%。2022年四川省污染天气时各污染指标占比如图3.2-10所示。

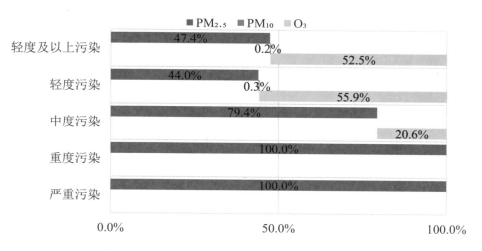

图3.2-10 2022年四川省污染天气时各污染指标占比

4. 空气质量综合指数

2022年，四川省空气质量综合指数为3.44，21个市（州）城市的空气质量综合指数在1.87~4.16之间；甘孜州、阿坝州、凉山州城市环境空气质量相对较好，宜宾市、成都市、眉山市相对较差。2022年四川省21个市（州）城市空气质量综合指数分布如图3.2-11所示。

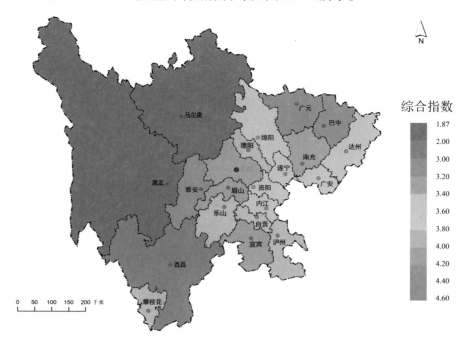

图3.2-11 2022年四川省21个市（州）城市空气质量综合指数分布

六项指标分指数中，二氧化硫和一氧化碳分指数最大的城市为攀枝花市，二氧化氮分指数最大的城市为达州市；臭氧分指数最大的城市为成都市；细颗粒物分指数最大的城市为宜宾市，可吸入颗粒物分指数最大的城市为德阳市。2022年四川省21个市（州）城市空气质量综合指数构成如图3.2-12所示。

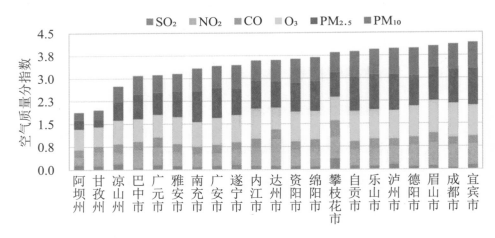

图3.2-12 2022年四川省21个市（州）城市空气质量综合指数构成

2022年，四川省环境空气质量中臭氧污染负荷最大，为26.2%；其次是细颗粒物和可吸入颗粒物，污染负荷分别为25.9%、20.1%；二氧化氮污染负荷为16.9%；一氧化碳污染负荷为7.3%；二氧化硫污染负荷最低，为3.8%。2022年四川省环境空气主要污染物负荷占比如图3.2-13所示。

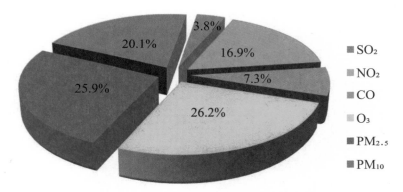

图3.2-13 2022年四川省环境空气主要污染物负荷占比

5. 重污染天数

2022年，四川省21个市（州）累积重度及以上污染天数共7天，占累积污染天数的0.1%，同比减少8天。重度污染共涉及4个市（州）（泸州市3天、凉山州2天、宜宾市1天、乐山市1天）。污染主要由细颗粒物和臭氧造成，其中细颗粒物浓度在1月和12月较高，特别是1月，累计出现197个细颗粒物污染天（轻度168天、中度26天、重度2天、严重1天）；臭氧浓度在4—8月相对较高，特别是7月，累计出现157个臭氧污染天（轻度151天、中度6天），同比增加117天。2022年四川省21市（州）城市重污染天数及同比变化如图3.2-14所示。

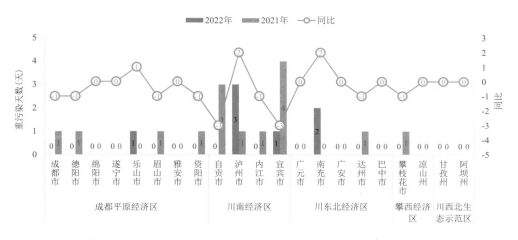

图3.2-14　2022年四川省21个市（州）城市重污染天数及同比变化

二、年内时空变化分布规律分析

1. 空间分布规律

四川省城市环境空气质量空间分布呈现明显区域性特征。细颗粒物高浓度中心主要在川南经济区，浓度为38微克/立方米，主要受工业排放和不利气象条件协同影响；其次是成都平原经济区、川东北经济区。臭氧高浓度中心为川南经济区和成都平原经济区，浓度均为160微克/立方米。二氧化硫和一氧化碳高值均出现在攀西经济区，浓度较其他区域高出1倍左右。二氧化氮仅川西北生态示范区较低，其余区域浓度在22~25微克/立方米范围内波动。从同比情况分析，细颗粒物仅成都平原经济区有所上升，同比上升2.9个百分点，其他区域均有不同程度下降；臭氧在成都平原经济区、川东北经济区、川南经济区上升较多，同比分别上升16.8、15.5、14.3个百分点；二氧化硫仅川东北经济区出现上升，同比上升16.7个百分点；五大区域二氧化氮、一氧化碳均未出现上升。2022年四川省五大区域城市环境空气主要监测指标浓度空间分布如图3.2-15所示。

图3.2-15　2022年四川省五大区域城市环境空气主要监测指标浓度空间分布

2. 时间分布规律

四川省城市环境空气质量时间变化呈明显季节性特征。颗粒物呈现秋冬季偏高、春夏季偏低的特征。冬季细颗粒物高达49微克/立方米，高出夏季1.7倍左右，冬季易受污染物排放叠加逆温、静稳等不利气象条件的综合影响，造成污染物累积，加重污染。臭氧高浓度主要发生在春夏两季，其中夏季浓度高达121微克/立方米，较冬季高出1.2倍左右，春夏季温度回升，太阳光线增强，为臭氧的生成提供了外部条件，加之挥发性有机物和氮氧化物的排放，易造成臭氧污染。二氧化硫浓度变化不大，各季节均在8~9微克/立方米范围内波动。二氧化氮在春秋两季变化不大，冬季略有上升，夏季略有下降。一氧化碳冬季略高，春夏秋季较为一致。

逐月来看，可吸入颗粒物、细颗粒物、臭氧月均浓度变化相对较大，其中1月和12月可吸入颗粒物、细颗粒物浓度相对较高，6—8月浓度相对较低。臭氧浓度在4—8月相对较高，最高值为7月。二氧化氮月均浓度在17~30微克/立方米范围内波动，1月、3月、10月、12月浓度略高。二氧化硫、一氧化碳月均浓度全年基本保持稳定，月均浓度波动范围分别为8~10微克/立方米、0.5~1.0毫克/立方米。2022年四川省城市环境空气主要监测指标时间变化趋势如图3.2-16所示。

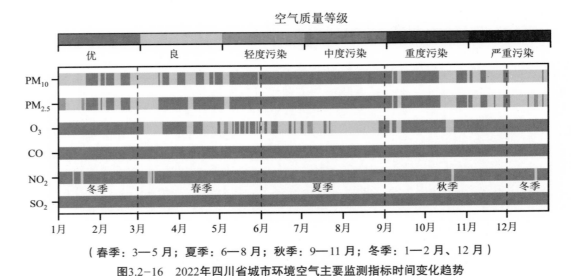

（春季：3—5月；夏季：6—8月；秋季：9—11月；冬季：1—2月、12月）

图3.2-16　2022年四川省城市环境空气主要监测指标时间变化趋势

三、2016—2022年变化趋势分析

1. 主要监测指标

2016—2022年，四川省细颗粒物、可吸入颗粒物、二氧化硫、二氧化氮、一氧化碳浓度整体均呈逐年下降趋势，臭氧浓度波动上升。

细颗粒物：整体来看，2016—2022年细颗粒物浓度呈波动下降趋势，由2016年的42微克/立方米下降至2022年的31微克/立方米，下降26.2个百分点。逐年来看，2016年和2017年浓度超过国家二级标准，2018年开始浓度达到国家二级标准；从逐年降幅分析，2017年、2018年、2020年降幅较大，分别为9.5、10.5、8.8个百分点。2021年略微反弹3.2个百分点，2022年又下降至31微克/立方米，同比下降3.1个百分点，浓度与2020年相当，为近年来最低水平。

可吸入颗粒物：整体来看，2016—2022年可吸入颗粒物浓度呈逐年下降趋势，由2016年的66微克/立方米下降至2022年的48微克/立方米，下降27.3个百分点。逐年来看，年均浓度均低于国家二级标准；从逐年降幅分析，2017年降幅最大，同比下降9.1个百分点，其次是2020年，同比下降7.5个百分点。

　　臭氧：整体来看，2016—2022年臭氧浓度呈逐年上升趋势（2021年除外），由2016年的121微克/立方米上升至2022年的144微克/立方米，上升19.0个百分点。逐年来看，臭氧浓度均低于国家二级标准；从逐年升幅分析，2022年升幅最大，同比上升13.4个百分点。

　　二氧化硫：整体来看，2016—2022年二氧化硫浓度先下降后持平，由2016年的15微克/立方米下降至2022年的8微克/立方米，下降46.7个百分点。逐年来看，年均浓度均远低于国家二级标准；从逐年降幅分析，2019年降幅最大，同比下降18.2个百分点；其次是2018年，同比下降15.4个百分点。2019年二氧化硫浓度首次降至个位数，并持续保持。

　　二氧化氮：整体来看，2016—2022年二氧化氮浓度呈先升后降趋势，由2016年的28微克/立方米下降至2022年的23微克/立方米，下降17.9个百分点。逐年来看，年均浓度均低于国家二级标准；2017年浓度最高，为29微克/立方米，同比上升3.6个百分点，2018年开始下降，其中2020年降幅最大，同比下降10.7个百分点。

　　一氧化碳：整体来看，2016—2022年一氧化碳浓度先下降后持平再下降，由2016年的1.4毫克/立方米下降至2022年的1.0毫克/立方米，下降28.6个百分点。逐年来看，年均浓度均远低于国家二级标准；从逐年降幅分析，2018年降幅最大，同比下降15.4个百分点；其次是2022年，同比下降9.1个百分点。

　　2016—2022年四川省环境空气主要监测指标浓度变化如图3.2-17所示。

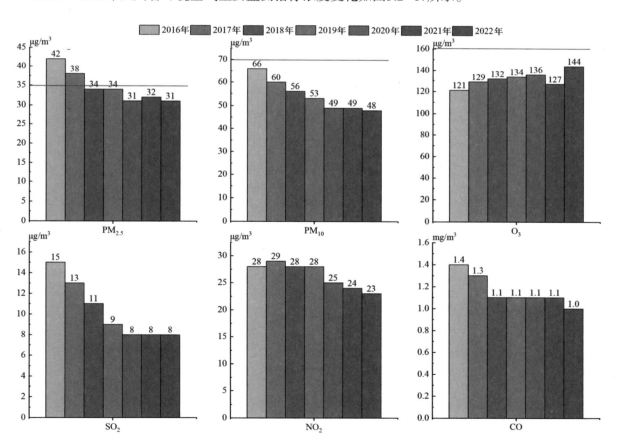

图3.2-17　2016—2022年四川省环境空气主要监测指标浓度变化

2. 空气质量指数

整体来看，2016—2022年四川省优良天数率呈先升后降趋势，由2016年的83.8%上升至2022年的89.3%，上升5.5个百分点，其中优、良天数率分别由2016年的34.4%、49.4%上升至2022年的38.6%、50.7%，轻度污染、中度污染、重度污染天数率分别由2016年的12.9%、2.7%、0.5%下降至2022年的9.7%、0.9%、0.1%，轻度污染下降最为明显。

逐年来看，2016—2020年优良天数率持续上升，2021年开始持续下降。其中2017年、2018年升幅最大，同比分别上升2.4、2.2个百分点；2020年优良天数率最高，为90.7%；2021年、2022年优良天数率同比分别下降1.2、0.2个百分点。2016—2022年四川省城市环境空气质量级别比例变化情况如图3.2-18所示，2016—2022年四川省城市环境空气质量级别对比见表3.2-1。

图3.2-18　2016—2022年四川省城市环境空气质量级别比例变化情况

表3.2-1　2016—2022年四川省城市环境空气质量级别对比

年度	优（%）	良（%）	轻度污染（%）	中度污染（%）	重度污染（%）	严重污染（%）	优良率（%）
2016	34.4	49.4	12.9	2.7	0.5	0	83.8
2017	35.9	50.2	9.8	2.6	1.4	0.1	86.2
2018	38.1	50.3	9.7	1.5	0.4	0	88.4
2019	40.4	48.7	9.5	1.2	0.2	0	89.1
2020	44.6	46.2	8.1	1.1	0.1	0	90.7
2021	44.5	45	8.9	1.4	0.2	0	89.5
2022	38.6	50.7	9.7	0.9	0.1	0	89.3
2022年相比2016年变化情况	4.2	1.3	−3.2	−1.8	−0.4	0	5.5

四、小结

1. 2022年四川省城市环境空气质量持续改善，是历年来细颗粒物浓度最低、重污染天数最少、达标城市最多的一年，但臭氧污染形势严峻

四川省六项监测指标年均浓度均达到国家二级标准，细颗粒物、二氧化氮、可吸入颗粒物、一氧化碳年均浓度同比分别下降3.1、4.2、2.0、9.1个百分点。重度及以上污染天数7天，同比减少8天。细颗粒物和重污染天数实现"双下降"。细颗粒物达标城市达到15个，同比增加3个；空气质量达标城市达到14个，同比增加1个。总体优良天数率为89.3%，同比仅下降0.2个百分点。

臭氧污染问题比较突出，四川省臭氧年均浓度为144微克/立方米，同比上升13.4个百分点。21个市（州）城市累积超标天数为819天，同比增加15天；臭氧污染437天，同比增加190天，占全年污染天数比例达到53.4%，首次超过了细颗粒物。19个市（州）城市年均臭氧浓度同比上升，成都、德阳、眉山、自贡、宜宾5市超标。

2. 2016—2022年四川省城市环境空气质量明显改善

四川省六项监测指标自2020年起均达到国家二级标准，除臭氧年均浓度呈波动上升外，其余五项污染物浓度呈明显下降趋势。细颗粒物浓度由2016年的42微克/立方米下降至2022年的31微克/立方米，下降26.2个百分点。优良天数率呈先升后降趋势，由2016年的83.8%上升至2022年的89.3%，上升5.5个百分点；轻度污染、中度污染、重度污染天数率分别由12.9%、2.7%、0.5%下降至9.7%、0.9%、0.1%，轻度污染下降最为明显。

五、原因分析

1. 空气质量改善原因分析

2022年，四川省遭遇了经济、疫情、气象的三重压力，尤其遭遇有气象记录以来的持续极端高温不利影响。但四川省以改善空气质量为核心，坚持精准治污、科学治污、依法治污，坚持统筹经济社会发展、疫情防控和大气污染防治，坚持标本兼治、联防联控、帮扶监督，采取了一系列有力措施，空气质量得到了持续改善，实现了细颗粒物和重污染天数的"双下降"。

一是省委省政府高位推动。王晓晖书记对大气工作作出批示，要求"要突出抓好臭氧污染防控、秸秆禁烧管控和城市移动源污染管控等重点任务"，黄强省长坚持每季度听取和研究大气污染防治工作，强调要坚决守住"生态环境质量只能更好，不能变坏"的刚性底线。省政府办公厅印发了《关于深入打好2022年大气污染防治攻坚战的通知》《四川省环境质量改善不力约谈办法》等重要文件，修订了《四川省重污染天气应急预案》，明确大气攻坚十大举措，压实空气质量改善四方责任。省污防攻坚办坚持"日调度、周预测、月通报、季汇报"，积极夯实基础能力，强化污染过程研判会商，安排"快反小组"，推动精准管控措施落实。

二是大力推动重点工程减排。围绕四川省工业锅炉、工业炉窑以及农药制药、石化化工、溶剂使用等方面，重点梳理形成五张涉气污染源排放清单，结合各地空气质量现状和达标规划，形成"三个一批"（停用淘汰一批、提标改造一批、规范治理一批）整治任务清单，列出具有大气污染减排潜力的企业900余家，不断夯实涉气污染源整治基础。聚焦氮氧化物减排，加快推进火电、钢铁、水泥、焦化等重点行业超低排放改造和深度治理，四川省15个钢铁企业全面开展超低排放改造，7家焦化企业实现超低排放改造。996万千瓦燃煤发电机组实现超低排放应改尽改，94条水泥熟料生产线中78条完成深度治理，10条完成超低排放改造。聚焦挥发性有机物减排，完成三轮挥发性有机物突出问题排查整治，排查点位2.7万余个，涉及企业9000余家，整改率超90%；累计清理整治低效治理企业近4000家，完成4轮活性炭更新，排查泄漏检测与修复点位150万余个。

三是省直部门协同共治。省经信、公安、生态环境、住建、交通、农业农村、应急、气象等部门联动配合，相关厅领导带队赴一线督查，联合开展工业源、移动源、扬尘源污染综合整治。深入开展"千名专家进万企"帮服行动，省级组织400余名技术专家，根据行业、区域特点帮扶3300余家重点行业企业，推动解决企业难点堵点问题。经济和信息化厅深入推动低挥发性有机物源头替代和加油站治理；生态环境厅开展在线监测、电监控常态调度，对挥发性有机物企业组织全覆盖监测，积极开展监督执法；应急管理厅积极推动烟花爆竹禁燃禁放，公安厅大力推动移动源和烟花爆竹禁燃禁放管控；省发展改革委、农村农业厅推动秸秆综合利用；住房城乡建设厅开展扬尘源专项治理，累计检查建筑工地1.6万余次；交通运输厅指导成都、自贡建成共享钣喷中心；生态环境厅、经济和信息化厅联合推动重点行业绩效评级工作，针对成都市整车制造行业开展精准帮服，2022年累计评出A级、B级和引领性企业142家，C级企业4600多家，提升企业环保绩效水平；生态环境厅、省气象局常态化开展研判会商，省人影中心积极组织增雨减污作业，联合分析极端气候影响，为争取国家支持提供技术支撑。

四是各地全力"拼"与"争"。各市（州）党委、政府主要领导高度重视、专题研究、亲自督促落实，分管负责同志带头暗查暗访，开展常态化巡查检查。成都对1万多家工业企业开展全覆盖排查监测，推进挥发性有机物排放控制，推广使用新能源车16.9万辆，新能源车占汽车比例由4.2%提高到6.7%，全年淘汰老旧车8万辆。德阳开展"零点行动"，加强夜间抽查巡查。绵阳拍摄并在市政府常务会播放10期大气污染防治突出问题暗访片，曝光整改问题61个。乐山推进15个重点行业企业超低排放改造和深度治理项目，预计累计减排5200多吨。南充将每月空气质量情况纳入"红黑榜"考核机制，通过资金奖罚约束区县。达州坚持以结构减排为主线，推进航达钢铁退城入园。眉山制定工业领域大气污染整治提升三年行动计划。宜宾精准制定应急减排清单，将应急减排量落到实处。

2. 臭氧污染原因分析

2022年四川省高温日数多、范围广、极端性强，综合评价为历史最强年份。四川省平均高温日数为30.1天，较常年偏多20.7天，突破历史极大值。月均气温有7个月偏高，其中3月、7月、8月、11月分别偏高3.4℃、2℃、3.9℃和1.9℃，均为历史同期第1高位。年均降水量844.7毫米，较常年偏少12%。7个月月均降水量持续偏少，其中7月、8月和11月分别偏少50%、41%和40%。区域性暴雨过程少，7月、8月偏少尤为显著。伏旱范围广、强度大，总体为重旱年。

由于高温日数多，有效降雨日数少，极端高温、强辐射、小风等不利气象条件成为臭氧污染的重要诱因。四川省臭氧浓度同比上升13.4个百分点，臭氧首次超标时间大幅提前，超标天数、污染过程次数均为近三年最差水平，其中7月受臭氧污染形势最为严重，空气质量为近三年同期中最差。主要特点是污染持续时间长、范围广、程度较严重。7月共出现2次臭氧污染过程，21个市（州）共计157个臭氧污染天，占3月以来臭氧超标天数的一半，占全月总天数的24.1%，与2021年、2020年相比分别增加117天、136天。其中中度污染6天，与2021年、2020年相比分别增加2天、5天。以2022年7月1—12日的一次污染过程为例解析不利气象条件的影响。

（1）气象条件及污染过程模拟分析

2022年7月1—12日受青藏高压和西太平洋副热带高压影响，盆地出现极端高温、强辐射天气，气象条件非常有利于臭氧生成，四川省经历一次臭氧污染过程，四川省空气质量日历如图3.2—19所示。

市(州)	2022年											
	7月1日	7月2日	7月3日	7月4日	7月5日	7月6日	7月7日	7月8日	7月9日	7月10日	7月11日	7月12日
成都	44	63	121	142	170	143	131	140	139	128	110	86
德阳	52	57	90	128	108	187	113	137	118	100	75	56
绵阳	84	61	88	111	93	144	120	134	116	94	67	46
遂宁	70	37	58	69	92	134	89	112	105	107	108	97
乐山	37	72	80	87	113	98	124	119	118	122	115	111
眉山	42	77	92	117	141	123	141	126	128	131	156	126
雅安	40	75	85	95	120	119	122	120	124	140	116	75
资阳	52	60	77	104	128	134	123	130	115	95	102	99
自贡	51	60	72	84	102	104	128	123	133	82	105	107
泸州	74	57	69	99	117	129	123	115	75	60	61	70
内江	56	45	55	80	109	109	124	117	124	80	90	99
宜宾	59	56	89	100	106	101	120	130	120	105	119	100
广元	59	42	53	56	68	94	80	87	87	68	57	38
南充	60	39	44	54	60	104	72	80	76	64	68	59
广安	60	39	52	59	82	134	102	93	104	95	96	84
达州	42	35	49	62	64	100	66	87	76	49	48	44
巴中	59	40	45	49	64	78	72	75	83	65	60	51
攀枝花	43	45	89	76	75	94	107	101	99	50	43	42
凉山	42	47	65	85	65	105	92	85	99	55	48	44
阿坝	35	41	56	52	60	57	54	65	72	54	43	24
甘孜	40	30	41	46	70	65	74	81	85	75	55	48

图3.2-19　2022年7月1—12日四川省空气质量日历

　　7月1—2日，受高空低槽影响，盆地大部有降水过程，臭氧污染气象条件改善。

　　7月3日转为青藏高压前西北气流影响，天气转晴。4日前后伊朗高压带着高温爬上青藏高原，在青藏高原头顶从上到下都是极强的下沉气流，高原和周边地区容易出现极端的温度。受青藏高压影响，随后盆地就出现了极端高温，简阳、德阳等破历史纪录，成都热度一度超过重庆，同时从云图上看，整个四川上空都处于少云状态，辐射极强。极端高温加上强辐射，非常有利于臭氧生成。

　　到7月8日青藏高压和西太平洋副热带高压汇合，在我国上空形成了壮观的暖高压带。由7月8日的云图可见，我国上空已是大片的烈日晴空区，四川盆地持续处于高温强辐射状态。7月10日起，青藏高压迅速减弱，但受西太平洋副热带高压影响，盆地仍处于高温状态，部分城市夜间有暴雨，臭氧生产速率有所减缓。7月12日，傍晚至夜间的降水使臭氧污染气象条件有所改善。

　　利用卫星遥感对污染过程中四川省及周边区域二氧化氮和甲醛的分布情况分析后发现，二氧化氮排放高值区主要分布在成都、德阳和川南内江附近，甲醛排放高值区主要分布在川南、成都平原南部和川东北南部附近。2022年7月1—12日卫星遥感监测盆地二氧化氮、甲醛浓度分布如图3.2-20所示。

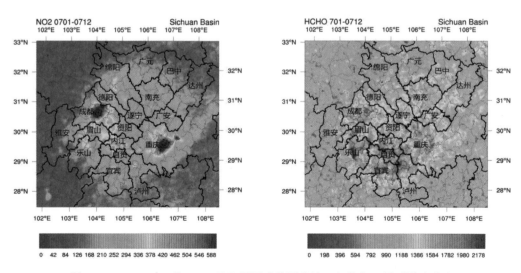

图3.2-20　2022年7月1—12日卫星遥感监测盆地二氧化氮、甲醛浓度分布

从精细化数值模拟结果来看，7月3日起污染物再次累积，起始累积区域在成德绵眉一带。5日起受晴空高温辐射影响，叠加污染物累积和加速转换，成都平原和川南出现大范围臭氧轻度污染，6日午后持续的南风输送使川东北部分城市出现臭氧轻度污染，同时德阳出现了一天中度污染，至9日污染持续。10—11日，云量逐渐增加，盆地东部城市出现阵雨天气，成都平原中南部和川南西部城市维持轻度污染。12日随着降水范围扩大，本次污染过程基本结束。2022年7月1—12日盆地污染物传输及风场数值模拟如图3.2-21所示。

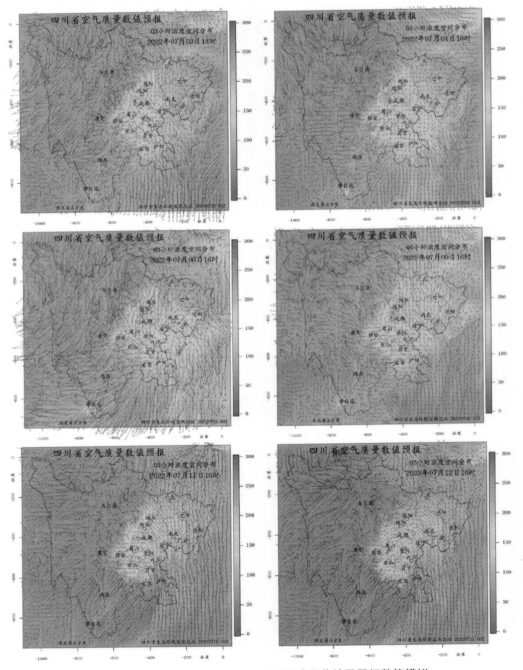

图3.2-21 2022年7月1—12日盆地污染物传输及风场数值模拟

（2）污染特征分析

根据成都挥发性有机物组分监测结果，污染期间烷烃占比最大，为65.9%，芳香烃、烯烃、炔烃占比分别为14.4%、10.4%、9.3%。烷烃、烯烃的占比较清洁期间分别上升0.2、0.6个百分点。异戊烷、C3～5烷烃、2-甲基戊烷等特征组分的浓度在污染期间较清洁期间占比上升5.3个百分点；丙烷浓度上升1.4个百分点，说明机动车尾气的排放是本次污染的重要成因。成都污染过程各挥发性有机物（VOCs）组分浓度及占比如图3.2-22所示。

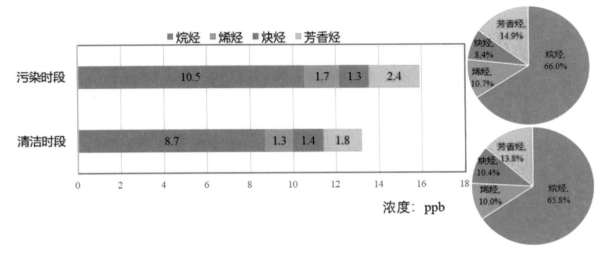

图3.2-22　成都污染过程各挥发性有机物组分浓度及占比

（3）重污染应急效果评估

在四川省重污染天气应急指挥领导小组指导下，各地积极应对本次重污染天气。按照应急预案要求及时启动预警，落实差异化减排措施，起到削峰降速作用。四川省生态环境监测总站每日加密会商研判，及时跟踪掌握空气质量变化趋势。根据数值模拟评估结果，本次区域预警成效显著，各市实测臭氧浓度较无应急减排下预测浓度下降1.5%～7.8%，连片污染形成整体推迟2天，重点城市实际出现污染天数减少了14天，其中度、轻度污染分别减少3天、14天，较2019年8月类似过程减少了37天（重度、中度、轻度污染分别减少1天、8天、28天）。

成都市6日0时启动黄色预警后，臭氧前体物的浓度较预警前均有所下降，挥发性有机物从预警前的16.9 ppb下降至14.6 ppb，二氧化氮从预警前的24.8微克/立方米下降至20.2微克/立方米。从9日开始，臭氧浓度开始下降，日峰值浓度从217.1微克/立方米下降至167.9微克/立方米，下降22.7%，说明启动黄色预警后随着前体物浓度的下降，对臭氧浓度起到了削峰作用。预警前后成都主要组分及污染物变化如图3.2-23所示。

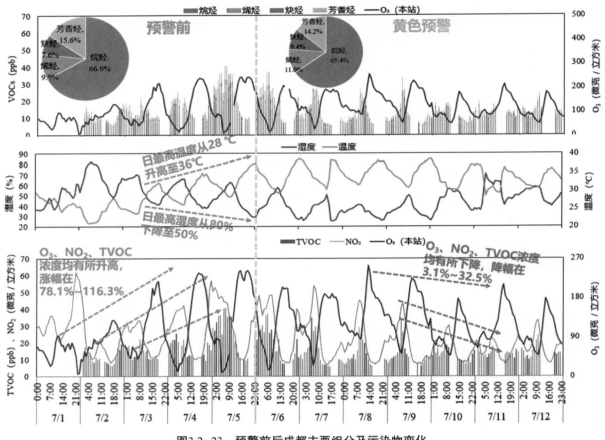

图3.2-23　预警前后成都主要组分及污染物变化

第三章 城市降水质量

一、现状评价

1. 降水酸度

2022年，四川省21个市（州）政府所在地城市降水pH值范围为4.98（巴中市）～7.84（马尔康市），降水pH年均值为6.27，同比上升0.18；酸雨pH年均值为5.08，同比上升0.03；降水酸度和酸雨酸度基本持平。巴中为中酸雨城市，其他市（州）城市均为非酸雨城市，酸雨城市比例为4.8%，同比下降4.7个百分点。2022年四川省21个市（州）城市降水pH年均值及同比变化如图3.3-1所示。

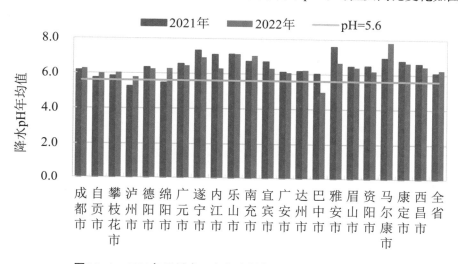

图3.3-1 2022年四川省21个市（州）城市降水pH年均值及同比变化

2. 酸雨频率

2022年，四川省21个市（州）城市共监测降水2387次，其中酸性降水61次，酸雨频率为2.6%，同比下降1.9个百分点；总雨量为37327.4毫米，酸雨量为679.6毫米，酸雨量占总雨量的1.8%，同比下降3.5个百分点。泸州、巴中、自贡等7个城市出现过酸雨，酸雨频率均在0～20%之间。酸雨频率在0～20%的城市比例同比上升19个百分点，在20%～40%的城市比例同比下降9.5个百分点。2022年四川省城市酸雨频率分段统计见表3.3-1，2022年四川省城市酸雨频率及同比变化如图3.3-2所示。

表3.3-1 2022年四川省城市酸雨频率分段统计

酸雨频率（%）	0	大于0小于等于20	大于20小于等于40	大于40小于等于60	大于60小于等于80	大于80小于等于100
市（州）个数	14	7	0	0	0	0
所占比例（%）	66.7	33.3	0	0	0	0

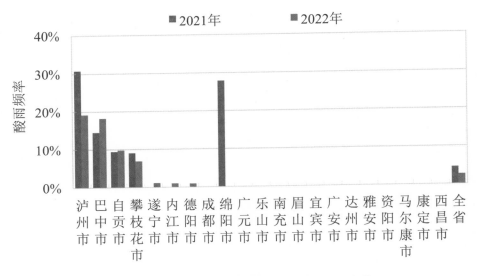

图3.3-2　2022年四川省城市酸雨频率及同比变化

3. 降水化学成分

2022年，四川省21个市（州）城市的降水离子组成中，主要阴离子为硫酸根离子和硝酸根离子，分别占离子总当量的20.4%和12.4%；主要阳离子为铵离子和钙离子，分别占离子总当量的28.3%和25.2%。硫酸根和硝酸根的当量浓度比为1.6，同比有所上升，硫酸盐为降水中的主要致酸物质。

硫酸根离子、铵离子和钙离子当量浓度比同比有所上升，其他离子当量浓度比同比均略有下降。2022年四川省城市降水中主要离子当量浓度比及同比变化如图3.3-3所示，主要阴、阳离子当量分担率分别如图3.3-4、图3.3-5所示。

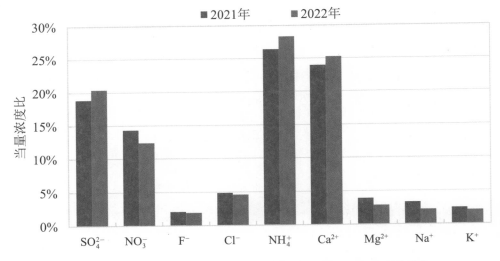

图3.3-3　2022年四川省城市降水中主要离子当量浓度比及同比变化

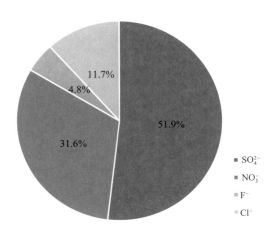

图3.3-4　2022年四川省城市降水中主要阴离子
当量分担率

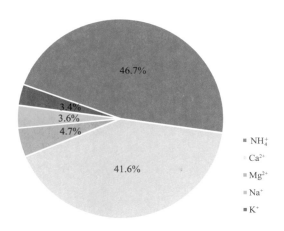

图3.3-5　2022年四川省城市降水中主要阳离子
当量分担率

二、年内时空变化分布规律分析

1. 时间分布规律

（1）降水pH值和酸雨频率

2022年，21个市（州）城市降水pH月均值范围在5.26～6.51之间，仅1月的pH月均值小于5.6，呈现酸雨污染。酸雨频率在0.7%～27.3%之间波动；1月最高，为27.3%；3月、11月未出现酸雨；其他月份酸雨频率均低于10%。酸雨城市比例1月最高，为33.3%；2月、7月、8月均在10%以下，其他月份均为0。2022年1—12月四川省城市降水pH值、酸雨频率和酸雨城市比例变化如图3.3-6所示。

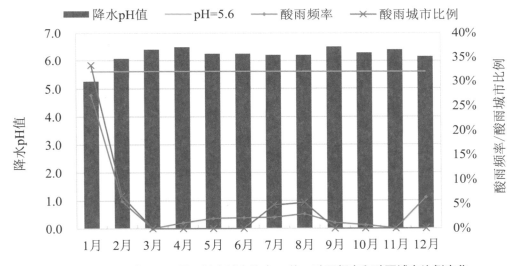

图3.3-6　2022年1—12月四川省城市降水pH值、酸雨频率和酸雨城市比例变化

（2）降水化学成分

2022年1—12月，四川省降水主要阴离子中硫酸根离子和硝酸根离子当量浓度比先降后升，总体变化趋势基本相同。主要阳离子中铵离子和钙离子当量浓度比变化波动起伏较大。2022年1—12月四川省城市降水中主要阴、阳离子当量浓度比变化如图3.3-7、图3.3-8所示。

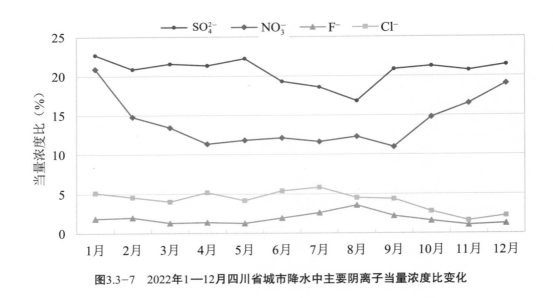

图3.3-7　2022年1—12月四川省城市降水中主要阴离子当量浓度比变化

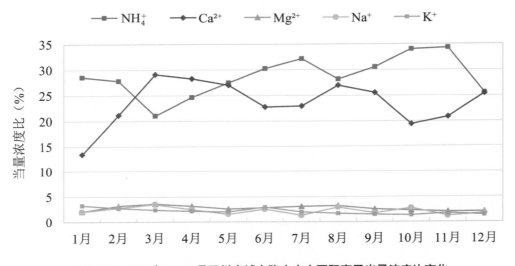

图3.3-8　2022年1—12月四川省城市降水中主要阳离子当量浓度比变化

2. 空间分布规律

2022年，四川省7个城市出现过酸雨，分别为川南经济区的泸州、自贡、内江，川东北经济区的巴中，攀西经济区的攀枝花，成都平原经济区的遂宁、德阳。酸雨频率在0.9%～19.2%之间，巴中和泸州最高，分别为19.2%和18.2%。巴中为中酸雨城市，其他6个城市均为非酸雨城市。2022年四川省城市酸雨区域分布如图3.3-9所示。

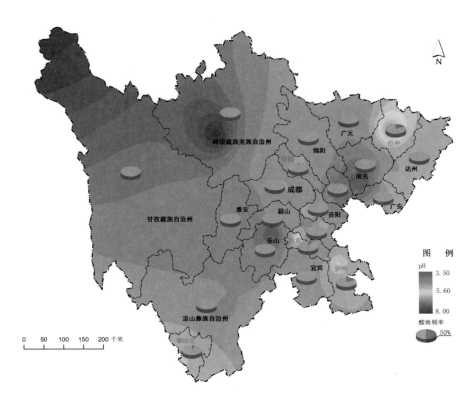

图3.3-9　2022年四川省城市酸雨区域分布

三、2016—2022年变化趋势分析

1. 降水酸度与酸雨频率

2016—2022年，四川省降水pH年均值在5.68～6.27之间，年均酸雨频率在11.3%～2.6%之间。秩相关分析表明2016—2022年降水pH年均值呈明显上升趋势，降水酸度逐年下降。酸雨频率在2018年有所波动，但总体呈下降趋势。2016—2022年四川省城市降水pH年均值及酸雨频率变化趋势如图3.3-10所示，降水pH年均值与酸雨频率变化趋势秩相关分析见表3.3-2。

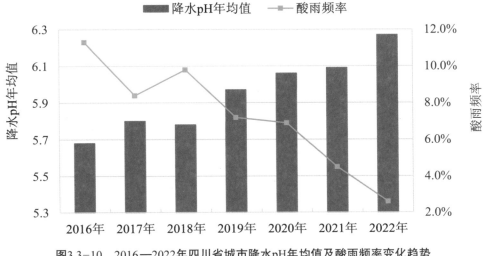

图3.3-10　2016—2022年四川省城市降水pH年均值及酸雨频率变化趋势

表3.3-2　2016—2022年四川省降水pH年均值与酸雨频率变化趋势秩相关分析

指标	2016年	2017年	2018年	2019年	2020年	2021年	2022年	秩相关系数（r_s）	变化趋势
降水pH年均值	5.68	5.80	5.78	5.97	6.06	6.09	6.27	0.96	上升趋势
酸雨频率（%）	11.3	8.4	9.8	7.2	6.9	4.5	2.6	−0.96	下降趋势

2. 酸雨城市比例

2016—2022年，四川省21个市（州）城市未出现重酸雨城市，中、轻酸雨城市比例均保持在20%以下，非酸雨城市比例均保持在80%以上，其中2022年非酸雨城市比例最高，为95.2%。2016—2022年四川省城市不同降水pH值占比如图3.3-11所示。

图3.3-11　2016—2022年四川省城市不同降水pH值占比

3. 降水化学组成

2016—2022年，四川省城市降水中，硫酸根离子、硝酸根离子当量浓度下降幅度较为显著，铵离子、钙离子当量浓度呈现波动下降趋势。硫酸根离子和硝酸根离子当量浓度比在1.3~2.7之间，呈总体下降趋势，说明硝酸根离子对降水酸度的影响逐渐突显。2016—2022年四川省城市降水中主要阴、阳离子当量浓度变化趋势如图3.3-12所示，主要阴离子当量浓度变化趋势秩相关分析见表3.3-3。

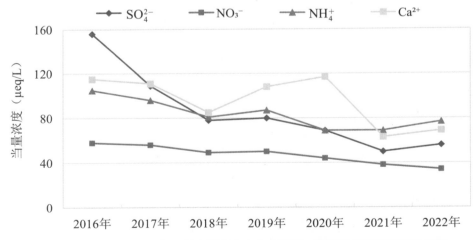

图3.3-12　2016—2022年四川省城市降水中主要阴、阳离子当量浓度变化趋势

表3.3-3 2016—2022年四川省城市降水中主要阴离子当量浓度变化趋势秩相关分析

指标	2016年	2017年	2018年	2019年	2020年	2021年	2022年	秩相关系数（r_s）	变化趋势
硫酸根离子（μeq/L）	156.00	109.00	78.00	80.00	69.00	50.00	56.00	−0.92	下降趋势
硝酸根离子（μeq/L）	58.00	56.00	49.00	50.00	44.00	38.00	34.00	−0.96	下降趋势

四、小结

1. 2022年四川省城市酸雨污染状况总体保持稳定

四川省21个市（州）城市降水pH年均值为6.27，同比上升0.18；酸雨pH值为5.08，同比上升0.03；酸雨频率为2.6%，同比下降1.9个百分点；酸雨量占总雨量的比例为1.8%，同比下降3.5个百分点。酸雨城市比例为4.8%，同比下降4.7个百分点；巴中市属中酸雨城市，其他市（州）城市均为非酸雨城市。硫酸根离子和硝酸根离子的当量浓度比为1.6，同比有所上升，硫酸盐仍为降水中的主要致酸物质。

2. 2016—2022年四川省城市酸雨污染状况总体呈现改善向好趋势

四川省21个市（州）城市降水pH年均值明显上升，由2016年的5.68逐步上升至2022年的6.27，降水酸度逐年下降；酸雨频率总体呈下降趋势，下降8.7个百分点。四川省21个市（州）城市未出现重酸雨城市，非酸雨城市比例均保持在80%以上，2022年达到95.2%。

第四章　地表水环境质量

一、现状评价

1. 总体状况

2022年，四川省地表水水质总体为优。343个地表水监测断面中，Ⅰ、Ⅱ类水质优断面248个，占比为72.3%；Ⅲ类水质良好断面93个，占比为27.1%；Ⅳ类水质轻度污染断面2个，占比为0.6%；无Ⅴ类、劣Ⅴ类水质断面。超过Ⅲ类水质断面为2个（大陆溪四明水厂、坛罐窑河白鹤桥），污染指标为高锰酸盐指数、化学需氧量。2022年四川省河流水质状况如图3.4-1所示。

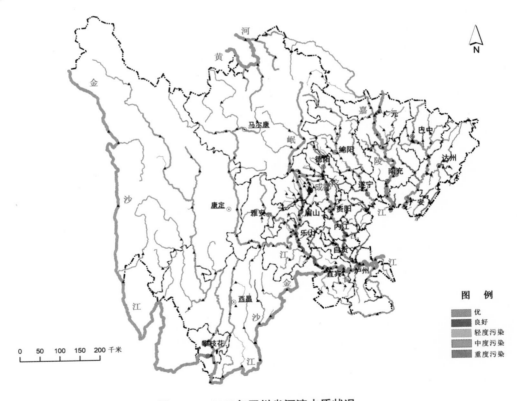

图3.4-1　2022年四川省河流水质状况

Ⅰ、Ⅱ类水质断面同比上升7.0个百分点；Ⅲ、Ⅳ类水质断面同比分别下降2.3、4.7个百分点。16个断面水质由Ⅳ类好转为Ⅲ类，其中沱江流域7个（碾子湾村、红日河大桥、兰家桥、万安桥、资安桥、双河口、九曲河），岷江流域3个（体泉河口、茫溪大桥、于佳乡黄龙桥），渠江流域3个（大石堡平桥、牛角滩、墩子河），嘉陵江、涪江、琼江流域各1个（分别是郭家坝、涪山坝、白沙）。2022年四川省地表水水质断面类别及同比变化如图3.4-2所示。

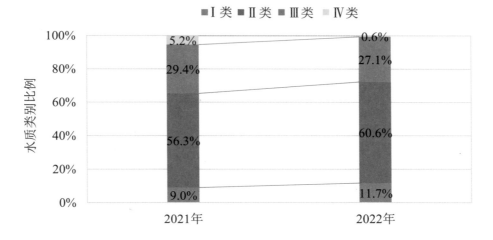

图3.4-2 2022年四川省地表水水质断面类别及同比变化

2. 重点流域水质状况

2022年，四川省十三个重点流域水质均为优。其中，雅砻江、安宁河、赤水河、岷江、大渡河、青衣江、沱江、嘉陵江、渠江、琼江、黄河流域水质优良率为100%；长江（金沙江）流域水质优良率为98.1%；涪江流域水质优良率为96.6%。2022年四川省十三个重点流域水质类别占比如图3.4-3所示。

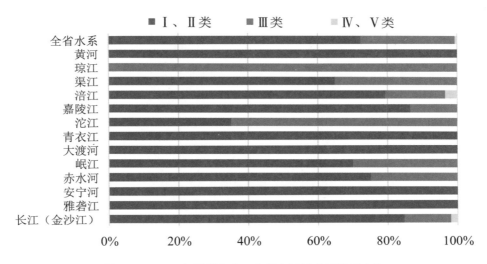

图3.4-3 2022年四川省十三个重点流域水质类别占比

十三个重点流域中，沱江、黄河、涪江、岷江、大渡河、渠江六个流域Ⅰ、Ⅱ类水质优断面占比同比上升，升幅分别为16.7、16.7、13.8、13.3、9.1、5.4个百分点；长江（金沙江）、嘉陵江流域水质优断面占比同比下降，降幅分别为3.9、2.7个百分点；其他流域水质优断面占比保持不变。2022年沱江、黄河、涪江、岷江、大渡河、渠江、长江（金沙江）、嘉陵江八个重点流域水质类别占比同比变化如图3.4-4所示。

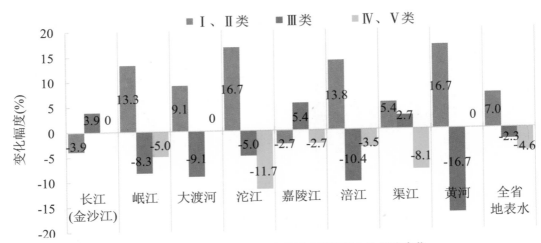

图3.4-4　2022年四川省八个重点流域水质类别占比同比变化

　　长江（金沙江）流域　水质总体为优。52个断面中，Ⅰ、Ⅱ类水质优断面44个，占84.6%；Ⅲ类水质良好断面7个，占13.5%；Ⅳ类水质断面1个（大陆溪的四明水厂），占1.9%，主要污染指标为高锰酸盐指数；无Ⅴ类、劣Ⅴ类水质断面。

　　雅砻江流域　水质总体为优。16个断面均为Ⅰ、Ⅱ类水质优，占100%。

　　安宁河流域　水质总体为优。7个断面均为Ⅱ类水质优，占100%。

　　赤水河流域　水质总体为优。4个断面中，Ⅰ、Ⅱ类水质优断面3个，占75%；Ⅲ类水质良好断面1个，占25%；无Ⅳ类、Ⅴ类、劣Ⅴ类水质断面。

　　2022年长江（金沙江）、雅砻江、安宁河、赤水河流域水质状况如图3.4-5所示。

图3.4-5　2022年长江（金沙江）、雅砻江、安宁河、赤水河流域水质状况

岷江流域 水质总体为优。60个监测断面中，Ⅰ、Ⅱ类水质优断面42个，占70%；Ⅲ类水质良好断面18个，占30%；无Ⅳ类、Ⅴ类、劣Ⅴ类水质断面。

干流：水质为优，18个断面中，Ⅰ、Ⅱ类水质优断面14个，占77.8%；Ⅲ类水质良好断面4个，占22.2%；无Ⅳ类、Ⅴ类、劣Ⅴ类水质断面。

支流：水质为优，42个断面中，Ⅰ、Ⅱ类水质优断面28个，占66.7%；Ⅲ类水质良好断面14个，占33.3%；无Ⅳ类、Ⅴ类、劣Ⅴ类水质断面。

大渡河流域 水质总体为优。22个断面均为Ⅰ、Ⅱ类水质优，占100%。

青衣江流域 水质总体为优。8个断面均为Ⅱ类水质优，占100%。

2022年岷江、大渡河、青衣江流域水质状况如图3.4-6所示。

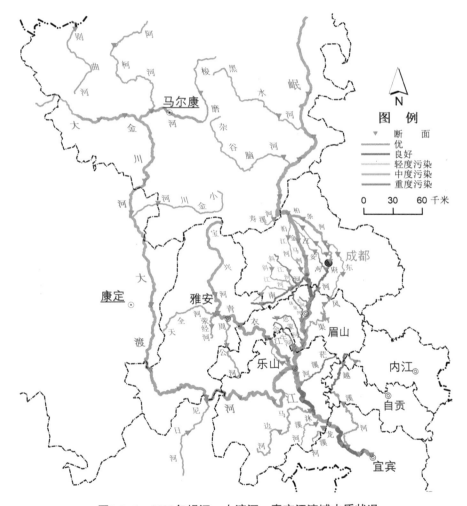

图3.4-6 2022年岷江、大渡河、青衣江流域水质状况

沱江流域 水质总体为优。60个监测断面中，Ⅱ类水质优断面21个，占35%；Ⅲ类水质良好断面39个，占65%；无Ⅳ类、Ⅴ类、劣Ⅴ类水质断面。2022年沱江流域水质状况如图3.4-7所示。

干流：水质为优，12个断面中，Ⅱ类水质优断面6个，占50%；Ⅲ类水质良好断面6个，占50%；无Ⅳ类、Ⅴ类、劣Ⅴ类水质断面。

支流：水质为优，48个断面中，Ⅱ类水质优断面15个，占31.2%；Ⅲ类水质良好断面33个，占68.8%；无Ⅳ类、Ⅴ类、劣Ⅴ类水质断面。

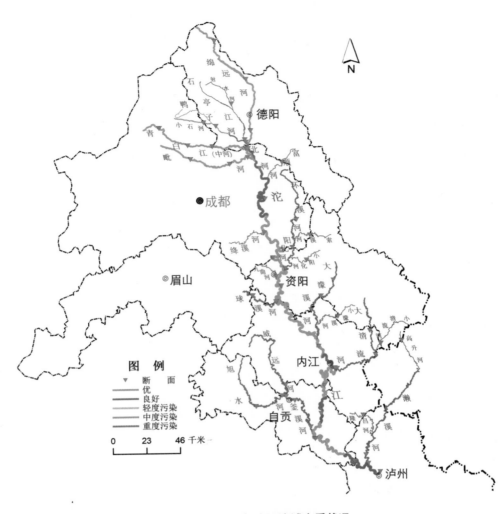

图3.4-7　2022年沱江流域水质状况

　　嘉陵江流域　水质总体为优。37个断面中，Ⅰ、Ⅱ类水质优断面32个，占86.5%；Ⅲ类水质良好断面5个，占13.5%；无Ⅳ类、Ⅴ类、劣Ⅴ类水质断面。

　　涪江流域　水质总体为优。29个断面中，Ⅰ、Ⅱ类水质优断面23个，占79.3%；Ⅲ类水质良好断面5个，占17.2%；Ⅳ类水质轻度污染断面1个（坛罐窑河的白鹤桥），占3.4%，主要污染指标为化学需氧量；无Ⅴ类、劣Ⅴ类水质断面。

　　渠江流域　水质总体为优。37个断面中，Ⅱ类水质优断面24个，占64.9%；Ⅲ类水质良好断面13个，占35.1%；无Ⅳ类、Ⅴ类、劣Ⅴ类水质断面。

　　琼江流域　水质总体为优。5个断面均为Ⅲ类水质断面，占100%；无Ⅳ类、Ⅴ类、劣Ⅴ类水质断面。

　　黄河流域　水质总体为优。6个断面均为Ⅰ、Ⅱ类水质断面，占100%。

　　2022年嘉陵江、渠江、琼江、涪江流域及黄河流域水质状况如图3.4-8所示。

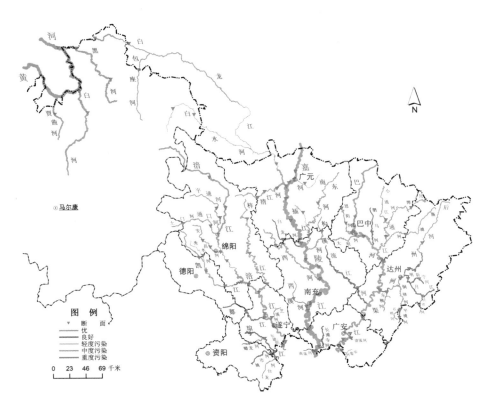

图3.4-8　2022年嘉陵江、渠江、琼江、涪江流域及黄河流域水质状况

3. 出、入川断面水质状况

（1）入川断面

2022年，四川省34个入川断面中，Ⅰ、Ⅱ类水质优断面31个，占91.2%；Ⅲ类水质良好断面2个，占5.9%；Ⅳ类水质轻度污染断面1个（大陆溪河的湾函），占3.0%。2022年四川省地表水入川断面水质类别见表3.4-1。

表3.4-1　2022年四川省地表水入川断面水质类别

序号	断面名称	河流名称	所在流域	跨界区域	水质类别
1	洛须镇温托村	金沙江	长江（金沙江）	昌都—甘孜	Ⅱ
2	龙洞	金沙江	长江（金沙江）	丽江—攀枝花	Ⅰ
3	老火房	金沙江	长江（金沙江）	丽江—凉山	Ⅰ
4	三块石	金沙江	长江（金沙江）	昭通—宜宾	Ⅰ
5	黄沙坡	金沙江	长江（金沙江）	昭通—宜宾	Ⅰ
6	直门达	通天河	长江（金沙江）	玉树—甘孜	Ⅱ
7	湾函	大陆溪	长江（金沙江）	重庆—泸州	Ⅳ
8	灰窝村	鳡鱼河	长江（金沙江）	丽江—凉山	Ⅱ
9	红海子	宁蒗河	长江（金沙江）	丽江—凉山	Ⅱ
10	前所河云南出境	前所河	长江（金沙江）	丽江—凉山	Ⅱ
11	观音岩	新庄河	长江（金沙江）	丽江—攀枝花	Ⅱ
12	横江桥	横江	长江（金沙江）	昭通—宜宾	Ⅱ

序号	断面名称	河流名称	所在流域	跨界区域	水质类别
13	邓家河	罗布河	长江（金沙江）	昭通—宜宾	Ⅱ
14	洛亥	南广河	长江（金沙江）	昭通—宜宾	Ⅱ
15	永宁河云南出境	永宁河	长江（金沙江）	昭通—宜宾	Ⅱ
16	水寨子	任何	长江（金沙江）	城口—达州	Ⅰ
17	竹节寺	雅砻江	雅砻江	玉树—甘孜	Ⅱ
18	鲢鱼溪	赤水河	赤水河	遵义—泸州	Ⅱ
19	茅台	赤水河	赤水河	遵义—泸州	Ⅱ
20	长沙	习水河	赤水河	遵义—泸州	Ⅱ
21	阿坝	阿柯河	大渡河	果洛—阿坝	Ⅰ
22	友谊桥	大渡河	大渡河	果洛—阿坝	Ⅱ
23	大埂	大清流河	沱江	重庆—内江	Ⅲ
24	高洞电站	濑溪河	沱江	荣昌—泸州	Ⅲ
25	朱家坝	碑坝河	渠江	汉中—巴中	Ⅱ
26	通江陕西出境	通江	渠江	汉中—巴中	Ⅱ
27	福成	小通江	渠江	汉中—巴中	Ⅱ
28	溪口镇平桥村	浑水河	渠江	重庆—广安	Ⅱ
29	土堡寨	前河	渠江	城口—达州	Ⅱ
30	大通江陕西出境	尹家河	渠江	汉中—巴中	Ⅱ
31	赤南	月滩河	渠江	汉中—广元	Ⅱ
32	姚渡	白龙江	嘉陵江	陇南—广元	Ⅱ
33	八庙沟	嘉陵江	嘉陵江	汉中—广元	Ⅰ
34	盐井河陕西出境	盐井河	嘉陵江	汉中—广元	Ⅰ

（2）共界断面

2022年，四川省10个共界断面中，Ⅰ、Ⅱ类水质优断面8个，占80%；Ⅲ类水质良好断面2个，占20%。2022年四川省地表水共界断面水质类别见表3.4-2。

表3.4-2　2022年四川省地表水共界断面水质类别

序号	断面名称	河流名称	所在流域	跨界区域	水质类别
1	金沙江岗托桥	金沙江	长江（金沙江）	甘孜、昌都	Ⅱ
2	贺龙桥	金沙江	长江（金沙江）	甘孜、迪庆	Ⅰ
3	蒙姑	金沙江	长江（金沙江）	凉山、昆明	Ⅱ
4	泸沽湖湖心	泸沽湖	雅砻江	宁蒗、凉山	Ⅰ
5	清池	赤水河	赤水河	毕节、泸州	Ⅱ
6	郎木寺	白龙江	嘉陵江	阿坝、甘南	Ⅱ
7	摇金	南溪河	嘉陵江	合川、广安	Ⅲ

序号	断面名称	河流名称	所在流域	跨界区域	水质类别
8	联盟桥	任市河	渠江	梁平、达州	Ⅲ
9	上河坝	铜钵河	渠江	梁平、达州	Ⅱ
10	玛曲	黄河	黄河	阿坝、甘南	Ⅰ

（3）出川断面

2022年，四川省32个出川断面中，Ⅰ、Ⅱ类水质优断面20个，占62.5%；Ⅲ类水质良好断面10个，占31.2%；Ⅳ类水质轻度污染断面2个（大陆溪的四明水厂、坛罐窑河的白鹤桥），占6.2%；污染指标为高锰酸盐指数、化学需氧量。2022年四川省地表水出川断面水质类别见表3.4-3。

表3.4-3　2022年四川省地表水出川断面水质类别

序号	断面名称	河流名称	所在流域	跨界区域	水质类别
1	水磨沟村	金沙江	长江（金沙江）	甘孜—昌都	Ⅱ
2	大湾子	金沙江	长江（金沙江）	攀枝花—楚雄	Ⅱ
3	葫芦口	金沙江	长江（金沙江）	凉山—昭通	Ⅰ
4	雷波县金沙镇	金沙江	长江（金沙江）	凉山—昭通	Ⅰ
5	宝宁村	金沙江	长江（金沙江）	宜宾—昭通	Ⅱ
6	朱沱	长江	长江（金沙江）	泸州—永川	Ⅱ
7	油米	水洛河	长江（金沙江）	凉山—丽江	Ⅰ
8	四明水厂	大陆溪	长江（金沙江）	泸州—永川	Ⅳ
9	白杨溪	塘河	长江（金沙江）	泸州—永川	Ⅱ
10	巫山乡	南河	长江（金沙江）	达州—城口	Ⅲ
11	幺滩	御临河	长江（金沙江）	广安—长寿	Ⅱ
12	黎家乡崔家岩村	大洪河	长江（金沙江）	广安—长寿	Ⅲ
13	白杨溪电站	任河	长江（金沙江）	达州—城口	Ⅱ
14	太平渡	古蔺河	赤水河	泸州—永川	Ⅲ
15	两汇水	大同河	赤水河	泸州—永川	Ⅱ
16	李家碥	大清流河	沱江	内江—荣昌	Ⅲ
17	红光村	高升河	沱江	资阳—大足	Ⅲ
18	金子	嘉陵江	嘉陵江	广安—合川	Ⅱ
19	迭部	白龙江	嘉陵江	阿坝—甘南	Ⅱ
20	县城马踏石点	白水江	嘉陵江	阿坝—陇南	Ⅰ
21	川甘交界	包座河	嘉陵江	阿坝—甘南	Ⅱ
22	玉溪	涪江	涪江	遂宁—潼南	Ⅱ
23	白鹤桥	坛罐窑河	琼江	遂宁—潼南	Ⅳ

续表

序号	断面名称	河流名称	所在流域	跨界区域	水质类别
24	码头	渠江	渠江	广安—合川	Ⅱ
25	黄桷	华蓥河	渠江	广安—合川	Ⅱ
26	牛角滩	平滩河	渠江	达州—梁平	Ⅲ
27	凌家桥	石桥河	渠江	达州—梁平	Ⅲ
28	大安	琼江	琼江	遂宁—潼南	Ⅲ
29	白沙	姚市河	琼江	资阳—潼南	Ⅲ
30	两河	龙台河	琼江	资阳—潼南	Ⅲ
31	唐克	白河	黄河	阿坝—甘南	Ⅱ
32	贾柯牧场	贾曲河	黄河	阿坝—甘南	Ⅱ

4. 湖库水质及营养状况

2022年，四川省共监测14个湖库，Ⅰ类水质优1个（泸沽湖）；Ⅱ类水质优11个（邛海、二滩水库、黑龙滩水库、紫坪铺水库、瀑布沟水库、三岔湖、双溪水库、沉抗水库、升钟水库、白龙湖、葫芦口水库）；Ⅲ类水质良好2个（老鹰水库、鲁班水库）。瀑布沟水库水质同比略有好转，其他湖库无明显变化。2022年四川省湖库水质状况如图3.4-9所示。

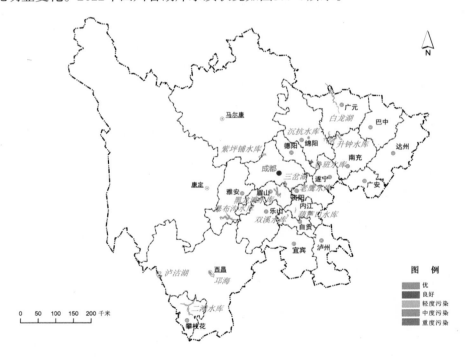

图3.4-9　2022年四川省湖库水质状况

14个湖库中，4个为贫营养（邛海、泸沽湖、二滩水库、紫坪铺水库），占28.6%；10个为中营养（黑龙滩水库、瀑布沟水库、老鹰水库、三岔湖、双溪水库、沉抗水库、鲁班水库、升钟水库、白龙湖、葫芦口水库），占71.4%。二滩水库富营养程度同比有所好转。2022年四川省重点湖库营养状况如图3.4-10所示。

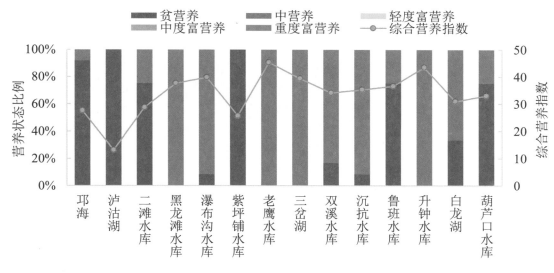

图3.4-10　2022年四川省重点湖库营养状况

二、年内时空变化分布规律分析

1. 空间分布规律

（1）总体状况

2022年，攀西高原和川西北地区河流水质总体稳定，保持优，主要涉及黄河、长江（金沙江）、雅砻江、安宁河、赤水河、大渡河、青衣江流域。成都平原、川南及川东北地区是岷江、沱江、嘉陵江、渠江、琼江的主要流经区域，部分支流在枯水期、桃花水、汛期初期呈短时间受污染态势，水质总体为优。长江（金沙江）支流大陆溪、涪江支流坛罐窑河受到轻度污染。

四川省十三个重点流域中，雅砻江、赤水河、大渡河、青衣江、黄河五大流域水质常年稳定优良，长江（金沙江）、安宁河、岷江、沱江、嘉陵江、涪江、渠江、琼江八个重点流域中有55条河流出现了超过Ⅲ类标准情况，水质未稳定达优良。其中12条河流的13个断面部分月份为Ⅴ类水质，主要分布在沱江流域（5个），嘉陵江流域（3个），岷江流域（2个），琼江、长江（金沙江）、安宁河（各1个）。2022年四川省地表水未稳定优良断面水质变化情况见表3.4-4。

表3.4-4　2022年四川省地表水未稳定优良断面水质变化情况

流域	序号	河流	断面	1月	2月	3月	4月	5月	6月	7月	8月	9月	10月	11月	12月
沱江流域	1	北河	201医院	Ⅲ	Ⅲ	Ⅳ	Ⅳ	Ⅲ	Ⅲ	Ⅲ	Ⅲ	Ⅲ	Ⅲ	Ⅲ	Ⅲ
	2	高升河	红光村	Ⅲ	Ⅲ	Ⅲ	Ⅳ	Ⅲ	Ⅲ	Ⅳ	Ⅳ	Ⅳ	Ⅲ	Ⅳ	Ⅲ
	3	濑溪河	官渡大桥	Ⅲ	Ⅲ	Ⅳ	Ⅳ	Ⅳ	Ⅲ	Ⅳ	Ⅳ	Ⅳ	Ⅳ	Ⅲ	Ⅱ
	4	濑溪河	胡市大桥	Ⅲ	Ⅲ	Ⅳ	Ⅲ	Ⅲ	Ⅲ	Ⅳ	Ⅲ	Ⅲ	Ⅲ	Ⅲ	Ⅲ
	5	隆昌河	九曲河	Ⅳ	Ⅳ	Ⅲ	Ⅳ	Ⅲ	Ⅲ	Ⅲ	Ⅲ	Ⅲ	Ⅱ	Ⅲ	Ⅳ
	6	清流河	李家碥	Ⅲ	Ⅲ	Ⅲ	Ⅳ	Ⅲ	Ⅲ	Ⅲ	Ⅲ	Ⅲ	Ⅲ	Ⅲ	Ⅲ
	7	威远河	廖家堰	Ⅳ	Ⅱ	Ⅲ	Ⅴ	Ⅲ	Ⅲ	Ⅲ	Ⅲ	Ⅲ	Ⅲ	Ⅲ	Ⅳ
	8	富顺河	碾子湾村	Ⅳ	Ⅱ	Ⅲ	Ⅲ	Ⅲ	Ⅳ	Ⅲ	Ⅲ	Ⅳ	Ⅲ	Ⅲ	Ⅲ

续表

流域	序号	河流	断面	1月	2月	3月	4月	5月	6月	7月	8月	9月	10月	11月	12月
沱江流域	9	大濛溪河	肖家鼓堰码头	III	III	III	III	III	IV	IV	III	III	III	III	III
	10	大濛溪河	牛桥	III	II	III	II	III	III	V	IV	III	III	III	III
	11	球溪河	发轮河口	III	IV	III	V	III	III	III	III	III	III	III	III
	12	球溪河	球溪河口	III	III	III	III	III	III	III	III	III	IV	III	III
	13	鸭子河	三川	III	III	III	III	IV	III	III	III	III	III	III	II
	14	釜溪河	双河口	III	III	III	III	IV	III	IV	IV	IV	III	III	III
	15	釜溪河	碳研所	III	II	III	IV	IV	III	IV	IV	III	III	III	V
	16	釜溪河	宋渡大桥	III	III	V	IV	III	III	IV	V	IV	III	II	III
	17	大清流河	永福	III	III	III	III	III	III	IV	—	III	III	III	III
	18	大清流河	小河口大桥	III	III	III	III	III	III	IV	—	III	III	III	III
	19	索溪河	谢家桥	III	IV	III	III	III	IV	III	III	III	III	II	III
	20	小濛溪河	资安桥	III	IV	IV	IV	III	III	V	IV	IV	III	III	III
	21	阳化河	红日河大桥	III	II	III	III	III	III	IV	III	IV	III	III	II
	22	阳化河	巷子口	III	IV	III	III	III	III	III	III	III	III	III	III
	23	九曲河	九曲河大桥	III	III	III	III	IV	III	III	III	III	III	III	III
	24	绛溪河	爱民桥	III	III	III	III	III	III	III	III	III	III	III	II
	25	旭水河	叶家滩	III	—	III	IV	III	III	III	IV	III	III	III	III
	26	旭水河	雷公滩	III	III	IV	III	III	III	IV	IV	IV	III	III	III
	27	环溪河	兰家桥	III	III	III	IV	III	III	III	III	III	II	III	III
	28	小清流河	韦家湾	III	III	III	III	III	III	III	IV	—	III	III	III
	29	小阳化河	万安桥	III	IV	III	III	III	IV	IV	III	IV	III	III	III
岷江流域	1	蒲江河	两合水	III	III	V	III	III	III	II	III	III	III	III	II
	2	干流	彭山岷江大桥	II	II	III	IV	III	III	II	II	II	II	II	II
	3	干流	岷江沙咀	IV	III	III	III	—	III	II	II	II	II	III	III
	4	出江河	桑园	IV	II	II	II	I	I	I	I	I	I	I	I
	5	越溪河	于佳乡黄龙桥	III	V	III	II	II	III	III	III	III	III	IV	III
	6	越溪河	两河口	II	II	II	II	III	III	III	IV	II	II	II	II
	7	越溪河	越溪河口	II	II	II	II	II	II	II	IV	III	II	II	II
	8	金牛河	金牛河口	II	II	II	II	II	II	II	II	III	IV	II	II
	9	思蒙河	思蒙河口	III	III	III	III	IV	IV	III	IV	IV	III	III	III
	10	体泉河	体泉河口	III	III	III	III	IV	IV	III	IV	IV	III	III	III
	11	毛河	桥江桥	III	III	III	III	III	IV	III	IV	III	III	III	III
	12	茫溪河	茫溪大桥	IV	III	IV	IV	IV	III	III	III	III	III	III	III

续表

流域	序号	河流	断面	1月	2月	3月	4月	5月	6月	7月	8月	9月	10月	11月	12月
长江（金沙江）流域	1	长宁河	珙泉镇三江村	V	II	—	II	II	II	II	II	II	II	II	II
	2	大洪河	黎家乡崔家岩村	III	II	III	IV	III	III	III	III	III	III	III	III
	3	西溪河	三湾河大桥	IV	IV	III	III	III	III	III	III	III	III	III	III
	4	大陆溪	四明水厂	IV	III	IV	IV	IV	IV	III	IV	III	III	III	III
	5	南河	巫山乡	II	II	II	III	III	III	III	IV	IV	III	III	III
	6	古宋河	堰坝大桥	II	—	IV	III	III	III	III	III	III	III	III	III
	7	溜筒河	溜筒河拉一木入境断面	II	II	II	II	II	II	II	II	II	II	—	II
	8	绵溪河	大步跳	II	III	III	III	IV	III	III	III	III	III	III	III
涪江流域	1	郪江	郪江口	III	III	III	IV	III	III	III	III	III	III	III	III
	2	凯江	凯江村大桥	II	II	III	III	IV	IV	III	III	III	III	III	III
	3	凯江	西平镇	II	III	III	IV	III	III	III	III	III	III	III	III
	4	凯江	老南桥	II	II	III	III	III	III	III	III	III	III	III	III
	5	坛罐窑河	白鹤桥	III	III	IV	IV	IV	III	III	IV	III	III	III	III
	6	芝溪河	涪山坝	III	III	III	IV	IV	III	III	III	III	III	III	III
琼江流域	1	姚市河	白沙	III	IV	IV	IV	III	III	III	IV	III	IV	IV	III
	2	干流	跑马滩	III	III	III	IV	IV	III	III	III	III	III	III	III
	3	干流	大安	III	III	III	III	III	III	IV	III	III	III	III	III
	4	龙台河	两河	III	III	III	IV	—	IV	IV	III	III	IV	IV	III
	5	蟠龙河	元坝子	III	III	III	III	III	III	III	III	III	IV	III	III
渠江流域	1	流江河	开源村	IV	IV	IV	III	IV	IV	III	III	III	III	III	II
	2	流江河	白兔乡	III	IV	III	III	III	IV	III	IV	III	III	II	II
	3	州河	舵石盘	II	III	III	III	III	III	III	III	III	III	III	III
	4	东柳河	墩子河	IV	IV	III	III	III	III	III	III	III	III	III	III
	5	石桥河	凌家桥	III	III	III	III	III	III	III	III	III	III	III	III
嘉陵江流域	1	南溪河	摇金	III	III	III	IV	IV	III	III	III	III	III	III	III
	2	西充河	彩虹桥	III	III	IV	III	III	III	III	III	III	III	III	V
	3	长滩寺河	郭家坝	III	III	III	III	V	III	III	III	III	III	III	III
	4	西溪河	西阳寺	III	IV	III	IV	III	III	III	III	III	III	III	III
黄河流域	1	黑河	若尔盖	III	—	—	—	II	III	III	III	III	III	II	II
	2	黑河	大水	III	III	III	III	III	III	III	III	III	IV	II	II
安宁河	1	干流	湾滩电站	IV	V	II	II	III	III	III	III	III	III	III	III
赤水河	1	古蔺河	太平渡	III	III	III	III	III	III	III	III	IV	III	III	III
雅砻江	1	干流	长须干马乡	—	—	—	—	III	III	III	IV	—	II	II	II

（2）重点流域污染指标沿程变化情况

2022年，岷江干流全域水质优良。污染指标高锰酸盐指数、化学需氧量从进入成都开始协同抬升，在眉山市彭东交界断面达到峰值，然后波动下降；氨氮从进入眉山开始抬升，在乐山市岷江沙咀断面达到峰值，进入宜宾有所下降；总磷从成都市出境岳店子下断面明显抬升，在眉山市、乐山市、宜宾市均保持浓度约为0.1毫克/升。2022年岷江干流主要污染指标沿程变化如图3.4-11所示。

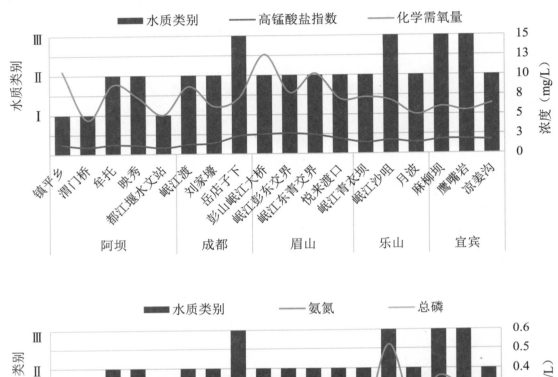

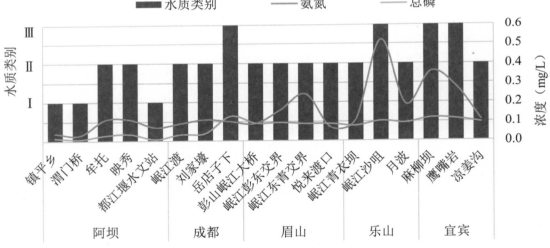

图3.4-11　2022年岷江干流主要污染指标沿程变化

沱江干流全域水质优良。污染指标高锰酸盐指数、化学需氧量峰值分别位于资阳幸福村断面、自贡老翁桥断面；氨氮峰值位于成都市三皇庙断面，后震荡下降，在自贡老翁桥断面有所回升；总磷全程趋于平稳，峰值位于自贡老翁桥断面。2022年沱江干流主要污染指标沿程变化如图3.4-12所示。

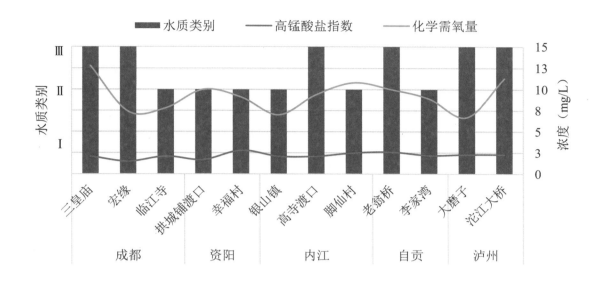

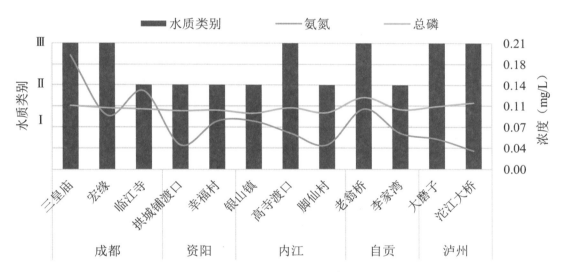

图3.4-12 2022年沱江干流主要污染指标沿程变化

嘉陵江干流全域水质优。污染指标高锰酸盐指数、化学需氧量全程变化幅度较小，广元市上石盘断面、南充市金溪电站断面浓度较高；氨氮峰值位于南充市新政电站断面，在南充市小渡口断面也处于较高的浓度水平；总磷全程变化幅度较小，峰值位于南充市小渡口断面。2022年嘉陵江干流主要污染指标沿程变化如图3.4-13所示。

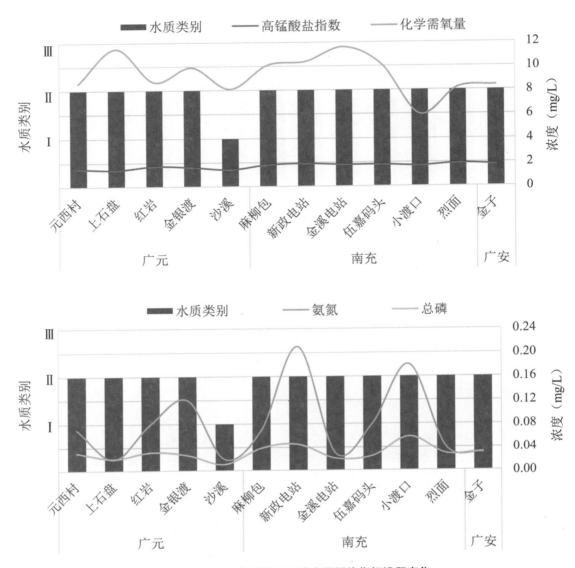

图3.4-13　2022年嘉陵江干流主要污染指标沿程变化

2. 时间分布规律

四川省河流水质受地势和气象因素协同作用影响，呈现明显的盆地季节性特征。主要表现在枯水期、汛期初期和7、8月的极端旱季三个方面。枯水期生态流量较低，河流中污染物不能得到稀释和有效降解，1—3月Ⅳ、Ⅴ类水质占比为3.5%～4.7%。汛期初期雨水冲刷地表，冬季沉积的面源污染进入河道，污染物浓度持续上升，4、5月Ⅳ、Ⅴ类水质占比为7.0%～7.6%；持续降水增加了生态流量，轻度污染断面占比下降，6月Ⅳ、Ⅴ类水质占比为4.4%。7、8月四川省遭遇百年一遇的大旱天气，导致生态流量骤降；高温天气导致水花频繁发生，进一步加剧水质恶化，7—9月Ⅳ、Ⅴ类水质占比上升为6.7%～7.6%。10—12月进入秋冬季节，气温平复，降水回归正常，总体水质好转，Ⅳ、Ⅴ类水质占比下降至1.2%。2022年1—12月四川省地表水水质类别占比如图3.4-14所示。

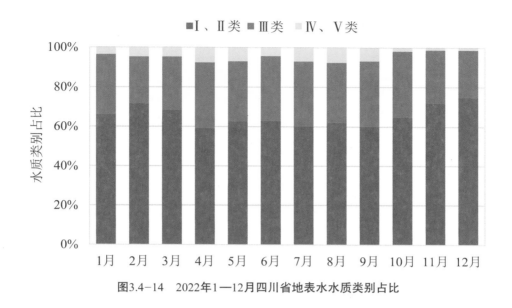

图3.4-14　2022年1—12月四川省地表水水质类别占比

三、2016—2022年变化趋势分析

1. 总体状况

自2016年起，四川省地表水水质持续好转，总体水质从2016年、2017年的轻度污染好转为2018年的良好，继续好转为2019年的优，2020—2022年连续三年水质稳定达优。Ⅰ～Ⅲ类水质断面占比从2016年的63.2%逐年上升至2022年的99.4%，上升36.2个百分点；劣Ⅴ类水质断面占比从2016年的10.9%逐年下降为0，下降10.9个百分点。2016—2022年四川省地表水总体水质变化趋势如图3.4-15所示。

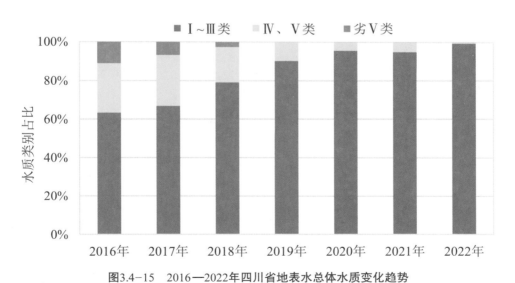

图3.4-15　2016—2022年四川省地表水总体水质变化趋势

2. 重点流域

2016—2022年，雅砻江、安宁河、赤水河、大渡河、青衣江、嘉陵江、黄河七个重点流域优良水质断面占比保持100%；岷江、沱江、涪江、渠江、琼江五个重点流域优良水质断面占比逐年上升，其中岷江、沱江、琼江上升幅度较大，分别为41.7%、84.2%、100%。2022年，长江（金

沙江）、涪江流域优良断面占比分别为98.1%、96.6%，其他十一个重点流域优良断面占比均为100%。2016—2022年长江（金沙江）、岷江、沱江、涪江、渠江、琼江六个重点流域优良水质占比变化趋势如图3.4-16所示。

图3.4-16 2016—2022年六个重点流域优良水质占比变化趋势

3. 主要污染指标

2016—2022年，四川省重点流域干流的主要污染指标浓度呈不同程度下降趋势。秩相关分析显示，岷江、沱江、琼江、大渡河干流的高锰酸盐指数、化学需氧量、氨氮、总磷均呈显著下降趋势。2016—2022年重点流域干流污染指标变化趋势秩相关分析见表3.4-5。

表3.4-5 2016—2022年重点流域干流污染指标变化趋势秩相关分析

重点干流	高锰酸盐指数		化学需氧量		氨氮		总磷	
	相关系数	趋势	相关系数	趋势	相关系数	趋势	相关系数	趋势
岷江	-0.974	显著下降	-0.911	显著下降	-0.980	显著下降	-0.962	显著下降
沱江	-0.903	显著下降	-0.952	显著下降	-0.980	显著下降	-0.961	显著下降
琼江	-0.779	显著下降	-0.723	显著下降	-0.880	显著下降	-0.923	显著下降
大渡河	-0.754	显著下降	-0.815	显著下降	-0.897	显著下降	-0.839	显著下降
长江（金沙江）	-0.931	显著下降	-0.495	—	-0.776	显著下降	-0.977	显著下降
青衣江	-0.677	—	-0.863	显著下降	-0.911	显著下降	-0.848	显著下降
渠江	0.290	—	-0.757	显著下降	-0.779	显著下降	-0.732	显著下降
涪江	-0.854	显著下降	-0.706	显著下降	-0.890	显著下降	-0.958	显著下降
雅砻江	-0.899	显著下降	-0.663	—	0.497	—	-0.756	显著下降
安宁河	-0.873	显著下降	-0.478	—	-0.046	—	-0.720	显著下降
嘉陵江	-0.811	显著下降	-0.360	—	-0.879	显著下降	-0.576	—
黄河	0.660	—	0.482	—	-0.802	显著下降	-0.739	显著下降
赤水河	0.002	—	0.726	—	-0.471	—	0.298	—

　　高锰酸盐指数在岷江、长江（金沙江）、沱江、雅砻江、安宁河、涪江、嘉陵江、琼江、大渡河流域呈显著下降趋势。

　　化学需氧量在沱江、岷江、青衣江、大渡河、渠江、琼江流域呈显著下降趋势。

　　氨氮在岷江、沱江、青衣江、大渡河、涪江、琼江、嘉陵江、黄河、渠江、长江（金沙江）流域呈显著下降趋势。

　　总磷在长江（金沙江）、岷江、沱江、涪江、琼江、青衣江、大渡河、雅砻江、黄河、渠江、安宁河流域呈显著下降趋势。

　　2016—2022年浓度显著下降的污染指标流域分布如图3.4-17所示。

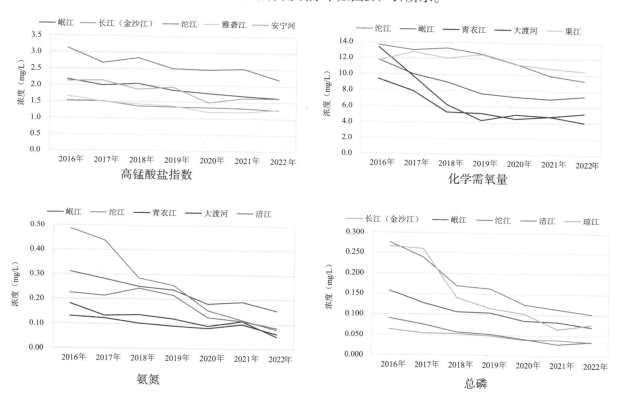

图3.4-17　2016—2022年浓度显著下降的污染指标流域分布

4. 湖库

　　2016—2022年，四川省14个重点湖库中，泸沽湖、邛海、二滩水库、升钟水库、白龙湖保持Ⅰ、Ⅱ类，水质优；葫芦口水库、沉抗水库2020—2022年也保持Ⅱ类以上，水质优；黑龙滩水库、瀑布沟水库、紫坪铺水库、双溪水库、三岔湖从2016年的Ⅲ类好转为Ⅱ类；鲁班水库水质在Ⅱ～Ⅲ类间波动；老鹰水库从Ⅳ类好转为Ⅲ类。2016—2022年四川省重点湖库水质类别见表3.4-6。

表3.4-6　2016—2022年四川省重点湖库水质类别

湖库名称	2016年	2017年	2018年	2019年	2020年	2021年	2022年
邛海	Ⅱ类	Ⅱ类	Ⅱ类	Ⅱ类	Ⅱ类	Ⅱ类	Ⅱ类
泸沽湖	Ⅱ类	Ⅰ类	Ⅰ类	Ⅰ类	Ⅰ类	Ⅰ类	Ⅰ类
二滩水库	Ⅱ类	Ⅱ类	Ⅱ类	Ⅱ类	Ⅱ类	Ⅱ类	Ⅱ类

续表

湖库名称	2016年	2017年	2018年	2019年	2020年	2021年	2022年
黑龙滩水库	Ⅲ类	Ⅲ类	Ⅲ类	Ⅲ类	Ⅱ类	Ⅱ类	Ⅱ类
瀑布沟水库	Ⅲ类	Ⅲ类	Ⅱ类	Ⅱ类	Ⅱ类	Ⅲ类	Ⅱ类
紫坪铺水库	Ⅲ类	Ⅲ类	Ⅱ类	Ⅱ类	Ⅱ类	Ⅱ类	Ⅱ类
老鹰水库	Ⅳ类	Ⅲ类	Ⅲ类	Ⅲ类	Ⅲ类	Ⅲ类	Ⅲ类
三岔湖	Ⅲ类	Ⅲ类	Ⅲ类	Ⅲ类	Ⅲ类	Ⅱ类	Ⅱ类
双溪水库	Ⅱ类	Ⅲ类	Ⅱ类	Ⅱ类	Ⅱ类	Ⅱ类	Ⅱ类
鲁班水库	Ⅲ类	Ⅲ类	Ⅲ类	Ⅲ类	Ⅲ类	Ⅲ类	Ⅲ类
升钟水库	Ⅱ类	Ⅱ类	Ⅱ类	Ⅱ类	Ⅱ类	Ⅱ类	Ⅱ类
白龙湖	Ⅱ类	Ⅰ类	Ⅱ类	Ⅱ类	Ⅱ类	Ⅱ类	Ⅱ类
葫芦口水库	—	—	—	—	Ⅱ类	Ⅱ类	Ⅱ类
沉抗水库	—	—	—	—	Ⅰ类	Ⅱ类	Ⅱ类

2016—2022年，泸沽湖保持贫营养；黑龙滩水库、瀑布沟水库、三岔湖、鲁班水库、升钟水库5个湖库保持中营养；葫芦口水库、沉抗水库2020—2022年也保持中营养；邛海、紫坪铺水库由2016年的中营养好转为贫营养并保持；老鹰水库由2016年的轻度富营养好转为中营养；二滩水库、双溪水库、白龙湖在贫营养和中营养间波动。2016—2022年四川省重点湖库营养状况见表3.4-7。

表3.4-7 2016—2022年四川省重点湖库营养状况

湖库名称	2016年	2017年	2018年	2019年	2020年	2021年	2022年
邛海	中营养	中营养	中营养	中营养	中营养	贫营养	贫营养
泸沽湖	贫营养	贫营养	贫营养	贫营养	贫营养	贫营养	贫营养
二滩水库	中营养	贫营养	贫营养	贫营养	贫营养	中营养	贫营养
黑龙滩水库	中营养	中营养	中营养	中营养	中营养	中营养	中营养
瀑布沟水库	中营养	中营养	中营养	中营养	中营养	中营养	中营养
紫坪铺水库	中营养	贫营养	中营养	贫营养	贫营养	贫营养	贫营养
老鹰水库	轻度富营养	中营养	轻度富营养	中营养	中营养	中营养	中营养
三岔湖	中营养	中营养	中营养	中营养	中营养	中营养	中营养
双溪水库	中营养	中营养	中营养	中营养	中营养	贫营养	中营养
鲁班水库	中营养	中营养	中营养	中营养	中营养	中营养	中营养
升钟水库	中营养	中营养	中营养	中营养	中营养	中营养	中营养
白龙湖	贫营养	贫营养	贫营养	贫营养	贫营养	中营养	中营养
葫芦口水库	—	—	—	—	中营养	中营养	中营养
沉抗水库	—	—	—	—	中营养	中营养	中营养

四、岷江和沱江水生态试点调查监测

1. 水质监测结果

2022年，岷江各监测点位月度水质类别为Ⅰ～Ⅳ类，其中Ⅰ类水质主要集中在上游区域，总体占比为20.0%；Ⅱ、Ⅲ类水质主要集中在中下游区域，总体占比分别为51.7%和27.2%；Ⅳ类水质在个别月份出现在彭山岷江大桥和岷江沙咀这两个点位，总体占比较小，为1.1%。沱江各点位水质类别以Ⅱ、Ⅲ类为主，占比分别为48.5%和50.7%，Ⅰ类水质6月在沱江上游的三皇庙出现，占比为0.8%。2022年岷江和沱江调查监测点位水质类别占比如图3.4-18所示。

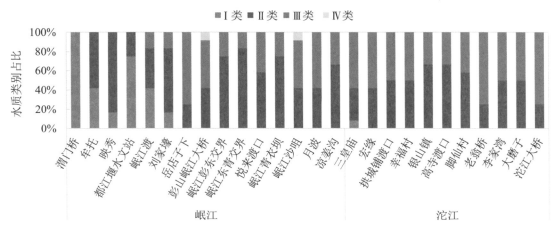

图3.4-18 2022年岷江和沱江调查监测点位水质类别占比

2. 生境调查结果

2022年，岷江生境记分均值为122分，各点位分值范围为81～160，分值最低的点位于凉姜沟，最高的点位于岳店子下。沱江生境记分均值为115分，各点位分值范围为91～130，分值最低的点位于沱江大桥，最高的点位于李家湾。2022年岷江和沱江调查监测点位生境调查记分如图3.4-19所示。

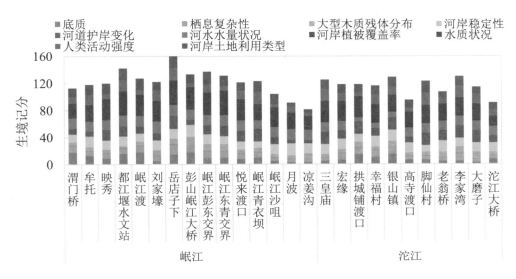

图3.4-19 2022年岷江和沱江调查监测点位生境调查记分

从生境调查记分组成来看，岷江在底质、河水水量和水质状况三个指标上要明显优于沱江，沱江则在人类活动强度和河道护岸变化两个指标上优于岷江。2022年岷江和沱江监测点位生境调查记分组成如图3.4-20所示。

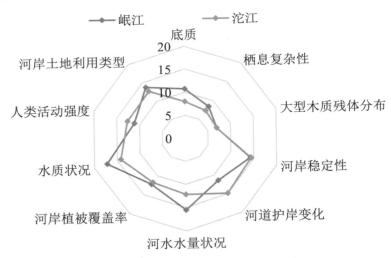

图3.4-20 2022年岷江和沱江监测点位生境调查记分组成

3. 水生生物监测结果

（1）浮游植物

2022年，岷江15个监测点位共采集到浮游植物75种（属），其中以硅藻门种类最多，有30种，占总种数的40.0%；其次为绿藻门，有25种，占总种数的33.3%；再次为蓝藻门，有9种，占总种数的12.0%；甲藻门、隐藻门、裸藻门和金藻门的种类较少，分别只有4种、3种、3种和1种，占比分别为5.3%、4.0%、4.0%和1.3%。2022年岷江监测点位浮游植物种类组成如图3.4-21所示。

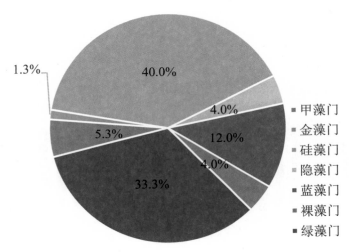

图3.4-21 2022年岷江监测点位浮游植物种类组成

沱江11个监测点位共采集到浮游植物81种（属），其中以绿藻门种类最多，有29种，占总种数的35.8%；其次为硅藻门，有24种，占总种数的29.6%；再次为蓝藻门，有14种，占总种数的17.3%；甲藻门、隐藻门、裸藻门和金藻门的种类较少，分别只有4种、3种、5种和2种，占比分别为4.9%、3.7%、6.2%和2.5%。2022年沱江监测点位浮游植物种类组成如图3.4-22所示。

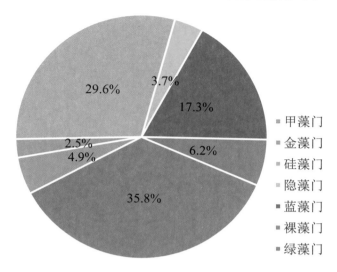

图3.4-22　2022年沱江监测点位浮游植物种类组成

岷江浮游植物的平均密度为8.63×10^5个/升，变化范围为$0.49 \times 10^5 \sim 27.3 \times 10^5$个/升。浮游植物密度在岷江流域各段的分布情况为岷江中游（11.8×10^5个/升）>岷江下游（10.2×10^5个/升）>岷江上游（0.73×10^5个/升）。沱江流域浮游植物的平均密度为36.3×10^5个/升，变化范围为$6.32 \times 10^5 \sim 95.0 \times 10^5$个/升。浮游植物密度在沱江流域各段的分布情况为沱江下游（54.5×10^5个/升）>沱江中游（25.4×10^5个/升）>沱江上游（12.7×10^5个/升）。2022年岷江和沱江监测点位浮游植物密度分布如图3.4-23所示。

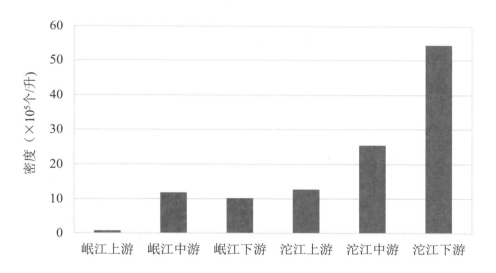

图3.4-23　2022年岷江和沱江监测点位浮游植物密度分布

岷江和沱江浮游植物优势种主要有小环藻、舟形藻、针杆藻、栅藻、隐藻、伪鱼腥藻、颤藻等。岷江浮游植物的香农-威纳多样性指数整体不高，平均值只有1.73，变化范围为$0.88 \sim 2.42$。沱江浮游植物的香农-威纳多样性指数相比岷江较高，平均值为2.31，变化范围为$1.68 \sim 3.14$。2022年岷江和沱江监测点位浮游植物多样性指数如图3.4-24所示。

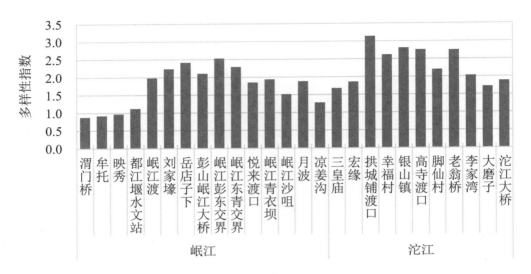

图3.4-24　2022年岷江和沱江监测点位浮游植物多样性指数

（2）底栖动物

岷江15个监测点位共采集到底栖动物31种，其中水生昆虫种类最多，有12种，占总种数的38.7%；其次为软体动物，有8种，占总种数的25.8%；再次为甲壳动物，有5种，占总种数的16.1%；环节动物有4种，占总种数的12.9%；其他种类数仅2种，占总种数的6.5%。2022年岷江监测点位底栖动物种类组成如图3.4-25所示。

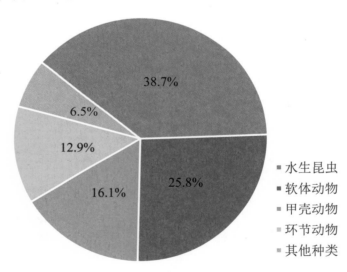

图3.4-25　2022年岷江监测点位底栖动物种类组成

沱江11个监测点位共采集到底栖动物39种，其中水生昆虫种类最多，有16种，占总种数的41.0%；其次为软体动物，有9种，占总种数的23.1%；再次为甲壳动物，有6种，占总种数的15.4%；环节动物有5种，占总种数的12.8%；其他种类数有3种，占总种数的7.7%。2022年沱江监测点位底栖动物种类组成如图3.4-26所示。

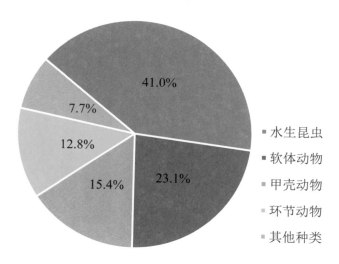

图3.4-26　2022年沱江监测点位底栖动物种类组成

岷江底栖动物的密度变化范围为0～4288个/平方米，在岷江各段分布情况为岷江中游（567个/平方米）>岷江下游（456个/平方米）>岷江上游（114个/平方米）；沱江底栖动物的密度变化范围为144～286个/平方米，在沱江各段分布情况为沱江下游（848个/平方米）>沱江中游（610个/平方米）>沱江上游（192个/平方米）。2022年岷江和沱江监测点位底栖动物密度分布如图3.4-27所示。

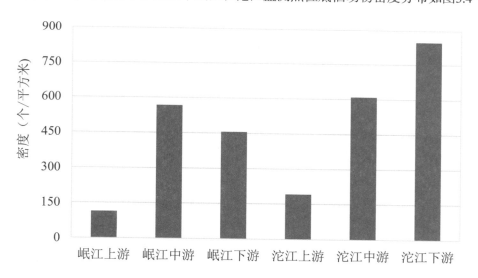

图3.4-27　2022年岷江和沱江监测点位底栖动物密度分布

从底栖动物各门类密度占比来看，岷江上游以水生昆虫为绝对优势门类，密度占比达70.2%；中游以环节动物和软体动物为主，密度占比分别为52.5%和27.1%；下游以环节动物和软体动物为主，密度占比分别为46.3%和31.5%。沱江上游以甲壳动物为主，密度占比为33.3%；中游和下游则以软体动物为主，密度占比分别为46.9%和52.6%。2022年岷江和沱江监测点位底栖动物各门类密度占比如图3.4-28所示。

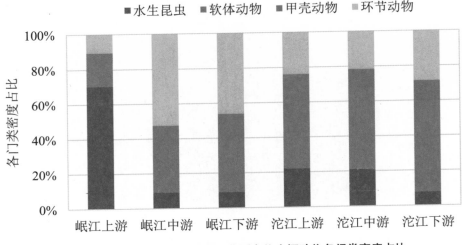

图3.4-28　2022年岷江和沱江监测点位底栖动物各门类密度占比

岷江和沱江底栖动物优势种主要有四节蜉、扁蜉、划蝽、萝卜螺、淡水壳菜、米虾和水丝蚓等。

岷江底栖动物的耐污敏感性指数平均值为35，变化范围为8～70。沱江底栖动物的耐污敏感性指数平均值为43，变化范围为27～62。2022年岷江和沱江监测点位底栖动物耐污敏感性指数如图3.4-29所示。

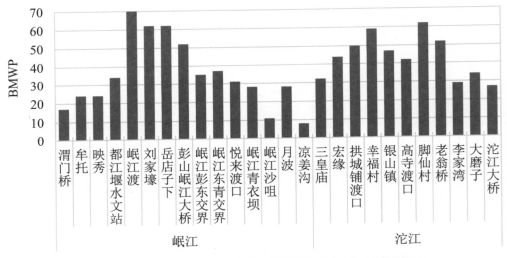

图3.4-29　2022年岷江和沱江监测点位底栖动物耐污敏感性指数

4. 水生态综合评价

利用已构建的河流水生态环境质量综合评价指数对岷江和沱江各监测点位的水质理化指标得分、生境指标得分和水生生物指标得分进行加权求和。岷江各监测点位得分在3.1～4.1之间，属于良好—优秀。其中评价为优秀的点位有3个，占比为20.0%；评价为良好的点位有12个，占比为80.0%。沱江各监测点位得分在3.3～4.1之间，属于良好—优秀。其中评价为优秀的点位有2个，占比为18.2%；评价为良好的点位有9个，占比为81.8%。岷江和沱江的综合评价指数值相近，分别为3.6与3.7，水生态环境质量整体评价均为良好状态。2022年岷江和沱江监测点位水生态环境质量综合评价指数如图3.4-30所示。

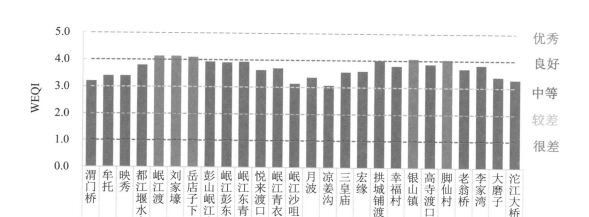

图3.4-30　2022年岷江和沱江监测点位水生态环境质量综合评价指数

五、小结

1. 2022年四川省地表水水质总体为优，水质优良率达99.4%，创近20年来最好水平，岷江和沱江水生态环境质量整体为良好状态

四川省Ⅰ、Ⅱ类，Ⅲ类，Ⅳ类水质断面占比分别为72.3%、27.1%、0.6%，无Ⅴ类、劣Ⅴ类水质断面，水质总体为优。十三个重点流域水质均为优，雅砻江、安宁河、赤水河、岷江、大渡河、青衣江、沱江、嘉陵江、渠江、琼江、黄河流域水质优良率为100%；长江（金沙江）流域水质优良率为98.1%；涪江流域水质优良率为96.6%。出川断面Ⅰ～Ⅲ类水质占比为93.7%，同比上升6.2个百分点；14个重点湖库水质均为优良。

长江（金沙江）支流大陆溪、涪江支流坛罐窑河受到轻度污染。长江（金沙江）、安宁河、岷江、沱江、嘉陵江、涪江、渠江、琼江八个重点流域中尚有部分河段水质未稳定达到优良。

岷江和沱江水生态监测点位的水质总体为优；生境记分均值分别为122分、115分，生境状况为良好；水生生物状况在中等与良好之间；综合评价指数值分别为3.6、3.7，水生态环境质量整体评价均为良好状态。

2. 2016—2022年四川省地表水水质持续好转

四川省地表水水质总体从轻度污染好转为优，Ⅰ～Ⅲ类水质断面占比上升36.2个百分点，劣Ⅴ类水质断面占比下降10.9个百分点。2020—2022年连续三年水质稳定达优。雅砻江、安宁河、赤水河、大渡河、青衣江、嘉陵江、黄河七个流域优良水质断面占比保持100%；岷江、沱江、涪江、渠江、琼江五个流域优良水质断面占比逐年上升，其中岷江、沱江、琼江升幅较大，分别为41.7%、84.2%、100%。

六、原因分析

1. 水环境质量改善原因分析

2022年，四川省认真贯彻落实全国水生态环境保护工作会议精神，深入打好碧水保卫战，持续提升水生态环境，水环境质量创历史最好水平。

一是加快构建治水新格局。突出规划引领，印发实施长江、黄河、赤水河等水生态环境保护规划，谋划项目近1600个，涉及资金约3700亿元。构建"一河一法"体系，加强川渝滇黔立法协作，出台嘉陵江、赤水河等流域保护条例，有序推进岷江保护立法。深化省际合作，持续开展川渝跨界河流联防联治，琼江、铜钵河等水质改善明显；会同渝滇黔三省定期开展联合巡河，不断深化落实川甘青陕水环境应急联动协议。

二是深入推进水污染治理。出台打赢碧水保护战实施方案，强力开展"挂牌""消劣""治磷""灭黑""提标"等专项行动。136家"三磷"企业全部完成问题整治。105个建成区城市黑臭水体全部完成治理。实施沱江和岷江流域污水处理设施提标改造333座，涉及日处理规模676万吨。23个省级挂牌督办的污染严重小流域水质全面改善，22条河流水质达到优良。9个国省考核断面稳定消除劣Ⅴ类水质。

三是有力提升水环境管理能力。细化帮扶指导，按照"一个断面一套方案"原则，组织未达标及达标不稳定区域制定年度工作方案。充分发挥"一院一河"实效，组织专家帮助地方"解剖麻雀"。密切"测管协同"，用好用活"五个一"机制，省、市、县三级做到断面专人盯、随时盯、精准盯、有效盯，对水质下降、超标排放进行预警提示。强化污水处理监管，开展工业园区水污染整治专项行动。深入推进入河排污口排查整治，探索入河排污口设置审核"四川模式"。

2. 气象因素影响分析

四川省河流水质受地势和气象因素协同作用影响，呈现明显的盆地季节特征，汛期初期、极端天气条件下水质易产生波动。2022年四川省河流Ⅳ、Ⅴ类水质占比较高的时段主要集中在第二、三季度。4月降水量增加，初期雨水冲刷地表，冬季沉积的面源污染进入河道，污染物浓度持续上升，Ⅳ、Ⅴ类水质占比由4.7%上升至7.6%。随着降水量的不断上升，生态流量增加，水质逐步改善，6月Ⅳ、Ⅴ类水质占比下降至4.4%。7、8月四川省遭遇百年一遇的大旱天气，月均降水量较常年分别偏少50%、41%；区域性暴雨过程偏少尤为显著。月均气温分别偏高2℃、3.9℃，高温日数突破历史极大值；伏旱范围广、强度大。受降水减少及高温天气的双重影响，河流生态流量骤降，水花频繁发生，进一步加剧水质恶化。7—9月Ⅳ、Ⅴ类水质上升为6.7%～7.6%，其中8月同比上升4.4个百分点。10—12月进入秋冬季节，气温平复，降水回归正常，总体水质好转，Ⅳ、Ⅴ类水质占比均下降至1.2%。2022年1—12月平均气温、降水量及河流Ⅳ、Ⅴ类水质占比变化趋势如图3.4-31所示。

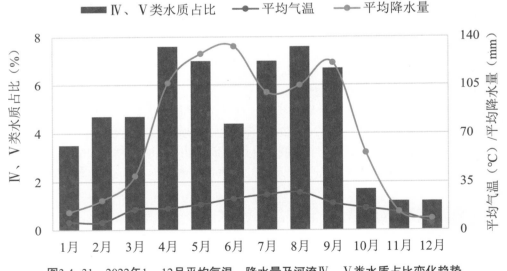

图3.4-31 2022年1—12月平均气温、降水量及河流Ⅳ、Ⅴ类水质占比变化趋势

第五章　集中式饮用水水源地水质

一、现状评价

1. 县级及以上城市集中式饮用水水源地

（1）达标情况

2022年，四川省县级及以上城市集中式饮用水水源地所有监测断面（点位）所测项目全部达标，断面达标率为100%；取水总量为494593.1万吨，达标水量为494593.1万吨，水质达标率为100%。

（2）水质类别

四川省县级及以上城市集中式饮用水水源地280个监测断面（点位）中有221个断面为Ⅰ、Ⅱ类水质，占比为78.9%，同比上升3.3个百分点。其中，市级Ⅰ、Ⅱ类水质断面（点位）42个，占市级总数的91.3%；县级Ⅰ、Ⅱ类水质断面（点位）179个，占县级总数的76.5%。市级饮用水水源地水质略优于县级饮用水水源地。2022年四川省县级及以上城市集中式饮用水水源地断面（点位）水质类别分布如图3.5-1所示。

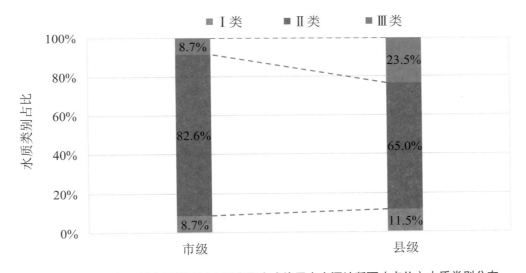

图3.5-1　2022年四川省县级及以上城市集中式饮用水水源地断面（点位）水质类别分布

（3）单独评价指标

四川省县级及以上城市集中式饮用水水源地监测断面总氮总计超标135次，其中市级超标50次，县级超标85次，分别占总超标次数的37.0%和63.0%；粪大肠菌群总计超标61次，其中市级水源地超标47次，县级水源地超标14次，分别占总超标次数的77.0%和23.0%。

（4）特定指标检出情况

四川省县级及以上城市集中式饮用水水源地例行监测的33项特定指标中10项［三氯乙烯、苯乙烯、异丙苯、氯苯、1,2-二氯苯、1,4-二氯苯、硝基苯、滴滴涕、林丹、和苯并（a）芘］全年未检出，其余23项指标不同时段检出，均低于标准限值。四川省县级及以上城市所有监测断面均出现了特定指标检出情况。

重金属类项目检出率明显高于有机类项目，其中钡检出次数最高，全年有1052次，最高检出浓度为0.618毫克/升；其次是钼，898次检出，最高检出浓度为0.03毫克/升。有机类甲醛检出次数最高，全年有62次，最高检出浓度为0.19毫克/升；其次是邻苯二甲酸二丁酯，51次检出，最高检出浓度为0.00204毫克/升。2022年四川省县级及以上城市集中式饮用水水源地优选特定指标检出情况见表3.5-1。

表3.5-1 2022年四川省县级及以上城市集中式饮用水水源地优选特定指标检出情况

指标名称	检出浓度范围（mg/L）	标准限值（mg/L）	检出次数（次）	指标名称	检出浓度范围（mg/L）	标准限值（mg/L）	检出次数（次）
三氯甲烷	0.00048~0.0279	0.06	7	邻苯二甲酸二（2-乙基己基）酯	0.00007~0.00119	0.008	33
四氯化碳	0.00004~0.0004	0.002	13	阿特拉津	0.000039~0.00118	0.003	14
四氯乙烯	0.00006~0.0002	0.04	4	钼	0.000027~0.03	0.07	898
甲醛	0.00008~0.19	0.9	62	钴	0.000018~0.1	1.0	531
苯	0.01	0.01	1	铍	0.00001~0.00096	0.002	32
甲苯	0.0001~0.0025	0.7	10	硼	0.00125~0.42	0.5	715
乙苯	0.0003~0.0006	0.3	2	锑	0.000082~0.00491	0.005	578
二甲苯①	0.00018~0.0018	0.5	3	镍	0.00006~0.0146	0.02	598
三氯苯②	0.00006~0.0001	0.002	2	钡	0.00014~0.618	0.7	1052
二硝基苯③	0.000075~0.00025	0.017	3	钒	0.00008~0.032	0.05	673
硝基氯苯④	0.000075	0.05	2	铊	0.000003~0.0001	0.0001	38
邻苯二甲酸二丁酯	0.00005~0.00204	0.003	51	—	—	—	—

注：①二甲苯包括对二甲苯、间二甲苯、邻二甲苯；②三氯苯包括1,2,3-三氯苯、1,2,4-三氯苯、1,3,5-三氯苯；③二硝基苯包括对二硝基苯、间二硝基苯、邻二硝基苯；④硝基氯苯包括对硝基氯苯、间硝基氯苯、邻硝基氯苯。

（5）水质全分析

四川省县级及以上城市集中式饮用水水源地水质全分析全部达标。地表水型集中式饮用水水源地全分析的80项特定项目监测结果中，10项金属类指标（钼、钴、铍、硼、锑、镍、钡、钒、钛、铊）均有检出，70项有机类指标中29项有检出，均低于标准限值。

地下水型集中式饮用水水源地全分析的54项非常规项目监测结果中，16项指标有检出，均低于标准限值。

2.乡镇集中式饮用水水源地

（1）达标情况

2022年，四川省乡镇集中式饮用水水源地2593个监测断面（点位）中，共有2530个断面（点位）所测项目全部达标，断面达标率为97.6%，同比上升2.7个百分点。

21个市（州）中，自贡、绵阳、遂宁、内江、雅安、巴中、阿坝州、甘孜州和凉山州9个市（州）乡镇集中式饮用水水质全年达标，同比上升28.6个百分点；其余12个市（州）均存在超标现象，南充达标率最低，为77.5%，其次是泸州，为89.3%。2022年四川省21个市（州）乡镇集中式饮用水水源地断面达标率如图3.5-2所示。

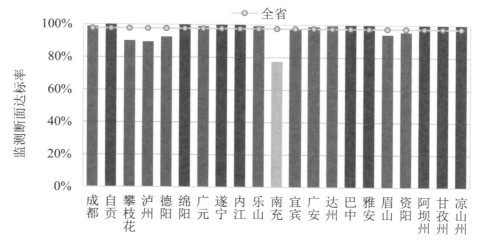

图3.5-2　2022年四川省21个市（州）乡镇集中式饮用水水源地断面达标率

（2）超标指标分析

2022年，四川省乡镇集中式地表水型饮用水水源地出现5项超标指标，为五日生化需氧量、高锰酸盐指数、锰、总磷和铁。3种主要污染指标五日生化需氧量、高锰酸盐指数和锰的超标率为0.1%。

地下水型饮用水水源地出现10项超标指标，为总大肠菌群、菌落总数、硫酸盐、锰、溶解性总固体、总硬度、铁、氟化物、浑浊度及pH。主要污染指标及超标率：总大肠菌群，超标率为4.0%；菌落总数，超标率为3.8%；硫酸盐，超标率为1.1%。2022年四川省乡镇集中式饮用水水源地超标指标及超标率如图3.5-3所示。

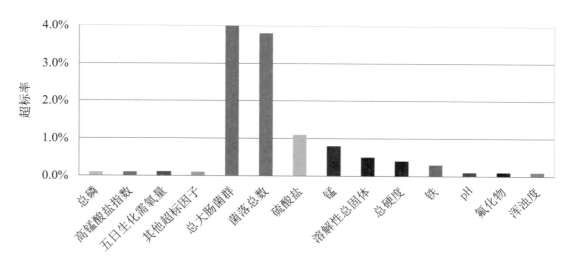

图3.5-3　2022年四川省乡镇集中式饮用水水源地超标指标及超标率

二、年内空间分布规律分析

2022年，四川省21个市（州）的县级及以上城市集中式饮用水水源地断面达标率及水质达标率均为100%。17个市乡镇集中式饮用水水源地达标率同比上升，上升比例高于10%的有3个，为资阳上升16.1个百分点、雅安上升15.7个百分点、眉山上升13.3个百分点；1个市下降，为攀枝花，下降5个百分点；三州地区保持不变。2022年四川省21个市（州）乡镇集中式饮用水水源地达标率同比变化如图3.5-4所示。

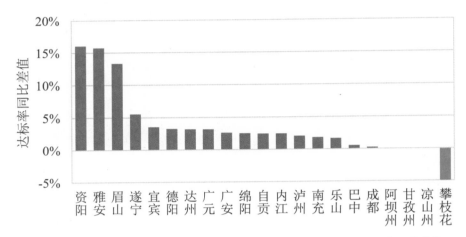

图3.5-4　2022年四川省21个市（州）乡镇集中式饮用水水源地达标率同比变化

三、2016—2022年变化趋势分析

1. 县级及以上城市集中式饮用水水源地

2016—2022年，四川省县级及以上城市集中式饮用水水源地断面达标率和水质达标率整体都呈上升趋势。断面达标率由2016年的96.9%上升至2022年的100%，上升3.1个百分点；水质达标率由2016年的99.1%上升至2022年的100%，上升0.9个百分点。2020—2022年连续三年断面达标率及水质达标率均为100%，保持稳定。Ⅰ、Ⅱ类水质断面比例也逐年上升，由2016年的59.1%上升至2022年的78.9%，上升19.8个百分点。2016—2022年四川省县级及以上城市集中式饮用水水源地水质类别占比变化趋势如图3.5-5所示。

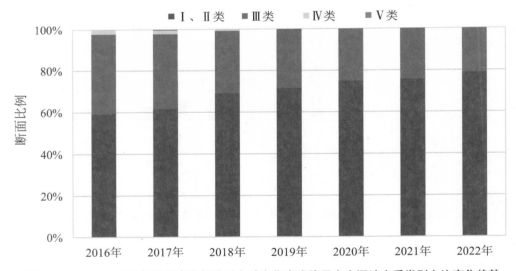

图3.5-5　2016—2022年四川省县级及以上城市集中式饮用水水源地水质类别占比变化趋势

2. 乡镇集中式饮用水水源地

（1）达标率

2016—2022年，四川省乡镇集中式饮用水水源地断面达标率呈逐年上升趋势，由2016年的78.6%上升至2022年的97.6%，上升19.0个百分点。21个市（州）中，自贡、内江、遂宁、南充和资阳达标率上升最为明显。遂宁达标率由2016年的43.5%上升至2022年的100%，上升56.5个百分点。资阳达标率由2016年的37.7%上升至2022年的95.7%，上升58.0个百分点。2016—2022年四川省乡镇集中式饮用水水源地断面达标率变化趋势如图3.5-6所示，2016—2022年典型城市乡镇集中式饮用水水源地断面达标率变化趋势如图3.5-7所示。

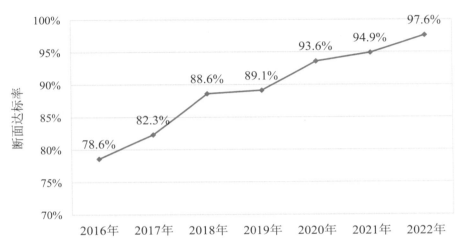

图3.5-6　2016—2022年四川省乡镇集中式饮用水水源地断面达标率变化趋势

图3.5-7　2016—2022年典型城市乡镇集中式饮用水水源地断面达标率变化趋势

（2）主要污染指标

乡镇地表水型饮用水水源地主要超标指标为总磷、高锰酸盐指数和五日生化需氧量，2016年三者超标率最高，分别是10.0%、5.7%和3.4%；到2022年三种主要污染物超标率均为0.1%，超标率逐年下降趋势明显。2016—2022年四川省乡镇地表水型饮用水水源地主要污染指标超标率变化趋势如图3.5-8所示。

图3.5-8 2016—2022年四川省乡镇地表水型饮用水水源地主要污染指标超标率变化趋势

乡镇地下水型饮用水水源地主要超标指标为总大肠菌群、硫酸盐和锰。总大肠菌群2016年超标率为17.1%，到2022年超标率为4.0%，超标率逐年下降趋势明显。硫酸盐和锰变化不显著，总体呈下降趋势。2016—2022年四川省乡镇地下水型饮用水水源地主要污染指标超标率变化趋势如图3.5-9所示。

图3.5-9 2016—2022年四川省乡镇地下水型饮用水水源地主要污染指标超标率变化趋势

四、小结

1. 2022年四川省集中式饮用水水源地水质保持稳定

四川省县级及以上城市集中式饮用水水源地水质达标率和断面达标率均为100%；Ⅰ、Ⅱ类水质断面占比为78.9%，同比上升3.3个百分点；水质全分析全部达标。乡镇集中式饮用水水源地断面达标率为97.6%，同比上升2.7个百分点；全年达标的市（州）占比为42.9%，同比上升28.6个百分点。

四川省乡镇集中式地表水型饮用水水源地超标指标为五日生化需氧量、高锰酸盐指数、锰、总磷和铁。主要污染指标五日生化需氧量、高锰酸盐指数和锰的超标率均为0.1%。地下水型水源地超标指标为总大肠菌群、菌落总数、硫酸盐、锰、溶解性总固体、总硬度、铁、氟化物、浑浊度及pH。主要污染指标总大肠菌群、菌落总数、硫酸盐的超标率分别为4.0%、3.8%、1.1%。

2. 2016—2022年四川省集中式饮用水水源地水质持续向好，达标率逐年提升

四川省县级及以上城市集中式饮用水水源地达标率上升0.9个百分点；2020—2022年连续三年断

面达标率及水质达标率均为100%；Ⅰ、Ⅱ类水质断面占比上升19.8个百分点。乡镇集中式饮用水水源地断面达标率上升19.0个百分点；主要超标指标总磷、高锰酸盐指数和五日生化需氧量超标率分别下降9.9、5.6、3.3个百分点，2022年超标率均仅为0.1%。

五、原因分析

1. 水质改善的原因分析

2022年四川省各级人民政府在深入打好水污染防治攻坚战的同时，坚持把加强饮用水水源地保护作为一项重要的民生工作来抓，在水源地保护的整体规划、监控管理和综合整治等方面采取了一系列措施。

一是经省政府同意，生态环境厅会同省发展改革委等7部门联合印发《四川省"十四五"饮用水水源环境保护规划》，坚持精准、科学、依法保护，以保障饮用水安全为目标，聚焦饮用水水源地规范化建设、环境风险防范，提出"优化饮用水源布局、深化饮用水水源地规范化建设、提升饮用水水源水质监测预警能力、提高饮用水水源地监管能力、加强特殊水源保护"五大任务。

二是分批报请省政府批复划定、调整、撤销共11处县级及以上饮用水水源保护区。在用的城市集中式饮用水水源地全部完成保护区边界立标和一级保护区隔离防护设施建设。

三是持续推进水源地环境问题排查整治，采取月调度、专项督导、纳入纪检监察监督清单等方式突出抓好中央生态环境保护督察反馈问题整改，督促中央生态环境保护督察反馈的眉山市黑龙滩饮用水水源地环境问题加快整改，开展县级及以上城市集中式饮用水水源环境状况评估，全面掌握水源地保护管理基础状况，对水源地环境问题实现清单式管理，逐一整改销号。

四是加强农村集中式饮用水水源保护。通过推动农村供水规模化发展，实施跨村、跨乡镇集中联片供水工程，农村集中式饮用水水源地数量较2021年减少107个，2400个农村集中式饮用水水源地全部完成保护区划定，提前完成党中央、国务院要求的"十四五"饮用水水源保护区划定任务，保护区边界标志设置完成率为97.2%，一级保护区隔离防护设施建设完成率为90.4%，排查整治1077个环境问题，水源地规范化建设水平逐步提升。

五是强化重点区域重要点位饮用水水源保护管理，加强指导"9·5"泸定地震受损饮用水水源地保护设施修缮；指导成都市建成饮用水水源地数字化监管平台，完成《成都市饮用水水源保护条例》修正；会同省人大城环资委组织开展落实《四川省老鹰水库饮用水水源保护条例》执法检查，研究推进设立老鹰水库饮用水水源保护生态补偿机制。

2. 不达标水源地原因分析

2022年四川省乡镇集中式饮用水水源地断面达标率虽较上年有所提高，但仍存在不达标水源地，主要原因有以下几点：

一是受持续高温干旱天气影响，降雨量偏少，水源地补水较往年明显减少，蒸发量明显增加，地表水位低，导致部分时段水源地污染物浓度偏高。

二是宜宾、南充等地区地质浅层环境中铁、锰、含盐量本底浓度偏高，岩层渗出水或汛期岩石随水流冲刷入河道，均会对水源地水质造成影响。

三是个别地区地下水水源地周边环境条件较脆弱，或为浅层地下水，受地表径流下渗和农业耕作影响较大，极易受污染。农村生活生产污水、散养家禽、养殖粪污等农村面源污染易造成水环境中细菌类指标超标。

四是个别乡镇饮用水水源地设置在小水库或小支流上，主要依靠自然降雨作为水量补充。降雨导致污染物随地表径流进入水源地，饮用水水源地管理不规范、体制不健全，垂钓、丢弃动物尸体、抛洒杂物及垃圾等导致总磷、高锰酸盐指数、五日生化需氧量等时有超标。

第六章　地下水环境质量

一、国家地下水环境质量考核点位

1. 现状评价

（1）总体状况

2022年，82个"十四五"国家地下水环境质量考核点位中，超标点位数共计16个，占19.5%。超标指标为硫酸盐、铁、锰、氯化物、钠、碘化物、氟化物、耗氧量。2022年四川省国家地下水环境质量考核点位指标超标率情况如图3.6-1所示。

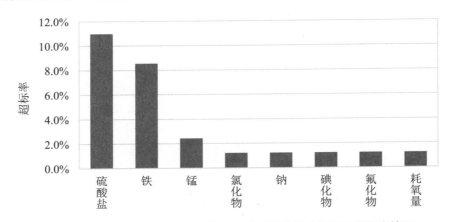

图3.6-1　2022年四川省国家地下水环境质量考核点位指标超标率情况

（2）区域点位

30个区域点位主要分布在成都、德阳、绵阳、遂宁、乐山、达州、眉山7个市。2022年四川省国家地下水环境质量考核区域点位水质状况分布如图3.6-2所示。

图3.6-2　2022年四川省国家地下水环境质量考核区域点位水质状况分布

区域点位有4个超标，超标率为13.3%。超标点位位于成都、德阳、达州、眉山，超标指标为铁、硫酸盐、氟化物。2022年四川省国家地下水环境质量考核区域点位水质超标情况见表3.6-1。

表3.6-1 2022年四川省国家地下水环境质量考核区域点位水质超标情况

序号	点位编号	所在市	点位名称	水质类别	超标因子（超标倍数）
1	SC-14-11	成都	大邑县董场镇铁溪社区	V类	铁（0.9）
2	SC-14-40	德阳	罗江县略坪镇人民政府（外环北路88号）	V类	铁（0.6）
3	SC-14-62	眉山	眉山市东坡区眉山	V类	铁（1.9）、硫酸盐（1.1）
4	SC-14-70	达州	渠县渠南华橙酒乡垂钓园	V类	氟化物（1.5）

（3）污染风险监控点位

31个污染风险监控点位主要分布在成都、自贡、攀枝花、泸州、南充、广安、巴中、资阳等8个市。2022年四川省国家地下水环境质量考核污染风险监控点位水质状况分布如图3.6-3所示。

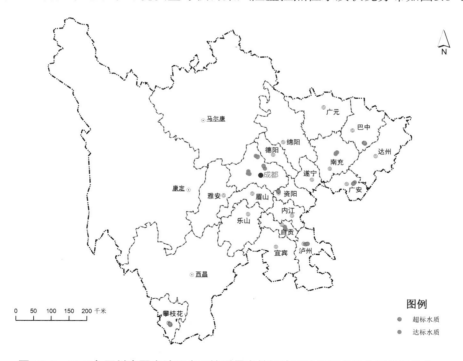

图3.6-3 2022年四川省国家地下水环境质量考核污染风险监控点位水质状况分布

污染风险监控点位有9个超标，超标率为29.0%。超标点位分布在成都、攀枝花、泸州、广安、巴中、资阳，超标指标为硫酸盐、氯化物、铁、锰、钠、碘化物及耗氧量。2022年四川省国家地下水环境质量考核污染风险监控点位水质超标情况见表3.6-2。

表3.6-2　2022年四川省国家地下水环境质量考核污染风险监控点位水质超标情况

序号	点位编号	所在市	点位名称	水质类别	超标因子（超标倍数）
1	SC-14-06	成都	新都区现代交通产业功能区1号	V类	铁（0.3）
2	SC-14-29	攀枝花	东区攀钢集团矿业有限公司选矿厂马家田2号	V类	硫酸盐（3.8）
3	SC-14-30	攀枝花	东区攀钢集团矿业有限公司选矿厂马家田3号	V类	硫酸盐（0.9）
4	SC-14-32	泸州	江阳区泸州国家高新区管委会1号	V类	铁（0.2）
5	SC-14-34	泸州	江阳区泸州国家高新区管委会3号	V类	氯化物（3.0）、硫酸盐（0.8）、钠（0.7）、铁（0.4）、碘化物（0.2）
6	SC-14-68	广安	华蓥市经济技术开发区新桥工业园区3号	V类	铁（0.8）
7	SC-14-75	巴中	平昌县经济开发区2号	V类	耗氧量（0.6）、锰（0.4）
8	SC-14-78	资阳	雁江区临空经济区清泉工业区2号	V类	硫酸盐（0.1）
9	SC-14-79	资阳	雁江区临空经济区清泉工业区3号	V类	硫酸盐（0.3）

（4）饮用水水源地监测点位

21个饮用水水源地监测点位主要分布在成都、德阳、绵阳、广元、内江、乐山、宜宾、达州、雅安、阿坝州、甘孜州、凉山州等12个市（州）。2022年四川省国家地下水环境质量考核饮用水水源地监测点位水质状况分布如图3.6-4所示。

图3.6-4　2022年四川省国家地下水环境质量考核饮用水水源地监测点位水质状况分布

饮用水水源地监测点位有3个超标，超标率为14.3%。超标点位分布在广元、内江、达州，超标指标为硫酸盐、锰。2022年四川省国家地下水环境质量考核饮用水水源地监测点位水质超标情况见表3.6-3。

表3.6-3　2022年四川省国家地下水环境质量考核饮用水水源地监测点位水质超标情况

序号	点位编号	所在市	点位名称	水质类别	超标因子（超标倍数）
1	SC-14-53	广元	广元市市中区上西水厂水源地	Ⅳ类	硫酸盐（0.3）、锰（0.2）
2	SC-14-55	内江	东兴区双桥乡	Ⅳ类	硫酸盐（0.3）
3	SC-14-71	达州	万源市观音峡水源地	Ⅳ类	硫酸盐（0.2）

2. 年度对比分析

（1）总体状况

2022年，四川省国控地下水点位中超标点位同比增加7个，水质类别为Ⅴ类的点位数量增加7个，新增超标指标主要有铁、锰、耗氧量。2022年四川省国控地下水点位水质类别同比变化如图3.6-5所示。

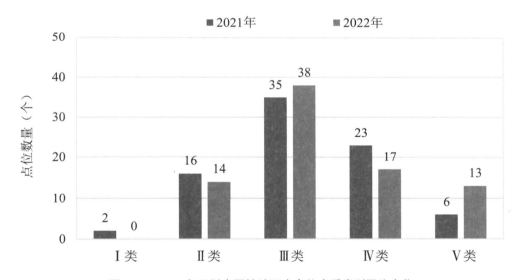

图3.6-5　2022年四川省国控地下水点位水质类别同比变化

（2）区域点位

区域点位中有23个水质状况同比保持稳定，2个好转，5个下降。大邑县董场镇铁溪社区、罗江县略坪镇人民政府（外环北路88号）2个点位为新增超标点位。超标指标新增了铁，且超标频次最高，硫酸盐和氟化物两年持续超标。2022年四川省国家地下水环境质量考核水质类别变化区域点位情况见表3.6-4，2022年四川省国家地下水环境质量考核区域点位水质类别同比变化如图3.6-6所示。

表3.6-4　2022年四川省国家地下水环境质量考核水质类别变化区域点位情况

序号	点位编号	点位名称	水质类别		超标因子（超标倍数）		水质变化状况
			2021年	2022年	2021年	2022年	
1	SC-14-09	温江区柳城街办东街社区（临江路）	Ⅲ	Ⅱ	—	—	好转
2	SC-14-39	中江县回龙镇回龙村1社	Ⅳ	Ⅲ	—	—	好转
3	SC-14-11	大邑县董场镇铁溪社区	Ⅳ	Ⅴ	—	铁（0.8）	下降
4	SC-14-40	罗江县略坪镇人民政府（外环北路88号）	Ⅳ	Ⅴ	—	铁（0.6）	下降
5	SC-14-05	新都区桂湖街道督桥村17社	Ⅱ	Ⅲ	—	—	下降
6	SC-14-13	都江堰市石羊镇书院村2组	Ⅱ	Ⅲ	—	—	下降
7	SC-14-42	广汉市三水镇落经村	Ⅲ	Ⅳ	—	—	下降

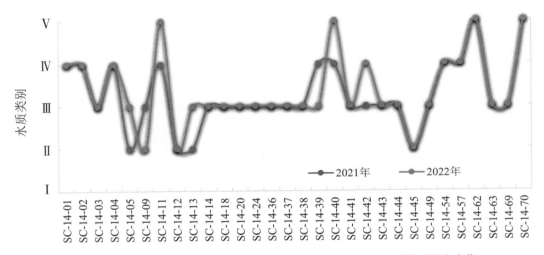

图3.6-6　2022年四川省国家地下水环境质量考核区域点位水质类别同比变化

（3）污染风险监控点位

污染风险监控点位中有17个水质状况同比保持稳定，4个好转，9个下降。新都区现代交通产业功能区1号、江阳区泸州国家高新区管委会1号、华蓥市经济技术开发区新桥工业园区3号、平昌县经济开发区2号、雁江区临空经济区清泉工业区2号等5个点位为新增超标点位。超标指标新增铁、锰、耗氧量等3项指标，铁和硫酸盐超标频次最高，硫酸盐、氯化物、钠、碘化物等4项指标两年持续超标。2022年四川省国家地下水环境质量考核水质类别变化污染风险监控点位情况见表3.6-5，2022年四川省国家地下水环境质量考核污染风险监控点位水质类别同比变化如图3.6-7所示。

表3.6-5　2022年四川省国家地下水环境质量考核水质类别变化污染风险监控点位情况

序号	点位编号	点位名称	水质类别		超标因子（超标倍数）		水质变化状况
			2021年	2022年	2021年	2022年	
1	SC-14-08	新都区现代交通产业功能区3号	Ⅲ	Ⅱ	—	—	好转
2	SC-14-16	彭州市成都石油化学工业园区2号	Ⅲ	Ⅱ	—	—	好转
3	SC-14-27	沿滩区高新技术产业园区3号	Ⅳ	Ⅲ	—	—	好转
4	SC-14-33	江阳区泸州国家高新区管委会2号	Ⅳ	Ⅲ	—	—	好转
5	SC-14-06	新都区现代交通产业功能区1号	Ⅱ	Ⅴ	—	铁（0.3）	下降
6	SC-14-32	江阳区泸州国家高新区管委会1号	Ⅳ	Ⅴ	—	铁（0.2）	下降
7	SC-14-68	华蓥市经济技术开发区新桥工业园区3号	Ⅳ	Ⅴ	—	铁（0.8）	下降
8	SC-14-75	平昌县经济开发区2号	Ⅳ	Ⅴ	—	耗氧量（0.6）、锰（0.4）	下降
9	SC-14-78	雁江区临空经济区清泉工业区2号	Ⅳ	Ⅴ	—	硫酸盐（0.1）	下降
10	SC-14-17	彭州市成都石油化学工业园区3号	Ⅱ	Ⅲ	—	—	下降
11	SC-14-22	成都崇州经济开发区2号	Ⅱ	Ⅲ	—	—	下降
12	SC-14-58	仪陇县新政镇石佛岩村武家湾1号	Ⅲ	Ⅳ	—	—	下降
13	SC-14-66	前锋区经济技术开发区新桥工业园区1号	Ⅲ	Ⅳ	—	—	下降

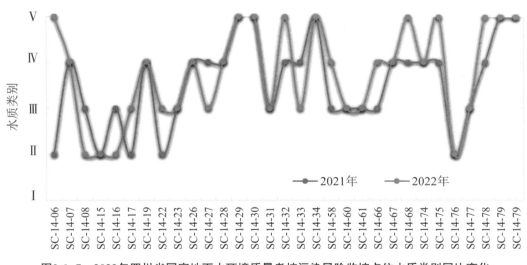

图3.6-7　2022年四川省国家地下水环境质量考核污染风险监控点位水质类别同比变化

（4）饮用水水源地点位

饮用水水源地点位有10个水质状况同比保持稳定，4个好转，7个下降。东兴区双桥乡为新增超标点位，超标指标为硫酸盐、锰，硫酸盐超标频次最高。2022年四川省国控地下水水质类别变化饮用水水源地点位情况见表3.6-6，2022年四川省国家地下水环境质量考核饮用水水源地点位水质类别同比变化如图3.6-8所示。

表3.6-6 2022年四川省国控地下水水质类别变化饮用水水源地点位情况

序号	点位编号	点位名称	水质类别		超标因子（超标倍数）		水质变化状况
			2021年	2022年	2021年	2022年	
1	SC-14-64	宜宾县华咀	Ⅳ	Ⅲ	铅（1.8）	—	好转
2	SC-14-46	绵竹市城市地下水第一、二集中式饮用水水源保护区1号	Ⅲ	Ⅱ	—	—	好转
3	SC-14-48	绵竹市城市地下水第一、二集中式饮用水水源保护区3号	Ⅲ	Ⅱ	—	—	好转
4	SC-14-82	会理县羊木村	Ⅲ	Ⅱ	—	—	好转
5	SC-14-55	东兴区双桥乡	Ⅲ	Ⅳ	—	硫酸盐（0.3）	下降
6	SC-14-10	郫都区安德水厂	Ⅱ	Ⅲ	—	—	下降
7	SC-14-21	崇州市元通水厂	Ⅱ	Ⅲ	—	—	下降
8	SC-14-51	北川县永昌镇安昌河集中式饮用水水源	Ⅱ	Ⅲ	—	—	下降
9	SC-14-73	阿坝县阿坝镇五村阿曲河集中式饮用水水源保护区	Ⅰ	Ⅲ	—	—	下降
10	SC-14-80	康定县瓦泽乡2号水源地	Ⅰ	Ⅱ	—	—	下降
11	SC-14-81	郫都区安德水厂	Ⅱ	Ⅲ	—	—	下降

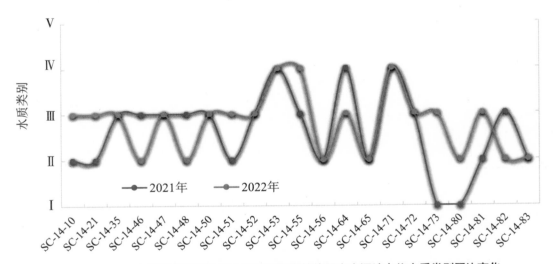

图3.6-8 2022年四川省国家地下水环境质量考核饮用水水源地点位水质类别同比变化

二、省级地下水环境质量监测点位

2022年，省级地下水环境质量监测点位中超标点位共计291个，占比为26.3%。其中，污染源类超标点位221个，饮用水水源地超标点位70个，主要分布在资阳、眉山、绵阳、遂宁等市。超标指标主要有硫酸盐、氯化物、铁、锰、氨氮、耗氧量、硝酸盐、氟化物、镉、铅等。2022年四川省省级地下水环境质量监测点位超标点位分布如图3.6-9所示。

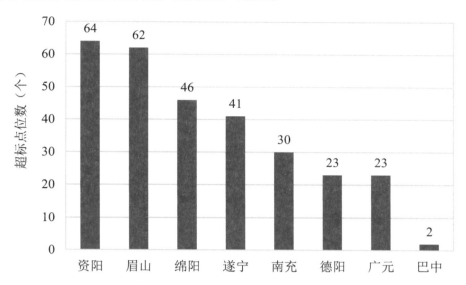

图3.6-9 2022年四川省省级地下水环境质量监测点位超标点位分布

三、小结

2022年四川省地下水环境质量基本稳定，监测点位水质以Ⅲ类为主，国家地下水环境质量考核点位水质超标率同比略有上升。

四川省国家地下水环境质量考核点位水质类别以Ⅲ类为主，Ⅱ类、Ⅲ类、Ⅳ类、Ⅴ类监测点位占比分别为17.1%、46.3%、20.7%、15.9%。省级地下水环境质量监测点位水质类别以Ⅲ类为主，占比为45.7%。

国家地下水环境质量考核点位超标点位数共16个，占比为19.5%，同比增加7个；点位类型以污染风险监控点为主；超标指标有硫酸盐、氯化物、氟化物、耗氧量、碘化物、铁、钠、锰；分布于成都、泸州、攀枝花、德阳、广元、内江、眉山、达州、广安、巴中、资阳等11个市。省级地下水环境质量监测点位超标点位数共291个，占比为26.3%；超标点位类型以污染风险类点位为主；超标指标为硫酸盐、氯化物、铁、锰、氨氮、耗氧量、硝酸盐、氟化物、镉、铅等；主要分布在资阳、眉山、绵阳、遂宁等市。

四、原因分析

地下水环境质量监测点位超标主要受区域地层背景和污染源影响。一是饮用水水源地超标点位主要分布于广元、达州，两个地区属四川红层丘陵区，由于部分地层富含膏盐，地下水主要赋存于红层风化带裂隙中，循环径流缓慢，钙、镁等离子大量融入地下水，膏盐沉积，易引起硫酸盐超标；二是风险监控点超标点位周边污染源类型以工业区、尾矿库和垃圾填埋场为主，开采、选矿及垃圾填埋场外排渗滤液，易引起毗邻的地下水点位中硫酸盐、氯化物等指标超标。

第七章　城市声环境质量

一、区域声环境质量

1. 现状评价

2022年，四川省21个市（州）政府所在地城市昼间区域声环境质量总体为"较好"，同比持平；平均等效声级为54.4分贝，同比上升0.1分贝；各城市平均等效声级范围是49.7～57.3分贝。2022年四川省21个市（州）政府所在地城市昼间区域声环境质量平均等效声级如图3.7-1所示。

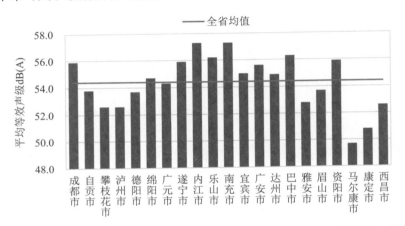

图3.7-1　2022年四川省21个市（州）政府所在地城市昼间区域声环境质量平均等效声级

2. 年内空间分布规律分析

（1）昼间等效声级

2022年，10个城市区域声环境质量昼间平均等效声级同比下降，降幅前三位分别是康定市（下降1.4分贝）、马尔康市（下降1.3分贝）、成都市（下降1.1分贝）；9个城市昼间平均等效声级同比上升，升幅前三位分别是资阳市（上升4分贝）、雅安市（上升1.2分贝）、遂宁市（上升1分贝）；2个城市昼间平均等效声级保持不变，为攀枝花市和内江市。2022年四川省21个市（州）政府所在地城市昼间区域声环境质量等效声级同比变化如图3.7-2所示。

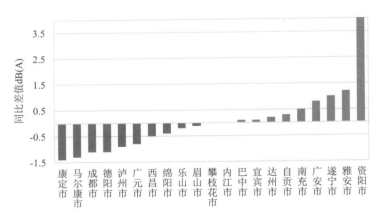

图3.7-2　2022年四川省21个市（州）政府所在地城市昼间区域声环境质量等效声级同比变化

（2）城市等级

四川省昼间区域声环境质量状况属于"好"的城市有1个，占4.8%；属于"较好"的城市有12个，占57.1%；属于"一般"的城市有8个，占38.1%。一级城市比例同比上升4.8个百分点，二级城市比例同比下降9.5个百分点，三级城市比例同比上升4.8个百分点。绵阳市和广元市由"一般"变为"较好"，马尔康市由"较好"变为"好"，遂宁市、广安市和资阳市由"较好"变为"一般"。2022年四川省城市昼间区域声环境质量等级分布如图3.7-3所示。

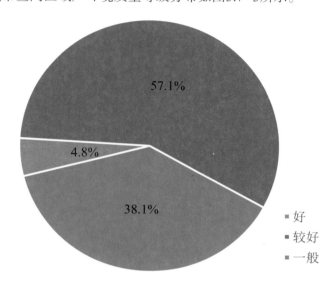

图3.7-3 2022年四川省城市昼间区域声环境质量等级分布

（3）声源构成

四川省城市区域声环境质量测点声源构成以社会生活源为主，占比为63.2%，影响范围最大；其次是道路交通源，占比为21.9%；工业及建筑施工源占比分别为11.3%和3.6%。2022年四川省城市昼间区域声环境质量测点声源构成如图3.7-4所示。

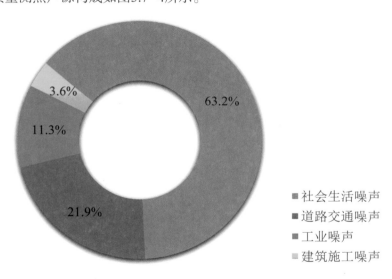

图3.7-4 2022年四川省城市昼间区域声环境质量测点声源构成

3. 2016—2022年变化趋势分析

（1）昼间等效声级及城市等级

2016—2022年，四川省城市昼间区域声环境质量总体均为"较好"，平均等效声级范围是54.0～54.5分贝，秩相关分析表明变化不显著（r_s=0.25）。2022年首次出现一级城市，所占比例为4.8%，二级城市、三级城市比例变化不大，分别在57.1%～76.2%之间和23.8%～38.1%之间，各年均无四级、五级的城市。2016—2022年四川省城市昼间区域声环境质量不同等级城市占比见表3.7-1，2016—2022年四川省城市昼间区域声环境质量变化趋势如图3.7-5所示。

表3.7-1　2016—2022年四川省城市昼间区域声环境质量不同等级城市占比

年度	城市占比（%）				
	一级（好）	二级（较好）	三级（一般）	四级（较差）	五级（差）
2022	4.8	57.1	38.1	0	0
2021	0	66.7	33.3	0	0
2020	0	71.4	28.6	0	0
2019	0	76.2	23.8	0	0
2018	0	71.4	28.6	0	0
2017	0	71.4	28.6	0	0
2016	0	66.7	33.3	0	0

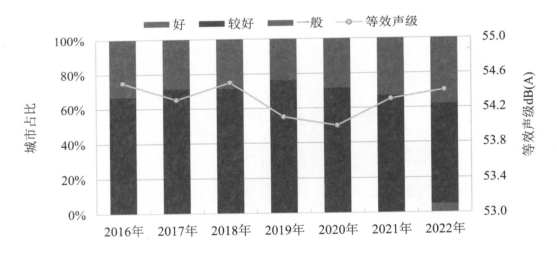

图3.7-5　2016—2022年四川省城市昼间区域声环境质量变化趋势

（2）声源构成

2016—2022年，四川省城市昼间区域声环境质量测点声源构成中，社会生活源每年均是最大影响源，但秩相关分析表明占比呈显著下降趋势，2022年较2016年下降5.4个百分点；建筑施工源占比呈显著上升趋势，2022年较2016年上升1.6个百分点；道路交通源和工业源占比变化不显著，但有所上升，分别上升3.3和0.3个百分点。2016—2022年四川省城市昼间区域声环境质量声源构成秩相关分析见表3.7-2，2016—2022年四川省城市昼间区域声环境质量声源构成变化趋势如图3.7-6所示。

表3.7-2　2016—2022年四川省城市昼间区域声环境质量声源构成秩相关分析

声源构成	占比（%）							秩相关系数	变化趋势
	2016年	2017年	2018年	2019年	2020年	2021年	2022年		
社会生活源	68.5	68.5	67.8	68.0	67.8	65.1	63.1	-0.86	显著下降
建筑施工源	2.0	1.8	1.8	3.0	3.1	3.6	3.6	0.89	显著上升
道路交通源	18.6	18.6	19.2	17.2	16.8	19.5	21.9	0.43	—
工业源	11.0	11.1	11.2	11.8	12.2	11.8	11.3	0.68	—

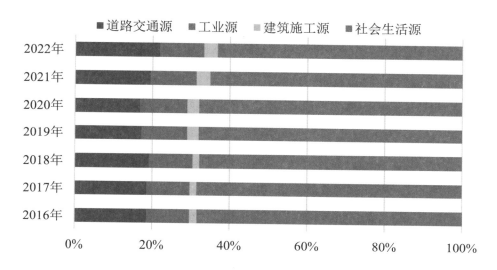

图3.7-6　2016—2022年四川省城市昼间区域声环境质量声源构成变化趋势

二、道路交通声环境质量

1. 现状评价

2022年，四川省21个市（州）政府所在地城市昼间道路交通声环境质量总体为"好"，同比持平；长度加权平均等效声级为67.9分贝，同比下降0.1分贝；监测路段总长度为2530.9km，达标路段占76.0%，同比上升3.7个百分点。各城市平均等效声级范围为54.3～69.4分贝，达标路段比例范围是44.7%～100%。2022年四川省21个市（州）政府所在地城市昼间道路交通声环境质量状况如图3.7-7所示。

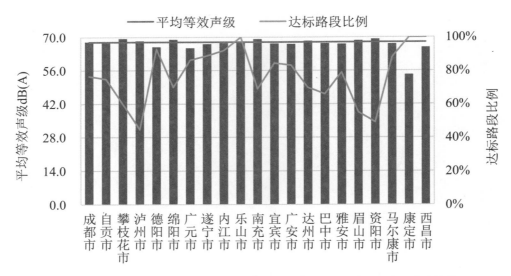

图3.7-7　2022年四川省21个市（州）政府所在地城市昼间道路交通声环境质量状况

2. 年内空间分布规律分析

（1）昼间等效声级

2022年，11个城市昼间平均等效声级同比下降，降幅前三位分别是广元市（下降3.4分贝）、巴中市（下降2.7分贝）、攀枝花市（下降2.3分贝）；8个城市昼间平均等效声级同比上升，升幅前三位分别是眉山市（上升8.6分贝）、遂宁市（上升5.1分贝）、马尔康市（上升3.2分贝）；2个城市昼间平均等效声级保持不变，为内江市和康定市。2022年四川省21个市（州）政府所在地城市昼间道路交通声环境质量等效声级同比变化如图3.7-8所示。

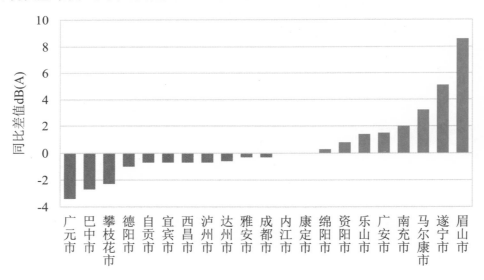

图3.7-8　四川省21个市（州）政府所在地城市昼间道路交通声环境质量等效声级同比变化

（2）城市等级

四川省21个城市中，昼间道路交通声环境质量状况属于"好"的城市有14个，占66.7%；属于"较好"的城市有7个，占33.3%。属于"好"的城市比例同比上升9.5个百分点，属于"较好"的城市比例同比持平，属于"一般"的城市比例同比下降9.5个百分点。攀枝花市、巴中市由"一般"分别变为"较好"和"好"，成都市、自贡市和广元市由"较好"变为"好"，南充市和眉山市由"好"变为"较好"，其他城市无明显变化。2022年四川省城市昼间道路交通声环境质量等级统计如图3.7-9所示。

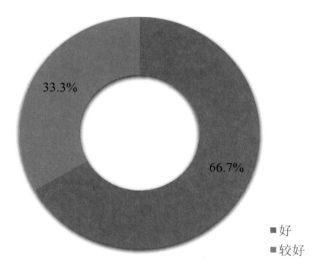

图3.7-9 2022年四川省城市昼间道路交通声环境质量等级统计

3. 2016—2022年变化趋势分析

2016—2022年，21个市（州）政府所在地城市道路交通声环境质量昼间平均等效声级范围是67.9～68.8分贝，秩相关分析呈显著下降趋势（$r_s=-0.75$）。四川省城市道路交通声环境昼间质量由"较好"变为"好"；一级城市比例上升9.5个百分点；二级城市比例上升4.8个百分点；仅在2016年出现过四级城市，所占比例为4.8%。2016—2022年四川省城市昼间道路交通声环境质量不同等级城市占比见表3.7-3，2016—2022年四川省城市昼间道路交通声环境质量变化趋势如图3.7-10所示。

表3.7-3 2016—2022年四川省城市昼间道路交通声环境质量不同等级城市占比

年度	城市占比（%）				
	一级	二级	三级	四级	五级
2022	66.7	33.3	0	0	0
2021	57.1	33.3	9.5	0	0
2020	57.1	19.0	23.8	0	0
2019	52.4	38.1	9.5	0	0
2018	57.1	19.0	23.8	0	0
2017	62.0	19.0	19.0	0	0
2016	61.9	23.8	9.5	4.8	0

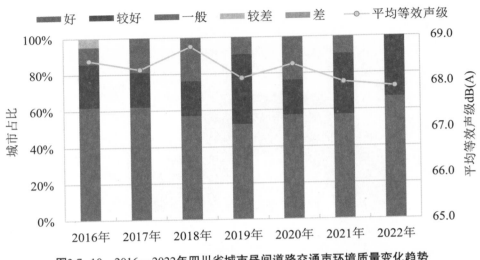

图3.7-10　2016—2022年四川省城市昼间道路交通声环境质量变化趋势

三、功能区声环境质量

1. 现状评价

2022年，四川省21个市（州）政府所在地城市各类功能区昼间达标875点次，达标率为96.8%，同比持平；夜间达标760点次，达标率为84.1%，同比上升1.0个百分点。各类功能区昼间达标率均比夜间高。其中，3类区昼间达标率最高，为99.5%；4类区夜间达标率最低，为55.3%。2022年四川省城市功能区声环境质量监测点次达标率见表3.7-4、如图3.7-11所示。

表3.7-4　2022年四川省城市功能区声环境质量监测点次达标率

功能区类别	1类区		2类区		3类区		4类区	
	昼间	夜间	昼间	夜间	昼间	夜间	昼间	夜间
监测点次	132	132	360	360	204	204	208	208
达标点次	124	114	353	341	203	190	195	115
达标率（%）	93.9	86.4	98.1	94.7	99.5	93.1	93.8	55.3

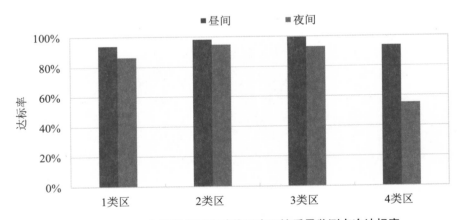

图3.7-11　2022年四川省城市功能区声环境质量监测点次达标率

2. 年内时间分布规律分析

按季度来说，四川省21个市（州）政府所在地城市各功能区四个季度的昼间监测点次达标率在75.6%～100%之间，夜间监测点次达标率在46.2%～100%之间。2类区、3类区昼、夜间达标率变化幅度较小，相对稳定；1类区三季度昼、夜间达标率降幅较大；4类区三季度夜间达标率全年最低。2022年四川省城市功能区声环境质量监测点次达标率年内变化趋势如图3.7-12所示。

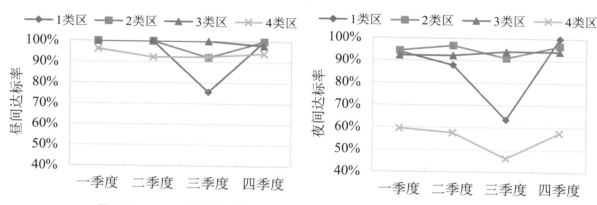

图3.7-12　2022年四川省城市功能区声环境质量监测点次达标率年内变化趋势

3. 2016—2022年变化趋势分析

2016—2022年，四川省21个市（州）城市不同类别功能区声环境质量昼间达标率在83.7%～99.5%之间，夜间达标率在50.5%～94.7%之间。根据秩相关系数分析，四川省各类功能区点次达标率均有所上升，其中1类区、2类区、4类区昼、夜间达标率以及3类区昼间达标率呈明显上升趋势。2016—2022年四川省城市功能区噪声监测点次达标率及秩相关分析见表3.7-5，2016—2022年四川省城市功能区噪声昼间点次达标率变化趋势如图3.7-13所示，夜间点次达标率变化趋势如图3.7-14所示。

表3.7-5　2016—2022年四川省城市功能区噪声监测点次达标率及秩相关分析

年份	达标率（%）									
	1类区		2类区		3类区		4类区		四川省平均	
	昼间	夜间	昼间	夜间	昼间	夜间	昼间	夜间	昼间	夜间
2016年	91.7	77.5	94.0	89.1	96.4	90.2	84.0	50.5	91.2	76.3
2017年	85.8	78.3	94.8	87.1	98.2	85.7	83.7	53.3	90.7	75.9
2018年	87.5	78.3	96.0	89.5	99.1	91.1	87.5	51.1	92.6	77.1
2019年	90.8	80.8	96.0	89.9	97.3	92.0	92.4	55.4	94.3	79.1
2020年	91.7	84.2	97.6	91.1	98.2	90.2	92.9	56.5	95.3	80.1
2021年	93.9	87.1	98.1	91.9	99.0	90.7	94.2	57.7	96.8	83.1
2022年	93.9	86.4	98.1	94.7	99.5	93.1	93.8	55.3	96.8	84.1
秩相关系数r_s	0.78	0.96	0.96	0.93	0.71	0.68	0.93	0.75	0.96	0.96
变化趋势	明显上升	明显上升	明显上升	明显上升	明显上升	—	明显上升	明显上升	明显上升	明显上升

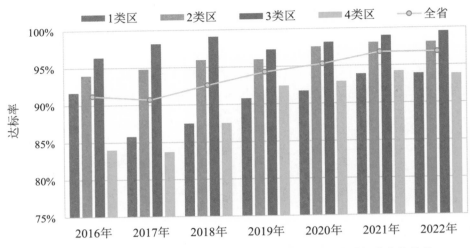

图3.7-13 2016—2022年四川省城市功能区噪声昼间点次达标率变化趋势

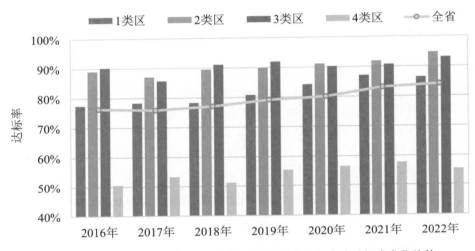

图3.7-14 2016—2022年四川省城市功能区噪声夜间点次达标率变化趋势

四、小结

1.2022年四川省城市声环境质量总体保持稳定

四川省21个市（州）政府所在地城市昼间区域声环境质量总体为"较好"，平均等效声级为54.4分贝，同比上升0.1分贝；道路交通昼间声环境质量总体为"好"，昼间长度加权平均等效声级为67.9分贝，同比下降0.1分贝，达标路段占76.0%，同比上升3.7个百分点；各类功能区昼间达标率为96.8%，同比持平，夜间达标率为84.1%，同比上升1.0个百分点。区域声环境质量声源构成以社会生活源和道路交通源为主。

2. 2016—2022年四川省城市区域、道路交通声环境质量基本保持稳定，城市功能区声环境质量有所好转

四川省21个市（州）政府所在地城市昼间区域声环境质量总体均为"较好"，平均等效声级范围是54.0～54.5分贝。昼间道路交通声环境质量由"较好"变为"好"，平均等效声级范围是67.9～68.8分贝，呈显著下降趋势。城市功能区声环境质量昼间达标率在83.7%～99.5%之间，夜间达标率在50.5%～94.7%之间，各类功能区点次达标率均有所上升。

第八章　生态质量状况

一、现状评价

1. 省域生态质量

2022年，四川省生态质量指数为71.17，生态质量类型为"一类"。四川省生态质量指数由4个一级指标构成，即生态格局、生态功能、生物多样性和生态胁迫，分别为68.24、60.29、87.06和10.44，对生态质量指数的贡献值分别为24.57、21.10、16.54和8.96，贡献率分别为34.5%、29.7%、23.2%和12.6%。按照一级指标对生态质量指数的贡献值和贡献率大小排序为：生态格局>生态功能>生物多样性>生态胁迫。2022年四川省生态质量一级指标评价结果及贡献率如图3.8-1所示。

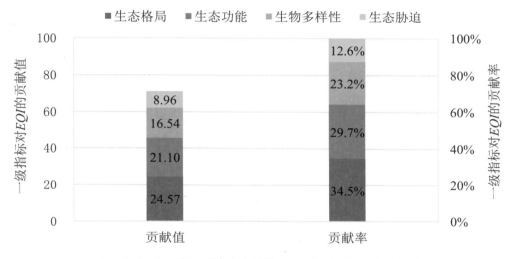

图3.8-1　2022年四川省生态质量一级指标评价结果及贡献率

2. 市域生态质量

2022年，21个市（州）生态质量类型均为"一类"和"二类"，生态质量指数在59.10～77.48之间。其中，生态质量类型为"一类"的市（州）有10个，占四川省总面积的81.0%，占市域数量的47.6%，分别是雅安、广元、凉山州、乐山、阿坝州、巴中、绵阳、攀枝花、甘孜州和达州；生态质量类型为"二类"的市有11个，占四川省总面积的19.0%，占市域数量的52.4%，分别是泸州、宜宾、南充、眉山、广安、自贡、德阳、内江、资阳、遂宁和成都。2022年四川省21个市（州）不同生态质量类型数量和面积占比如图3.8-2所示。

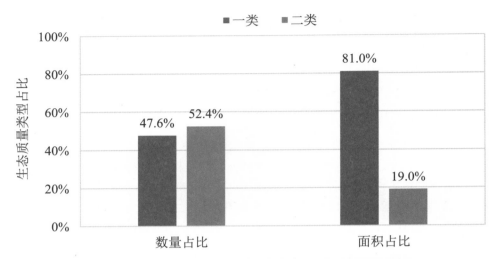

图3.8-2　2022年四川省21个市（州）不同生态质量类型数量和面积占比

　　在空间上，生态质量类型为"一类"的市（州）主要分布在川西高山高原区、川西北丘状高原山地区、川西南山地区、米仓山大巴山中山区，这些区域自然生态系统覆盖比例高、人类干扰强度低、生物多样性丰富、生态结构完整、系统稳定、生态功能完善；生态质量类型为"二类"的市主要分布在成都平原、川中丘陵和川东平行峡谷，这些区域自然生态系统覆盖比例较高、人类干扰强度较低、生物多样性较丰富、生态结构较完整、系统较稳定、生态功能较完善。2022年四川省21个市（州）生态质量类型空间分布如图3.8-3所示。

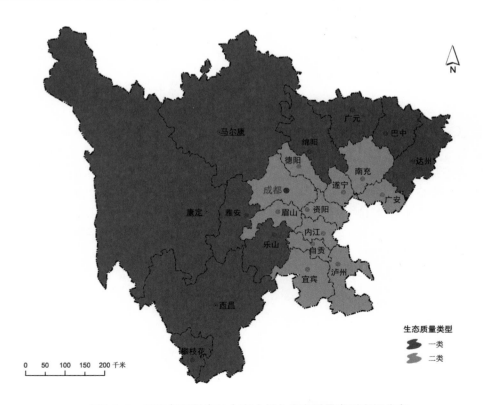

图3.8-3　2022年四川省21个市（州）生态质量类型空间分布

3. 县域生态质量

2022年，四川省183个县（市、区）的生态质量指数在37.99～82.52之间，生态质量以"一类"和"二类"为主，占四川省总面积的97.5%，占县域数量的86.3%。其中，"一类"的县有83个，占四川省总面积的66.2%，占县域数量的45.4%，生态质量指数在70.04～82.52之间；"二类"的县有75个，占四川省总面积的31.3%，占县域数量的41.0%，生态质量指数在55.48～69.95之间；"三类"的县有24个，占四川省总面积的2.5%，占县域数量的13.1%，生态质量指数在40.12～54.62之间；"四类"的县有1个，生态质量指数为37.99，占四川省总面积的0.01%，占县域数量的0.5%。2022年四川省县（市、区）不同生态质量类型数量和面积占比如图3.8-4所示，2022年四川省183个县（市、区）生态质量类型空间分布如图3.8-5所示。

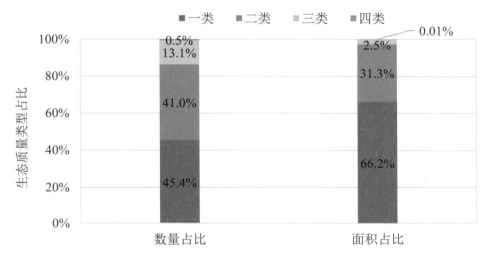

图3.8-4　2022年四川省县（市、区）不同生态质量类型数量和面积占比

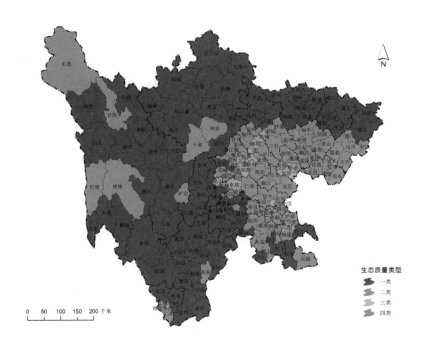

图3.8-5　2022年四川省183个县（市、区）生态质量类型空间分布

二、2020—2022年变化趋势分析

1. 省域生态质量

2020—2021年四川省生态质量指数变化0.30，生态质量"基本稳定"。

生态质量4个一级指标中，生态格局指数同比变化-0.09，生态功能指数同比变化1.03，生物多样性指数无变化，生态胁迫指数同比变化0.31。从分指标年际变化对ΔEQI的贡献值来看，生态格局指数导致ΔEQI变化-0.03，生态功能指数导致ΔEQI变化0.36，生物多样性指数对ΔEQI无影响，生态胁迫指数导致ΔEQI变化-0.03。

2021—2022年四川省生态质量指数变化0.25，生态质量"基本稳定"。

生态质量4个一级指标中，生态格局指数同比变化-0.02，生态功能指数同比变化0.77，生物多样性指数无变化，生态胁迫指数同比变化0.13。从分指标年际变化对ΔEQI的贡献值来看，生态格局指数导致ΔEQI变化-0.01，生态功能指数导致ΔEQI变化0.27，生物多样性指数对ΔEQI无影响，生态胁迫指数导致ΔEQI变化-0.01。

总体来讲，2020—2022年四川省生态质量呈现稳步提升态势。2020—2022年四川省生态质量及分指标对比如图3.8-6所示。

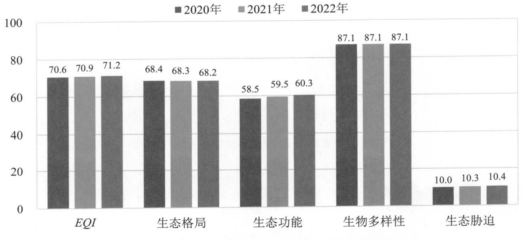

图3.8-6 2020—2022年四川省生态质量及分指标对比

2.市域生态质量

2020—2021年四川省市域生态质量指数变化范围在-0.71～0.76之间，21个市（州）生态质量"基本稳定"。

2021—2022年四川省市域生态质量指数变化范围在-0.76～1.35之间，除凉山州生态质量"轻微变好"外，其余20个市（州）生态质量"基本稳定"。

2020—2022年四川省21个市（州）生态质量指数变化见表3.8-1，2020—2021年四川省21个市（州）生态质量指数变化如图3.8-7所示，2021—2022年四川省21个市（州）生态质量指数变化如图3.8-8所示。

表3.8-1 2020—2022年四川省21个市（州）生态质量指数变化

市（州）	2020年 EQI	2021年 EQI	2022年 EQI	2020—2021年 ΔEQI	2020—2021年 ΔEQI类型	2021—2022年 ΔEQI	2021—2022年 ΔEQI类型
成都	59.04	59.43	59.10	0.39	基本稳定	-0.33	基本稳定

续表

市（州）	2020年 EQI	2021年 EQI	2022年 EQI	2020—2021年 ΔEQI	2020—2021年 ΔEQI类型	2021—2022年 ΔEQI	2021—2022年 ΔEQI类型
自贡	61.45	61.78	61.31	0.33	基本稳定	−0.47	基本稳定
攀枝花	70.90	70.98	71.76	0.08	基本稳定	0.78	基本稳定
泸州	68.93	69.33	68.95	0.40	基本稳定	−0.38	基本稳定
德阳	60.71	61.05	60.76	0.34	基本稳定	−0.29	基本稳定
绵阳	72.24	72.54	72.14	0.30	基本稳定	−0.40	基本稳定
广元	76.31	76.49	76.13	0.18	基本稳定	−0.36	基本稳定
遂宁	59.73	60.18	59.70	0.45	基本稳定	−0.48	基本稳定
内江	60.74	61.19	60.43	0.45	基本稳定	−0.76	基本稳定
乐山	75.09	75.23	74.66	0.14	基本稳定	−0.57	基本稳定
南充	65.97	66.36	65.73	0.39	基本稳定	−0.63	基本稳定
宜宾	68.71	68.88	68.58	0.17	基本稳定	−0.30	基本稳定
广安	63.43	63.57	62.92	0.14	基本稳定	−0.65	基本稳定
达州	70.33	70.35	70.20	0.02	基本稳定	−0.15	基本稳定
巴中	72.90	72.95	72.89	0.05	基本稳定	−0.06	基本稳定
雅安	76.72	76.98	77.48	0.26	基本稳定	0.50	基本稳定
眉山	65.62	65.95	65.70	0.33	基本稳定	−0.25	基本稳定
资阳	60.12	60.81	60.15	0.69	基本稳定	−0.66	基本稳定
阿坝州	73.09	73.39	73.92	0.30	基本稳定	0.53	基本稳定
甘孜州	69.86	70.62	70.94	0.76	基本稳定	0.32	基本稳定
凉山州	74.45	73.74	75.09	−0.71	基本稳定	1.35	轻微变好

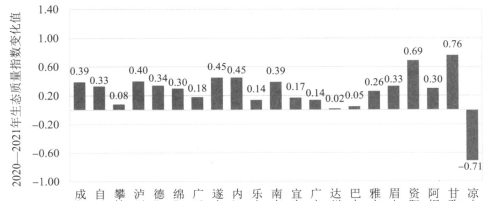

图3.8-7 2020—2021年四川省21个市（州）生态质量指数变化

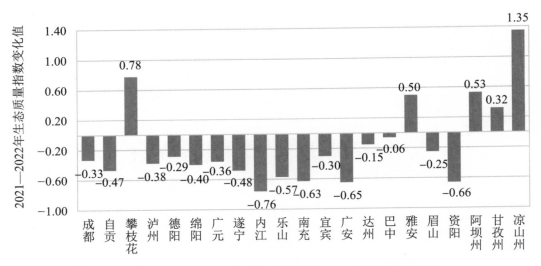

图3.8-8　2021—2022年四川省21个市（州）生态质量指数变化

3. 县域生态质量

2020—2021年四川省183个县（市、区）的生态质量指数变化范围在−1.50～1.70之间。其中，"轻微变好"的县有9个，占四川省县域个数的4.9%；"轻微变差"的县有4个，占四川省县域个数的2.2%；其余170个县的生态质量"基本稳定"，占四川省县域个数的92.9%。

2021—2022年四川省183个县（市、区）的生态质量指数变化范围在−1.62～2.69之间。其中，"一般变好"的县有2个，占四川省县域个数的1.1%；"轻微变好"的县有21个，占四川省县域个数的11.5%；"轻微变差"的县有11个，占四川省县域个数的6.0%；其余149个县的生态质量"基本稳定"，占四川省县域个数的81.4%。

2020—2022年四川省183个县（市、区）生态质量年际变化如图3.8-9所示。

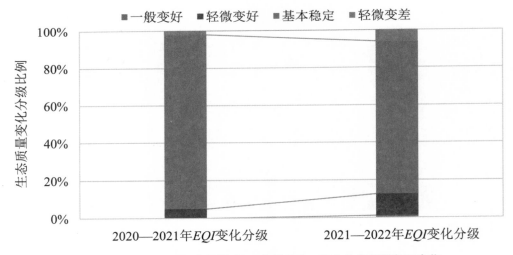

图3.8-9　2020—2022年四川省183个县（市、区）生态质量年际变化

三、小结

1. 2022年四川省生态质量基本保持稳定

四川省生态质量类型为"一类"，生态质量指数为71.17。21个市（州）生态质量类型均为"一类"和"二类"，生态质量指数在59.10～77.48之间；"一类"的城市占四川省总面积的81.0%，占市域数量的47.6%；"二类"的城市占四川省总面积的19.0%，占市域数量的52.4%。183个县（市、区）生态质量类型以"一类"和"二类"为主，占四川省总面积的97.5%，占县域数量的86.3%。

2. 2020—2022年四川省生态质量呈稳步变好趋势

2020—2021年四川省生态质量指数上升0.30，属于"基本稳定"；21个市（州）生态质量指数变化范围在−0.71～0.76之间，生态质量变化类型均属于"基本稳定"；183个县（市、区）的生态质量指数变化范围在−1.50～1.70之间，以"基本稳定"为主。2021—2022年四川省生态质量指数上升0.25，属于"基本稳定"；21个市（州）生态质量指数变化范围在−0.76～1.35之间，除凉山州生态质量"轻微变好"外，其余市（州）生态质量"基本稳定"；183个县（市、区）的生态质量指数变化范围在−1.62～2.69之间，以"基本稳定"为主。

第九章　农村环境质量

一、农村环境质量现状评价

1.各要素环境质量现状评价

（1）环境空气质量

①总体状况。

2022年，四川省村庄环境空气优良天数率为94.7%，同比上升0.2个百分点，其中优占61.9%，良占32.8%；污染天数率为5.3%，其中轻度污染占比4.7%，中度污染占比0.5%，重度污染占比0.1%，严重污染占比0.01%。2022年四川省农村环境空气质量级别如图3.9-1所示。

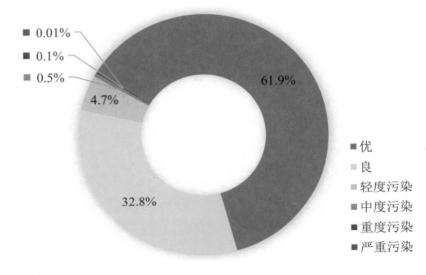

图3.9-1　2022年四川省农村环境空气质量级别

全年空气质量总体优良的村庄84个，村庄达标率为84.8%。其中，14.1%的村庄空气质量优，70.7%的村庄空气质量良。

超标村庄15个，分别位于双流区、龙泉驿区、崇州市、蒲江县、郫都区、简阳市、贡井区、广汉市、射洪市、船山区、隆昌市、峨眉山市、广安区、宣汉县、平昌市。

②主要监测指标。

2022年，四川省二氧化硫年均浓度为7微克/立方米，同比保持不变。99个村庄年均浓度达到《环境空气质量标准》（GB 3095—2012）二级标准，浓度范围为2～33微克/立方米。

二氧化氮年均浓度为13微克/立方米，同比上升8.2个百分点。98个村庄年均浓度达到《环境空气质量标准》（GB 3095—2012）二级标准，浓度范围为2～45微克/立方米。

可吸入颗粒物年均浓度为35微克/立方米，同比保持不变。98个村庄年均浓度达到《环境空气质量标准》（GB 3095—2012）二级标准，浓度范围为9～77微克/立方米。

细颗粒物年均浓度为20微克/立方米，同比下降4.8个百分点。90个村庄年均浓度达到《环境空气质量标准》（GB 3095—2012）二级标准，浓度范围为6～40微克/立方米。

一氧化碳手工监测年度均值为0.4毫克/立方米，自动监测日均值第95百分位浓度为1.0毫克/立方米，同比均保持不变。99个村庄年均浓度（或日均值第95百分位浓度）达到《环境空气质量标准》（GB 3095—2012）二级标准，浓度范围为0.04～1.5豪克/立方米。

臭氧手工监测年度均值为67微克/立方米，同比上升13.6个百分点；自动监测日最大8小时平均值第90百分位数浓度为129微克/立方米，同比上升9.3个百分点。91个村庄年均浓度（或日最大8小时平均值第90百分位浓度）达到《环境空气质量标准》（GB 3095—2012）二级标准。年均值浓度范围为9～94微克/立方米，日最大8小时平均值第90百分位浓度范围为71～192微克/立方米。

③主要污染物。

2022年，四川省二氧化硫、一氧化碳、二氧化氮、可吸入颗粒物、细颗粒物、臭氧达标天数比例分别为100%、100%、99.98%、99.6%、98.2%、96.5%。

按污染指标超标比例大小排列，主要污染物为臭氧、细颗粒物、可吸入颗粒物，超标天数比例分别为3.5%、1.8%、0.4%，最大超标倍数分别为0.7、3.5、1.8。

④首要污染物。

全年首要污染物为臭氧、细颗粒物、可吸入颗粒物、二氧化氮、二氧化硫，所占比例分别为51.7%、26.5%、18.6%、2.9%、0.3%。污染天气下首要污染物为臭氧、细颗粒物、可吸入颗粒物、二氧化氮，所占比例分别为65.3%、33.1%、1.2%、0.4%。

（2）土壤环境质量

①监测点位土壤等级评价。

2021—2022年，完成监测的271个土壤点位中，244个点位的监测结果低于《土壤环境质量农用地土壤污染风险管控标准（试行）》（GB 15618—2018）筛选值，占比90.0%，分级为Ⅰ级，农用地土壤污染风险低；27个点位的监测结果高于筛选值，低于管制值，占比10.0%，分级为Ⅱ级，农用地可能存在污染风险。无高于管制值的点位。2021—2022年四川省村庄土壤监测点位分级如图3.9-2所示。

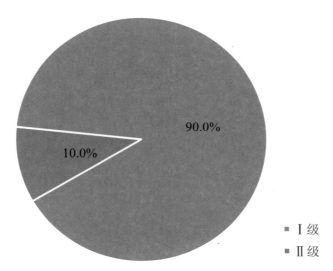

图3.9-2 2021—2022年四川省村庄土壤监测点位分级

②村庄土壤等级评价。

2021—2022年，开展监测的84个村庄中，土壤分级Ⅰ级有71个村庄，占比84.5%；土壤分级Ⅱ级有13个村庄，占比15.5%。

③不同利用类型土壤环境质量状况。

村庄土壤监测点位土地利用类型以农田、园地、饮用水水源地周边及林地为主。除居民区周边和生活垃圾设施周边外，其他土地利用类型均有Ⅱ级点位分布。2021—2022年四川省村庄土壤监测点位土地利用类型分布如图3.9-3所示，2021—2022年四川省村庄土壤Ⅰ、Ⅱ级点位在不同土地利用类型中的分布如图3.9-4所示。

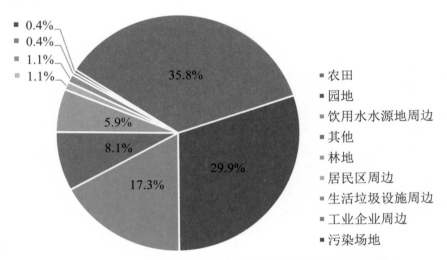

图3.9-3　2021—2022年四川省村庄土壤监测点位土地利用类型分布

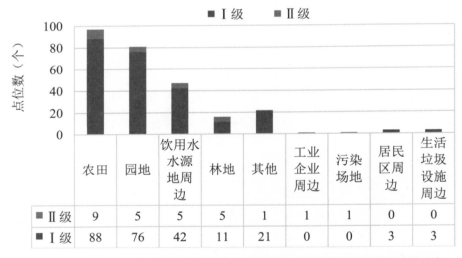

	农田	园地	饮用水水源地周边	林地	其他	工业企业周边	污染场地	居民区周边	生活垃圾设施周边
■Ⅱ级	9	5	5	5	1	1	1	0	0
■Ⅰ级	88	76	42	11	21	0	0	3	3

图3.9-4　2021—2022年四川省村庄土壤Ⅰ、Ⅱ级点位在不同土地利用类型中的分布

④污染风险指标。

污染风险指标为镉、铜、砷、镍、铬，超标点位比例分别为5.9%、2.4%、1.8%、1.5%、1.1%。按照污染风险指标超标点位占比大小排列，前三项（主要污染风险指标）为镉、铜和砷，主要分布在攀枝花、泸州、德阳、眉山、南充、资阳、阿坝州、凉山州、甘孜州的13个县。

特征污染指标：资阳市晏家坝村和柳溪村的6个监测点位增测了六六六总量、滴滴涕总量、苯并[a]芘，监测结果均低于风险筛选值。

（3）县域地表水水质

①水质类别。

2022年，四川省农村县域地表水水质总体为优，Ⅰ～Ⅲ类水质断面208个，占96.3%，同比上升1.1个百分点；Ⅳ类水质断面6个，占2.8%，同比下降0.5个百分点；Ⅴ类水质2个，占0.9%，同比下降0.6个百分点；无劣Ⅴ类水质断面。2022年四川省农村县域地表水水质类别占比如图3.9-5所示。

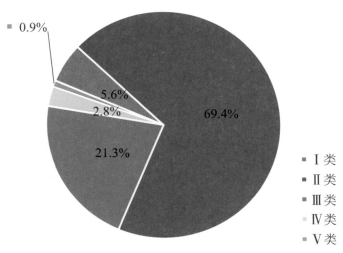

图3.9-5　2022年四川省农村县域地表水水质类别占比

②主要污染指标。

按照超标指标断面超标率从高至低排列，前三位的是总磷、化学需氧量、高锰酸盐指数，超标率均为1.9%，最大超标倍数分别为1.0、0.8、0.5。2022年农村县域地表水超标指标断面分布见表3.9-1。

表3.9-1　2022年农村县域地表水超标指标断面分布

序号	市（州）	县（市、区）	超标断面	断面类型	水质类别	主要污染指标（最大超标倍数）
1	自贡	贡井区	七一水库	湖库	Ⅳ	总磷（1.0）
2	泸州	江阳区	双河水库	湖库	Ⅳ	高锰酸盐指数（0.2）、总磷（1.0）
3	泸州	泸县	官渡大桥	河流	Ⅳ	化学需氧量（0.03）
4	泸州	泸县	天竺寺大桥	河流	Ⅳ	化学需氧量（0.3）、高锰酸盐指数（0.1）
5	广安	武胜县	五排水库	湖库	Ⅴ	总磷（1.0）
6	内江	隆昌市	新堰口（入境）	河流	Ⅴ	溶解氧（0.1）、化学需氧量（0.8）、高锰酸盐指数（0.5）、五日生化需氧量（0.5）
7	眉山	仁寿县	球溪河（曹家段）	河流	Ⅳ	总磷（0.5）
8	资阳	安岳县	龙台河龙台镇两河	河流	Ⅳ	化学需氧量（0.2）、高锰酸盐指数（0.1）

单独评价指标：6个断面粪大肠菌群超标，超标率为4.2%，最大超标倍数为5.6。湖库总氮超标点位9个，超标率为42.9%，最大超标倍数为3.8。

（4）千吨万人饮用水水源地

2022年，四川省434个农村千吨万人饮用水水源地监测断面（点位）中，428个断面（点位）所测项目全部达标，达标率为98.6%，同比上升3.2个百分点。

①地表水型饮用水水源地。

2022年，地表水型饮用水水源地383个监测断面（点位）中，378个断面（点位）达标，达标率为98.7%，同比上升2.9个百分点。超标指标有总磷、高锰酸盐指数、氨氮，最大超标倍数分别为3.8、0.2、0.4。主要污染指标为总磷、高锰酸盐指数、氨氮，超标率分别为0.5%、0.1%、0.1%。

单独评价指标：粪大肠菌群超标率为1.3%，最大超标倍数为1.4。湖库总氮超标率为15.9%，最大超标倍数为9.9。

2022年四川省农村千吨万人地表水型饮用水水源地超标断面分布见表3.9-2，2022年四川省农村千吨万人地表水型饮用水水源地超标指标如图3.9-6所示。

表3.9-2　2022年四川省农村千吨万人地表水型饮用水水源地超标断面分布

市（州）	县（市、区）	超标断面名称	断面类型	污染指标（最大超标倍数）
广元	剑阁县	二教水库	湖库	高锰酸盐指数（0.2）、总磷（0.4）
南充	高坪区	响水滩水库取水口	湖库	总磷（0.3）
南充	嘉陵区	六坊碑水库饮用水水源保护区	湖库	总磷（1）
达州	达川区	覃家坝	河流	氨氮（0.4）
眉山	东坡区	牯牛坡水库水源地	湖库	总磷（3.8）

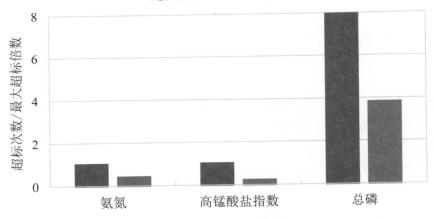

图3.9-6　2022年四川省农村千吨万人地表水型饮用水水源地超标指标

②地下水型饮用水水源地。

2022年，地下水型饮用水水源地51个监测点位中，50个点位达标，点位达标率为98.0%，同比上升5.5个百分点。超标水源地为广元市利州区三堆镇宝珠村，超标指标为总大肠菌群，超标率为1.1%，超标倍数为1.7。

（5）农村生活污水处理设施出水水质

2022年，四川省执法监测1171家农村日处理能力20吨及以上的生活污水处理设施，1031家全年达标，达标率为88.0%，同比上升14.4个百分点。140家不达标，不达标污水处理设施分布在成都、攀枝花、德阳、绵阳、广元、内江、乐山、南充、广安、达州、雅安、资阳和甘孜州。其中，上半年超标的有89家，下半年超标的有76家，上、下半年监测均超标的有25家。

主要污染指标为氨氮、总磷、悬浮物，超标率分别为8.7%、7.5%、6.5%，最大超标倍数分别为9.4、7.0、6.0。

（6）农田灌溉水质

2022年，四川省共监测灌溉面积10万亩以上的农田灌溉水112个点位，105个点位监测结果达到《农田灌溉水质标准》（GB 5084—2021）要求，农田灌溉水质达标率为93.8%，同比上升1.2个百分点。7个点位超标，超标率为6.2%。

主要污染指标为粪大肠菌群和pH，断面超标率分别为5.4%和0.9%。岳池县全民水库灌区1个点位pH超标，pH为8.6；峨眉山市青衣江乐山灌区1个点位、西昌市西礼灌区4个点位、冕宁县西礼灌区1个点位粪大肠菌群超标，最大超标倍数为3.0。

2. 县域农村环境状况

2022年，四川省开展监测的177个县域农村环境状况指数（I_{env}）范围为32.3~100。"优"129个，占比72.9%；"良"41个，占比23.1%；"一般"6个，占比3.4%；"差"1个，占比0.6%；无"较差"的县。2022年四川省县域农村环境状况分级如图3.9-7所示。

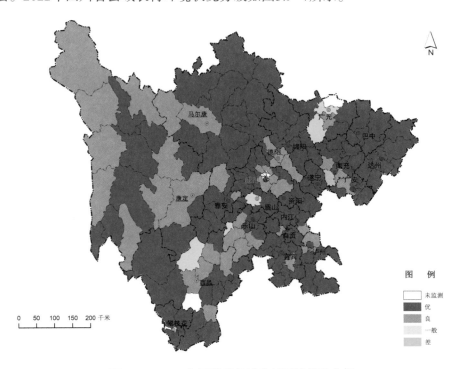

图3.9-7 2022年四川省县域农村环境状况分级

2021—2022年，连续开展传统农村监测的县共99个。2022年，99个县域农村环境状况均达到"良"及以上，同比增加1个。环境状况指数明显变好的有4个，略微变好的有9个，无明显变化的有71个，略微变差的有12个，明显变差的有3个。2021—2022年四川省县域农村环境质量状况变化情况如图3.9-8所示。

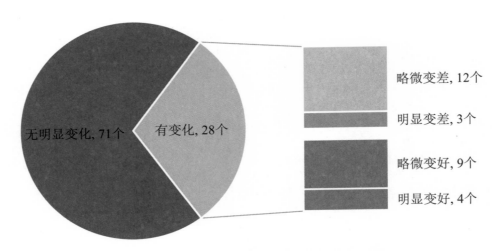

图3.9-8　2021—2022年四川省县域农村环境质量状况变化情况

二、农村面源污染状况

1. 监测断面内梅罗指数评价

2022年，四川省68个面源污染监测断面内梅罗指数范围为0.4~4.3。水质等级"清洁"断面14个，占比20.6%，同比下降15.9个百分点；"轻度污染"断面40个，占比58.8%，同比上升8.8个百分点；"中度污染"断面9个，占比13.2%，同比上升3.6个百分点；"重污染"断面5个，占比7.4%，同比上升3.6个百分点；无"严重污染"监测断面。2022年四川省农村面源污染监测断面水质分级如图3.9-9所示。

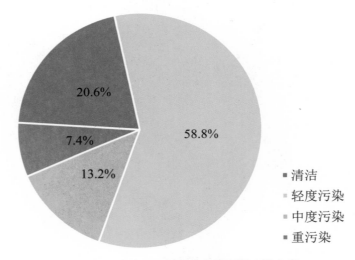

图3.9-9　2022年四川省农村面源污染监测断面水质分级

2. 污染断面类型分布

监测断面包括农村生活污染控制断面30个，占比44.1%；养殖业污染控制断面18个，占比26.5%；种植业流失控制断面20个，占比29.4%。

养殖业污染控制断面和种植业流失控制断面中"清洁"断面比例较低，分别为21.4%、28.6%，并均出现"中度污染""重污染"断面。农村生活污染控制断面中"清洁"断面比例较高，为50.0%，无"重污染"断面。2022年四川省农村面源污染各类监测断面水质分级如图3.9-10所示。

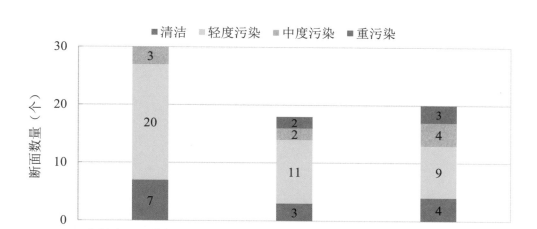

图3.9-10　2022年四川省农村面源污染各类监测断面水质分级

3. 污染断面县域分布

2022年，34个开展农村面源污染监测的县（市、区）中，8个水质等级"清洁"，占比23.5%；18个水质等级"轻度污染"，占比53.0%；7个水质等级"中度污染"，占比20.6%；1个水质等级"重污染"，占比2.9%；无"严重污染"的县。2022年农村面源污染断面县域分布如图3.9-11所示。

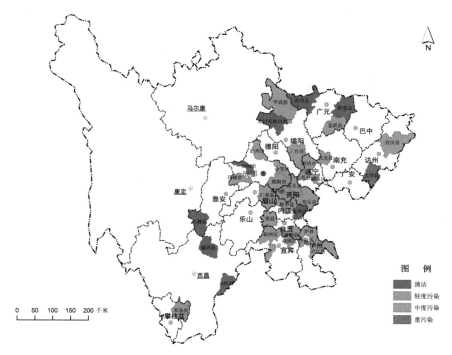

图3.9-11　2022年农村面源污染断面县域分布

2021—2022年，连续开展监测的29个县中，面源污染显著减轻的1个，占比3.4%；略微减轻的2个，占比6.9%；无明显变化的14个，占比48.3%；略微加重的9个，占比31.0%；明显加重的2个，占比6.9%；显著加重的1个，占比3.4%。2021—2022年四川省县域农村面源污染变化情况如图3.9-12所示。

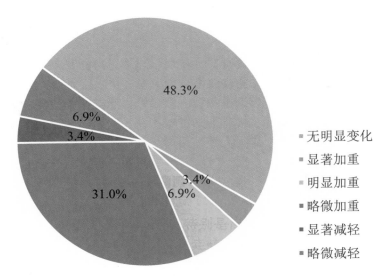

- 无明显变化
- 显著加重
- 明显加重
- 略微加重
- 显著减轻
- 略微减轻

图3.9-12 2021—2022年四川省县域农村面源污染变化情况

三、农村黑臭水体状况

2022年，四川省17个农村黑臭水体全部监测项目均达标，达标率为100%。2022年四川省农村黑臭水体水质监测结果见表3.9-3。

表3.9-3 2022年四川省农村黑臭水体水质监测结果

市 （州）	县 （市、区）	水体名称	溶解氧 （mg/L）	氨氮 （mg/L）	透明度 （cm）	达标情况
广元	利州区	安置点沟渠	5.90	0.082	24	达标
广元	苍溪县	梅子滩河支流苍湾村段	7.50	0.237	30	达标
广元	苍溪县	王家河	8.68	0.330	65	达标
广元	苍溪县	王家河小龙潭	8.25	0.264	64	达标
广元	苍溪县	三叉堰	7.72	0.203	75	达标
广元	苍溪县	九曲溪太平段	10.8	0.078	74	达标
广元	苍溪县	陈家沟	11.9	0.062	52	达标
广元	苍溪县	郭家沟	5.24	0.083	78	达标
南充	阆中市	乡堰	4.85	2.040	53	达标
南充	阆中市	乌堰	5.66	0.223	66	达标
南充	阆中市	洞沟湾堰	6.93	0.961	72	达标
南充	阆中市	团结水库	6.73	0.337	108	达标
南充	阆中市	解元乡堰	6.97	1.220	49	达标
南充	阆中市	共和场杨家河	7.56	0.958	88	达标
南充	阆中市	石龙河	7.48	0.851	112	达标

续表

市（州）	县（市、区）	水体名称	溶解氧（mg/L）	氨氮（mg/L）	透明度（cm）	达标情况
巴中	通江县	油坊沟堰塘	11.9	0.264	52	达标
巴中	南江县	保树沟	5.40	0.179	32	达标

四、2016—2022年变化趋势分析

1. 村庄环境空气质量

（1）空气质量指数

2016—2022年，四川省村庄空气年度优良天数率在90%以上，先升后降。2016年、2020年出现中度污染，2021年、2022年出现重污染和严重污染。2016—2022年四川省村庄空气优良天数率变化趋势如图3.9-13所示。

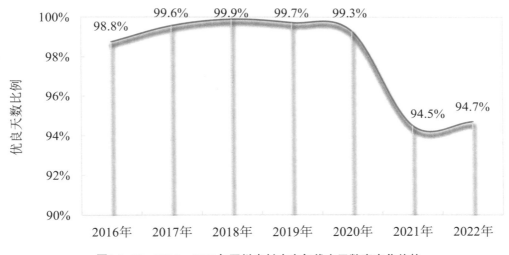

图3.9-13 2016—2022年四川省村庄空气优良天数率变化趋势

（2）主要监测指标

2016—2022年，四川省村庄空气中二氧化硫、二氧化氮、可吸入颗粒物、细颗粒物年均浓度总体下降，臭氧浓度总体呈上升趋势，一氧化碳浓度呈波动变化。2016—2022年四川省村庄空气主要监测指标年均浓度变化趋势如图3.9-14所示。

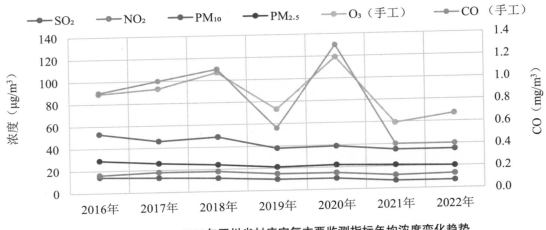

图3.9-14 2016—2022年四川省村庄空气主要监测指标年均浓度变化趋势

2. 土壤环境质量

土壤为五年一个监测周期，对2016—2022年村庄土壤环境质量状况仅作说明，不做趋势分析。

2016—2022年，村庄土壤低于《土壤环境质量农用地土壤污染风险管控标准（试行）》（GB 15618—2018）筛选值的点位占比在83.7%～92.6%之间波动，最低的是2019年，为83.7%，最高的是2017年，为92.6%。2019年、2020年出现了超过管制值的点位，占比分别为0.8%和0.9%，其余各年均未出现超过管制值的点位。2016—2022年四川省村庄土壤点位分级如图3.9-15所示。

图3.9-15 2016—2022年四川省村庄土壤点位分级

2016—2022年，超过筛选值的指标为镉、铜、镍、砷、铅、铬、汞。其中，2019年、2020年镉均有2个点位监测结果超过管制值。

分级为Ⅱ级和Ⅲ级的点位中，镉超标的点位最多，2016—2020年，镉超标的点位数量范围为6～20个，2020年最多，为20个；汞超标的点位最少，仅2018年有3个点位超过了筛选值，未超过管制值。2016—2022年四川省村庄土壤主要指标超标情况见表3.9-4。

表3.9-4 2016—2022年四川省村庄土壤主要指标超标情况

年度	类别	超标指标						
		镉	砷	铅	铬	汞	铜	镍
2016	最大超标倍数	2.2	0.9	—	1.7	—	—	—
	超标点位数（个）	14	6	—	12	—	—	—
2017	最大超标倍数	8.0	0.4	1.5	1.7	—	—	—
	超标点位数（个）	6	6	1	4	—	—	—
2018	最大超标倍数	8.0	2.1	2.5	2.7	1.6	—	—
	超标点位数（个）	13	5	3	6	3	—	—
2019	最大超标倍数	11.2	1.0	1.8	1.6	—	—	—
	超标点位数（个）	18	12	2	5	—	—	—
2020	最大超标倍数	11.2	0.6	3.8	—	—	—	—
	超标点位数（个）	20	5	3	—	—	—	—
2021	最大超标倍数	2.4	1.1	—	2.3	—	2.9	2.1
	超标点位数（个）	15	5	—	3	—	6	4
2022	最大超标倍数	2.4	1.1	—	2.3	—	2.9	2.1
	超标点位数（个）	16	5	—	3	—	6	4

注：最大超标倍数及超标点位数均以筛选值为计算标准。

3. 县域地表水水质

2016—2022年，四川省县域地表水水质逐年好转，优良水质断面比例总体呈上升趋势，中间略有波动，2022年最高，为96.3%。2022年与2016年相比，优良水质断面比例上升14.4个百分点，升幅较大。2016—2022年四川省县域地表水优良水质比例变化趋势如图3.9-16所示。

图3.9-16 2016—2022年四川省县域地表水优良水质比例变化趋势

2016—2022年，主要超标指标有4项，为化学需氧量、高锰酸盐指数、五日生化需氧量、总磷，超标断面比例总体呈下降趋势，2021—2022年4项指标超标断面比例总体稳定在5%以下。2016—2022年四川省县域地表水主要污染指标超标断面占比变化趋势如图3.9-17所示。

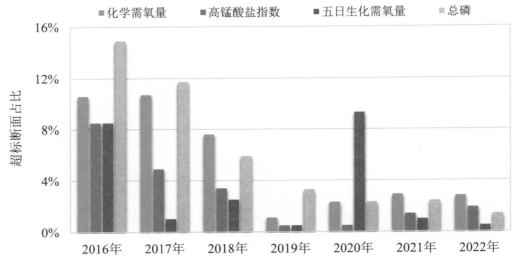

图3.9-17　2016—2022年四川省县域地表水主要污染指标超标断面占比变化趋势

4. 农村千吨万人饮用水水源地

2019—2022年，四川省农村千吨万人饮用水水源地达标率保持稳定上升趋势，达标率从2019年的83.4%上升到2022年的98.6%，水质状况明显改善。2019—2022年四川省农村千吨万人饮用水水源地达标率见表3.9-5。

表3.9-5　2019—2022年四川省农村千吨万人饮用水水源地达标率

饮用水水源地类型	达标率（%）			
	2019年	2020年	2021年	2022年
地表水型	84.2	89.5	95.8	98.7
地下水型	78.8	95.2	92.5	98.0
全部水源地	83.4	90.3	95.4	98.6

5. 农田灌溉水

2019—2022年，灌溉规模10万亩及以上的农田灌溉水水质年度达标率分别为100%、96.3%、92.6%、93.8%，2021年达标率最低，2019年达标率最高。总体来说，达标率呈下降的趋势。

超标指标为粪大肠菌群和pH。2021年、2022年粪大肠菌群均出现过超标，超标点位数分别为1个、5个，均出现在凉山州，最大超标倍数为3.0，出现在2022年凉山州西礼灌区；2020年、2021年、2022年均出现过pH超标，超标点位均为1个，最大值为8.7，出现在2022年广安市岳池县全民水库灌区。

6. 农村生活污水处理设施出水水质

2019—2022年，开展监测的农村生活污水处理设施数量从31家增加到1171家（2022年为监督性监测），覆盖范围从17个市（州）31个县（市、区）扩大到21个市（州）147个县，农村生活污水处理设施出水水质达标率持续上升。2019—2022年四川省农村生活污水处理设施出水水质达标情况见表3.9-6。

表3.9-6　2019—2022年四川省农村生活污水处理设施出水水质达标情况

年度	监测设施数量（家）	达标设施数量（家）	达标率（%）	污染指标（最大超标倍数）
2019	31	19	61.3	总磷（8.7）、氨氮（1.5）、粪大肠菌群（11.4）、化学需氧量（1.0）
2020	494	406	82.2	悬浮物（1.9）、总磷（3.0）、化学需氧量（43.7）、氨氮（19.4）
2021	1390	1023	73.6	pH（最大值9.3）、悬浮物（7.4）、总磷（24.3）、化学需氧量（12.7）、氨氮（43.5）、总氮（17.9）、粪大肠菌群（37.0）、五日生化需氧量（1.7）
2022	1171	1031	88.0	悬浮物（6.0）、总磷（7.0）、化学需氧量（5.7）、氨氮（9.4）、总氮（3.1）

7. 农村环境质量状况变化趋势

2016—2022年，总体环境质量状况保持"良好"，分级为"优"的县占比46.8%～72.9%；分级为"良"的县占比23.1%～48.9%；分级为"一般"的县占比1.0%～11.4%；2022年首次出现"差"的县，占比0.6%；无"较差"的县。2016—2022年四川省农村县域环境状况变化趋势如图3.9-18所示。

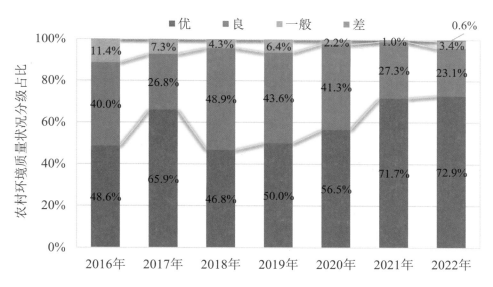

图3.9-18　2016—2022年四川省农村县域环境状况变化趋势

五、小结

1. 2022年四川省农村环境质量总体保持稳定

四川省县域农村环境状况指数以"优"为主，各要素环境质量同比均有不同程度的改善。四川省村庄环境空气质量优良天数率为94.7%，同比上升0.2个百分点；土壤Ⅰ级点位比例为90.0%；县域地表水Ⅰ～Ⅲ类水质断面比例为96.3%，同比上升1.1个百分点；农村千吨万人饮用水水源地达标率为98.6%，同比上升3.2个百分点；日处理能力20吨及以上农村生活污水处理设施出水水质达标率为88.0%，同比上升14.4个百分点；灌溉规模10万亩及以上的农田灌溉水水质达标率为93.8%，同比上升1.2个百分点。农村黑臭水体达标率为100%。县域农村面源污染"轻度污染"的占53.0%，"中度污染"及"重污染"的占23.5%；2021—2022年连续开展面源污染监测的县域中污染加重的占41.3%；种植业及养殖业对农村面源污染影响较大。

2.2016—2022年四川省农村环境质量总体稳中向好

四川省村庄环境空气总体保持稳定，优良天数率均在90%以上；村庄土壤以Ⅰ级点位为主，2021—2022年均未出现超过管制值的点位；县域地表水水质逐年好转，优良水质比例上升14.4个百分点；2019—2022年农村千吨万人饮用水水源地水质明显改善，达标率上升15.2个百分点。日处理能力20吨及以上农村生活污水处理设施出水水质达标率上升26.7个百分点。灌溉规模10万亩及以上的农田灌溉水水质达标率有所下降。

第十章　土壤环境质量

一、现状评价

1. 总体状况

2022年，四川省565个土壤风险点中，监测结果低于风险筛选值的占30.3%，介于风险筛选值和管制值之间的占63.5%，高于风险管制值的占6.2%。2022年四川省土壤风险点环境质量综合评价结果占比如图3.10-1所示。

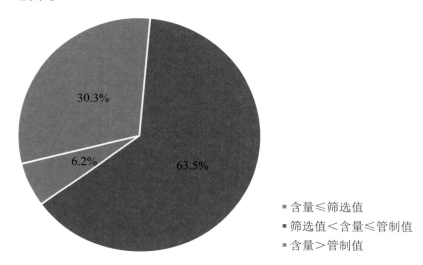

图3.10-1　2022年四川省土壤风险点环境质量综合评价结果占比

11个监测指标评价结果显示，从超标点位占比分析，镉超标点位占比最高，其次为铬、铅和砷，汞含量均小于风险筛选值。从超标倍数分析，镍最大超标倍数最高，为26.1倍；其次是锌，最大超标倍数为12.4；其余指标的最大超标倍数在0.36～8.5之间。2022年四川省土壤风险点环境质量监测项目评价结果如图3.10-2所示。

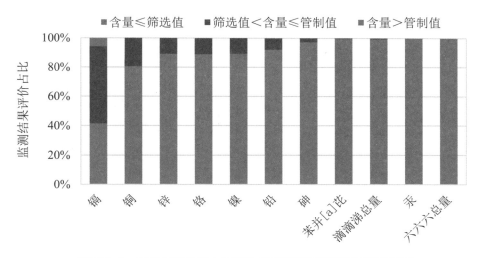

图3.10-2　2022年四川省土壤风险点环境质量监测项目评价结果

2. 重点风险点

（1）总体状况

2022年，监测重点风险点195个，参与评价183个，小于风险筛选值的点位有47个，占25.7%；介于风险筛选值和管制值之间的点位有107个，占58.5%；大于风险管制值的点位有29个，占15.8%。

按监测指标评价，镉含量大于筛选值的点位占比最高，介于筛选值和管制值之间的点位占比52.5%，大于管制值的点位占比15.3%；锌大于筛选值的点位占比17.5%；铜、镍、铅和铬大于筛选值的点位占比6.0%～9.8%；苯并[a]芘和滴滴涕总量有少量点位超过筛选值，占比0.5%～1.6%；汞和六六六总量含量均小于风险筛选值。

（2）年度对比分析

重点风险点小于筛选值的点位占比同比上升3.8个百分点。各市（州）综合评价结果小于筛选值的点位占比有升有降，其中广安、自贡、内江、巴中和攀枝花明显上升，泸州、凉山和成都有所下降，其他13个市（州）与去年保持一致。2022年四川省21个市（州）土壤重点风险点环境质量同比变化如图3.10-3所示。

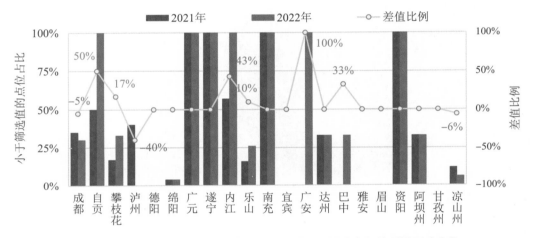

图3.10-3　2022年四川省21个市（州）土壤重点风险点环境质量同比变化

无机指标汞、砷、铬、铜、镍含量均值同比基本保持一致；镉和锌含量略有上升；铅含量显著上升。2022年四川省土壤重点风险点监测指标含量均值同比变化如图3.10-4所示。

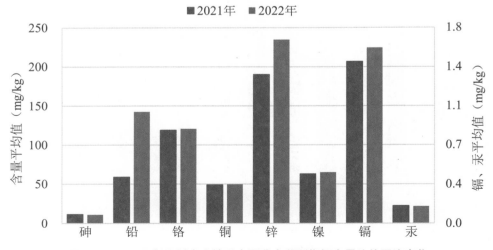

图3.10-4　2022年四川省土壤重点风险点监测指标含量均值同比变化

3. 一般风险点

2022年，四川省监测一般风险点409个，参与评价382个，小于风险筛选值的点位有124个，占32.5%；介于风险筛选值和管制值之间的点位有252个，占66.0%；大于风险管制值的点位有6个，占1.6%。

按监测项目评价，镉含量大于筛选值的点位占比最高，介于筛选值和管制值之间的点位占比52.6%，大于管制值的点位占比1.6%；铜大于筛选值的点位占比24.1%；铬、镍、铅和锌大于筛选值的点位占比7.9%～13.6%；砷、苯并[a]芘和滴滴涕总量有少量点位超过筛选值，占比0.5%～3.4%；汞和六六六总量含量均小于风险筛选值。

二、年内空间分布规律分析

2022年，广元、遂宁、内江、南充和资阳土壤风险点全部达标，100%小于筛选值；成都、自贡、广安、达州和眉山点位基本达标，50%～80%点位小于筛选值；攀枝花、德阳、绵阳、乐山、宜宾、巴中、雅安、阿坝州和凉山州部分点位达标，10%～29%点位小于筛选值；泸州和甘孜州点位全部超标。2022年四川省土壤风险点评价结果空间分布如图3.10-5所示。

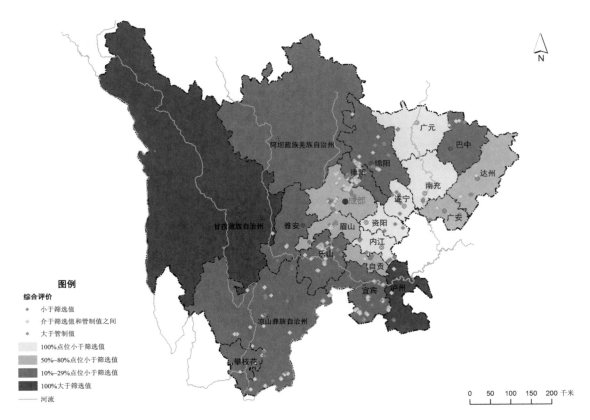

图3.10-5　2022年四川省土壤风险点评价结果空间分布

成都、攀枝花、德阳、乐山、宜宾、雅安、凉山州出现5～8个超标指标，包括金属指标和有机指标；泸州、绵阳、眉山、巴中和甘孜州出现2～4个超标指标，均为金属指标；自贡、广安、达州和阿坝州仅1个指标超标，主要是镉和砷。2022年四川省土壤风险点位超标指标统计见表3.10-1。

表3.10-1　2022年四川省土壤风险点位超标指标统计

市（州）	超标指标									超标指标个数（个）
广安	镉	—	—	—	—	—	—	—	—	1
自贡	镉	—	—	—	—	—	—	—	—	1
达州	镉	—	—	—	—	—	—	—	—	1
阿坝州	—	—	—	—	砷	—	—	—	—	1
眉山	镉	—	铬	—	—	—	—	—	—	2
巴中	—	铜	—	—	—	砷	—	—	—	2
甘孜州	镉	铜	—	锌	—	—	—	—	—	3
泸州	镉	铜	铬	—	—	—	—	—	—	3
绵阳	镉	铜	铬	铅	—	—	—	—	—	4
成都	镉	铜	—	—	锌	砷	—	滴滴涕总量	—	5
乐山	镉	铜	铬	铬	—	—	镍	—	—	5
德阳	镉	铜	—	铬	锌	砷	—	苯并[a]芘	—	6
攀枝花	镉	铜	铬	铬	锌	—	镍	—	—	6
雅安	镉	铜	铬	铬	锌	—	镍	—	—	6
宜宾	镉	铜	铬	铬	锌	砷	镍	—	—	7
凉山州	镉	铜	铬	铬	锌	砷	镍	苯并[a]芘	—	8

三、小结

2022年四川省土壤风险点周边环境质量总体稳定。

四川省风险点土壤环境质量监测结果低于风险筛选值的占比30.3%，介于风险筛选值和管制值之间的占比63.5%，高于风险管制值的占比6.2%。重点风险点达标率同比上升3.8个百分点。自贡、攀枝花、内江、广安和巴中重点风险点超标率同比下降，成都、泸州和凉山州超标率同比上升，其他市（州）无变化。四川省土壤超标指标以镉为主，同时存在铜、砷、汞和有机污染指标等。土壤超标主要受地质背景和企业活动影响。

第十一章　辐射环境质量

一、电离辐射

1.环境γ辐射剂量率

（1）γ辐射空气吸收剂量率（自动站）

2022年，四川省42个辐射环境自动监测站连续测得的环境γ辐射空气吸收剂量率月均值范围为56.52～151.8纳戈瑞/小时，处于本底涨落范围内。

（2）γ辐射累积剂量

2022年，四川省24个陆地监测点位的环境γ辐射累积剂量测值范围为71～140纳戈瑞/小时，处于本底涨落范围内。

（3）γ辐射空气吸收剂量率（瞬时）

2022年，四川省21个监测点位的环境γ辐射空气吸收剂量率（瞬时）年均值范围为39.2～126纳戈瑞/小时，处于本底涨落范围内。

2.大气中的放射性水平

（1）气溶胶

2022年，乐山市环境监测站、峨眉山市环境监测站监测的总α（活度浓度范围为0.029～0.16毫贝可/立方米）、总β（活度浓度范围为0.78～4.0毫贝可/立方米）处于本底涨落范围内。成都熊猫基地气溶胶中测得的放射性核素铅-210（活度浓度范围为0.78～3.7毫贝可/立方米）、钋-210（活度浓度范围为0.20～0.44毫贝可/立方米）处于本底涨落范围内。气溶胶中其他天然放射性核素铍-7、钾-40、钍-234、镭-228、铋-214活度浓度均处于本底涨落范围内；人工放射性核素锶-90、铯-137、铯-134、碘-131活度浓度未见异常。

（2）沉降物

2022年，23个辐射环境自动监测站沉降物样品监测，在检出的天然放射性核素中，钍-234［日沉降量范围为7.0～33毫贝可/（平方米·天）］、铍-7［日沉降量范围为0.045～4.3贝可/（平方米·天）］、铋-214［日沉降量范围为1.8～2.1毫贝可/（平方米·天）］、钾-40［日沉降量范围为4.7～375毫贝可/（平方米·天）］、镭-228［日沉降量范围为1.0～28毫贝可/（平方米·天）］均处于本底涨落范围内；人工放射性核素锶-90、铯-137、铯-134、碘-131活度浓度未见异常。

（3）空气中氚

2022年，四川省空气中氚化水活度浓度范围为24～26毫贝可/立方米，降水氚活度浓度范围为1.8～2.1贝可/升，均处于本底涨落范围内。

（4）空气中氡

2022年，成都市花土路、彭州九尺镇监测点空气中氡活度浓度范围为19～28贝可/立方米，处于本底涨落范围内。

（5）空气中碘

2022年，四川省辐射环境站自动站监测的气态碘-131活度浓度均低于探测下限，探测下限范围为0.036～0.43毫贝可/立方米。

3. 水体中的放射性水平

（1）地表水

2022年，四川省境内长江水系主要干、支流江河水中，总α（活度浓度范围为0.010～0.11贝可/升）、总β（活度浓度范围为0.024～0.22贝可/升）均低于《生活饮用水卫生标准》（GB 5749—2006）规定的指导值；天然放射性核素总铀（活度浓度范围为0.16～3.0微克/升）、钍（活度浓度范围为0.050～0.24微克/升）、镭-226（活度浓度范围为6.2～21毫贝可/升）处于本底涨落范围内；人工放射性核素锶-90（活度浓度范围为0.99～2.6毫贝可/升）、铯-137（活度浓度范围为0.18～0.66毫贝可/升）未见异常。其中，天然放射性核素铀和钍活度浓度、镭-226活度浓度与1983—1990年全国环境天然放射性水平调查结果处于同一水平。

（2）地下水

2022年，四川省地下水中总α（活度浓度范围为0.040～0.060贝可/升）、总β（活度浓度为0.10贝可/升）均低于《生活饮用水卫生标准》（GB 5749—2006）规定的指导值；天然放射性核素铀（活度浓度范围为1.0～1.1微克/升）、钍（活度浓度范围为0.08～0.09微克/升）、镭-226（活度浓度范围为7.0～7.5毫贝可/升）处于本底涨落范围内。

（3）饮用水水源地水

2022年，四川省42个饮用水水源地水监测点位中，总α（活度浓度范围为0.017～0.074贝可/升）、总β（活度浓度范围为0.012～0.12贝可/升）均低于《生活饮用水卫生标准》（GB 5749—2006）规定的指导值。5个重点城市饮用水水源地水中，人工放射性核素锶-90（活度浓度范围为1.2～1.9毫贝可/升）、铯-137（活度浓度范围为0.28～0.49毫贝可/升）未见异常。

4. 土壤中的放射性水平

2022年，四川省21个市（州）土壤中天然放射性核素铀-238〔活度浓度范围为10～49贝可/（千克·干）〕、钍-232〔活度浓度范围为14～61贝可/（千克·干）〕、镭-226〔活度浓度范围为17～48贝可/（千克·干）〕、钾-40〔活度浓度范围为95～865贝可/（千克·干）〕处于本底涨落范围内，与1983—1990年全国环境天然放射性水平调查结果处于同一水平。人工放射性核素铯-137〔活度浓度范围为LLD～2.5贝可/（千克·干）〕未见异常，锶-90〔活度浓度范围为0.82～1.6贝可/（千克·干）〕未见异常。

二、电磁辐射

2022年，四川省18个电磁辐射环境自动站所监控的变电站工频电、磁场，移动通信基站综合场强年均值均满足《电磁环境控制限值》（GB 8702—2014）中规定的相应频率范围公众照射导出限值规定。

天府广场监测点功率密度为2.4微瓦/平方厘米，工频电场为0.93伏/米，工频磁场为0.0046微特斯拉；天府广场、通美大厦等17个环境电磁监测点位测得的综合场强范围为0.81～11伏/米，均低于《电磁环境控制限值》（GB 8702—2014）的规定。

三、小结

2022年电离辐射环境质量总体良好。电磁辐射环境水平低于《电磁环境控制限值》（GB 8702—2014）规定的公众暴露控制限值。

2022

第一章 区域—城市"天空地"一体化大气污染物精细化防控体系建设

《中共中央关于制定国民经济和社会发展第十四个五年规划和二〇三五年远景目标的建议》明确提出："强化多污染物协同控制和区域协同治理，加强细颗粒物和臭氧协同控制，基本消除重污染天气。""十四五"期间四川省通过构建区域—城市"天空地"一体化大气污染物精细化溯源防控体系，建立"溯源—防控—评估"区域污染防控应对闭环工作机制，进一步找准找好区域—城市在大气污染防治中的发力点和落脚点，以契合生态环境管理部门的要求，为大气污染防治工作做出科学研判和正确决策提供数据支持。

一、体系框架

在深入总结分析区域—城市污染特征、形成机制、主要来源和减排潜力的基础上，以"实现细颗粒物和臭氧协同控制"为目标，体系主要由"污染溯源—污染防控—效果评估"三部分组成。污染溯源主要从城市近地面常规监测向区域三维立体尺度的污染诊断监测延伸，开展多来源、多因子、多维度、多手段、多过程的"天空地"一体化大气污染物精细化溯源，摸清城市及周边大气污染物空间分布特征，识别重点管控区域和污染源，为区域和城市大气精细化管理和污染防治提供科学决策和数据支撑；污染防控以污染源排放清单为主，采用现场调查和核算的方式，全面评估各类源（工业源、移动源、扬尘源、餐饮源等）对当地空气质量的影响，精准锁定重点管控对象；效果评估是指利用空气质量数值模型系统，开展减排措施效果评估，根据评估结果提出污染物减排控制的最优组合、最佳方案、合理减排空间。四川省区域—城市"天空地"一体化联防联控体系工作流程如图4.1-1所示。

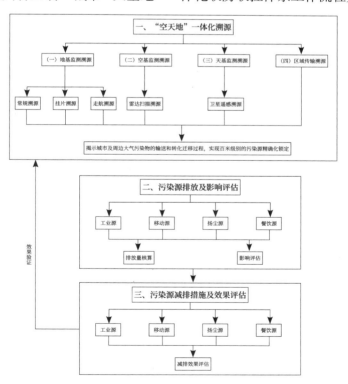

图4.1-1 四川省区域—城市"天空地"一体化联防联控体系工作流程

二、主要建设内容

利用现有空气质量数值传输模拟系统、地基大气监测系统、空基雷达监测系统、天基星载遥感监测系统开展区域—城市"天空地"一体化大气污染物精细化溯源，揭示区域、城市及周边大气污染物的输送和转化迁移等过程，实现百米级别的污染源精确化锁定、从城市近地面常规监测向区域三维立体尺度的污染诊断监测的转变、从污染物浓度监测向污染全过程监控的转变，构建区域—城市"天空地"一体化大气污染物精细化防控体系，形成区域、城市、区（县）三级"污染溯源—污染防控—效果评估"全链条联防防控体系。

1."天空地"一体化大气污染物精细化溯源

（1）地基监测溯源

坚持以城市减排为主体思想，摸清城市，特别是传输通道城市及周边大气污染物空间分布特征，利用空气子站常规监测、精细化挂片监测、走航监测等手段构建以二氧化硫、二氧化氮、颗粒物和挥发性有机物等为主的精细化溯源体系，精确锁定百米级别的污染源，为城市内部污染源排查和精细化管控提供靶向支撑。

①常规监测溯源。

以六项参数为污染因子结合当地气象参数，采用空气质量综合污染指数法、对比分析法、污染玫瑰图分析等手段对城市环境空气质量进行全方位评价分析，通过空气质量变化趋势分析、空间来源分析、污染物时间演变特征，分析污染物小时、日、季节变化趋势，排查异常污染指标和异常时段，摸清污染来源方向；在重污染期间对各污染物小时变化进行分析，掌握污染成因。

②精细化挂片监测溯源。

采用精细化挂片监测技术，通过布设大量监测点位，从城市全域、边界及传输通道、主城区三个方面获得较为精细的污染物空间分布特征及规律，确定公里级别污染物高值排放区域，再对高值排放区域通过加密布点的方式，锁定城市内部百米级别的局地排放源。

③走航监测溯源。

一是通过在城市开展加密走航监测，对相同路线在不同时段进行反复多次走航监测，并根据长期走航监测结果，建立大气污染物时空画像；二是判别城市及周边排放特征强度和传输路径，准确锁定污染源，同时对污染源治理效果持续跟踪，实现对城市污染源精确排查、精准打击。

（2）空基监测溯源

在城市中心城区布设多套颗粒物激光雷达，24小时不间断扫描，实现对监测区域内全面覆盖（单个雷达有效监测半径为3～5千米）。结合气象数据，针对污染物水平分布和污染源进行快速定位，同时对外来和突发污染源，判识来源方向和污染类型。

（3）天基监测溯源

利用卫星遥感的立体视角对秸秆焚烧火点、城市建筑工地扬尘、工业企业异常热源和污染突发事件（森林大火、沙尘输送）进行连续监控，并判别城市污染物高值源区及落区，采用降尺度技术，将空间分辨率提高到数百米级别，精准定位街道尺度的污染高值区或污染源。监控城区之间及周边地区的污染物输送情况，分析污染物外来输送和本地污染的关系。

（4）区域传输溯源

基于地基观测、卫星遥感等基础数据，结合空气质量数值传输模拟，采用多种方法动态预测污染城市与上风向城市或区（县），提升污染过程输送通道的研判准确率和精度［精确到区（县）］，构建支撑业务化应用的污染传输通道预报预警技术。对于每次污染过程，根据空气质量预报系统产出的风场预报信息、污染物浓度时空变化信息，提前确定预报污染过程的传输通道及过境城市与区（县）。采用后向轨迹模型、潜在源贡献和聚类分析方法识别污染物传输通道，根据传输通道特征，将联防联控城市划分为"核心控制区"和"协同控制区"，对区域联防联控提供定量化数据支撑。

（5）综合数据分析

利用现有空气质量数值模型模拟提出影响城市的主要污染输送路径和通道，计算周边区域对本市的贡献值和排序，并结合地基监测系统、空基监测系统、天基监测系统开展的"天空地"一体化大气污染物精细化溯源结果，获得城市及周边各污染物浓度的空间分布特征，识别重点管控区域，确定重点管控方向，为大气精细化的管理和污染防治提供科学决策和数据支撑，为污染源管控提供基础支撑。

2. 污染源排放及影响评估

根据前期"天空地"一体化大气污染物精细化溯源发现的污染特征、前体物排放特征，确定城市"核心控制区"和"协同控制区"，制定差异化的城市减排方案，明确各城市的主要减排污染物、重点减排行业及企业、减排量；对工业源、移动源、扬尘源、餐饮源等污染源的污染物排放量进行摸排和全面核算，基于核算结果有效识别、评估各类源对当地和区域空气质量的影响。为环境管理部门掌握大气污染物的排放特征、加强污染源监管、制定减排策略提供支持。

（1）污染源摸排

①工业源摸排。

排查工业企业基本情况，具体包括原辅材料消耗、产品生产情况，产生污染的设施情况，各类污染物产生、治理、排放和综合利用情况（包括排放口信息、排放方式、排放去向等），各类污染治理设施建设、运行情况等。

②移动源摸排。

对道路和非道路移动机械保有量及使用情况进行分析和整合，建立移动源排放情况数据库，实时动态更新。通过排查，确定道路及非道路移动机械数量、能源种类、能源消耗量等。

③扬尘源摸排。

排查各类施工场地（包括市政建设、公路建设、铁路建设、建筑物建设及拆除等施工场地），建立施工场地清单，调查各场地的抑尘措施制定及执行情况；排查城市道路扬尘污染状况，建立破损道路、积尘积渣道路清单；排查城市堆场，建立城区、城乡结合部各类料堆、灰堆、渣土堆清单，调查城市堆场采取的抑尘措施及措施落实情况。

④餐饮行业摸排。

排查餐饮店的数量、规模、分布以及油烟处理情况等。

（2）污染源排放量核算

①工业源排放量核算。

以现有污染源清单为基础，结合前期污染源摸排情况，针对城市部分重点企业，采用监测数据法和产排污系数法（物料衡算法）核算污染物产生量和排放量。核算方法选取顺序：经管理部门审核通过的上一年度排污许可证执行报告中的年度排放量；排污许可证申请与核发技术规范中有污染物排放量许可限值要求的，污染物产生量和排放量核算方法与排污许可证申请与核发技术规范中相应污染物实际排放量的核算方法保持一致；监测数据符合规范性和使用要求的，采用监测数据法核算污染物产生量和排放量；采用产排污系数法（物料衡算法）核算污染物产生量和排放量。

②移动源排放量核算。

基于城市道路级别的动态高时空分辨率机动车排放清单，辅以城市汽车（包括非道路移动机械）保有量情况、能源消耗情况、排放标准、车辆类型和实际活动水平，摸清其排放状况，基于《道路机动车大气污染物排放清单编制技术指南》核算移动源污染物排放量。

③扬尘源排放量核算。

对扬尘源按土壤扬尘源、道路扬尘源、施工扬尘源和堆场扬尘源四大类进行分类。参照《扬尘源颗粒物排放清单编制技术指南》核算扬尘源污染物排放量。

④餐饮源排放量核算。

对空气子站周边500～1000米范围内餐饮店的数量、规模、分布，以及油烟处理情况和燃料使用、灶台数、油烟净化设施与排放方式进行全面摸排。同时，为了解典型餐饮源污染物排放现状，对部分典型餐饮源开展现场监测。

（3）污染源影响评估

基于前期各类源排放量的核算，定量评估"核心控制区"城市和"协同控制区"城市内各类污染源对当地和区域空气质量的影响，各城市辖区内工业企业按对区域或本城市的贡献，划分不同防控等级。主要划分为一级、二级、三级和四级，进行分类管理，并建立分级分类名录库。

一级污染源（即轻微风险），可以通过加强内部管理，降低对环境的污染损害。

二级污染源（即低风险），除了加强内部管理外，还需加强监管，实施清洁生产。

三级污染源（即中等风险），需要实施严格的监管措施，如统一入园、集中治理等，才能确保环境安全。

四级污染源（即高风险），对环境影响大，必须采取限期治理、关停并转等严格措施。

3. 污染源减排措施效果评估

利用空气质量数值模型系统，开展减排措施后的效果评估。涵盖多个控制情景的模拟，包括基准情景、排放控制情景，各情景与现状情景之间的差值即各情景减排（变化）对空气质量改善（变化）的贡献。动态评估不同污染源减排效果对区域和城市的贡献，根据区域和城市实际情况构建最优化的减排控制措施库。

结合当地的空气质量改善目标，大气污染物减排潜力分析，量化工业源、移动源、扬尘源、餐饮源等的减排措施，构建5个大气污染减排情景方案，主要包括1个基准情景和4个案例情景：基准情景，城市内所有源维持不变，用作基准比较的情景排放方案；设置工业源、移动源、扬尘源、餐饮源等污染源工业排放情景，根据各类污染源的大气污染防治措施，量化各类污染源的减排方案，在模拟时将每类源进行削减，其他设置同基准情景。

效果评估：将案例情景与基准情景的模拟结果进行对比，通过计算差值和贡献率，得到各类污染源的减排影响效果评估。

重点管控清单：基于以上减排贡献评估，最终在细颗粒物和臭氧浓度协同控制基础上，提出区域和城市污染物减排控制的最优减排组合和最优方案，确定最有效的重点管控对象及空间。

三、应用案例

以新都区二氧化硫为例，从新都区二氧化硫污染源分布及排放情况、卫星遥感监测新都域内及边界高值带分布、卫星遥感及监测数据融合分析中心城区高值带分布以及高值带对监测站点的影响程度及存在的污染源等方面，精细化分析影响新都区二氧化硫浓度分布及变化的主要污染来源。

1. 排放及分布

（1）行业排放情况

2022年成都市新都区应急管控清单显示，二氧化硫排放贡献较大的是防水建筑材料制造、陶瓷行业等，占比分别为64.8%、11.8%。防水建筑材料制造行业污染主要来自导热油炉，陶瓷行业污染主要来自喷雾干燥塔、干燥窑（室）、烧成窑等。新都区二氧化硫污染源排放行业统计见表4.1-1，新都区二氧化硫行业排放量占比如图4.1-2所示。

表4.1-1 新都区二氧化硫污染源排放行业统计

污染源	行业	SO$_2$排放量（kg/d）
工业源	防水建筑材料制造	46.38
	陶瓷	8.42
	家具制造	4.25
	人造板制造	3.63
	建筑装饰、装修和其他建筑业	3.27
	石灰窑	1.49
	耐火材料	1.29
	工业涂装	1.24
	纺织业	0.84
	食品制造	0.32
	通用设备制造	0.21
	汽车整车制造业	0.12
	铁路、船舶、航空航天和其他运输设备制造业	0.07
	铸造	0.05
	长流程钢铁（钢压延加工）	0.03
	工地扬尘	—
	汽修	—
	加油站	—
合计		71.61

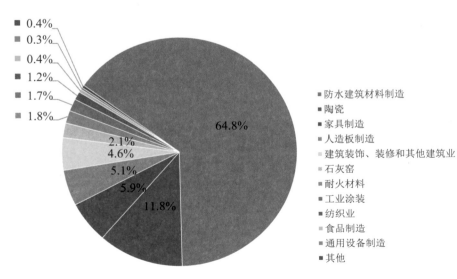

图4.1-2 新都区二氧化硫行业排放量占比

（2）区域分布情况

新都区域内二氧化硫排放量最大的区域是清流镇，占比为65.6%，其次为新都街道，占比为24.0%，其他街道排放量占比均低于10%。新都区二氧化硫排放区域分布见表4.1-2。

表4.1-2　新都区二氧化硫排放区域分布

街道名称	SO₂	
	排放量（kg/d）	占比（%）
新繁街道	2.69	3.8
新都街道	17.19	24.0
石板滩街道	—	—
斑竹园街道	4.25	5.9
大丰街道	—	—
军屯镇	0.47	0.7
清流镇	47.0	65.6
三河街道	—	—
桂湖街道	—	—
合计	71.61	—

（3）排放企业统计

新都区二氧化硫排放前十的企业主要是陶瓷、建筑材料等行业，具体排放企业见表4.1-3。

表4.1-3　新都区二氧化硫排放前十企业

序号	企业名称	SO₂排放量（kg/d）
1	四川省威盾匠心建设有限公司	46.38
2	成都诚至新型材料有限公司	8.39
3	成都怡欣棕编制品有限公司	3.41
4	成都豪广建筑材料有限公司	3.14
5	成都方舟板业有限公司	2.76
6	成都市恒固石膏板厂	1.49
7	成都市东泰祥耐火材料有限公司	1.29
8	四川金雕离合器有限公司	0.71
9	成都益庆家具有限公司	0.54
10	新都区龙桥镇兴友好木制品加工厂	0.51

2. 域内及边界高值带

从新都区和周边区域二氧化硫分布来看，主要受到区域外传输和本地自身污染源的共同影响。

新都区内部二氧化硫高值区域主要位于斑竹园镇、龙桥镇、新繁镇东部、新民镇西南部、马家镇西部，该区域浓度约为24微克/立方米，高于新都区平均浓度3倍。新都区及周边区域二氧化硫高值带分布如图4.1-3所示。

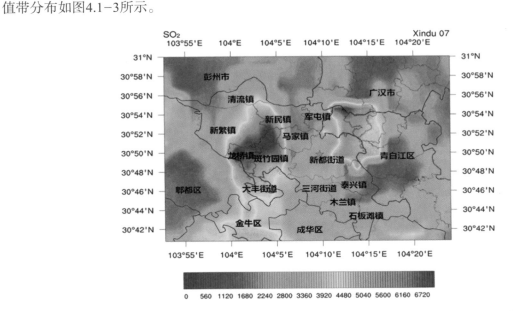

图4.1-3　新都区及周边区域二氧化硫高值带分布

从区域传输来看，从广汉南部沿青白江西部，逐步延伸至新都中心城区，该污染带分布特征呈域外高、域内较低、西高东低、拖尾峰状等特点，并扩散至中心城区。该区域浓度约为20微克/立方米，高于新都区平均浓度3倍。

3. 中心城区高值带

卫星遥感及被动监测数据显示，中心城区及周边区域存在3个明显高值带，如图4.1-4所示。对高值区域进行排序，高值带1>高值带3>高值带2。其中，高值带1距离省控地税局子站最近、高值带范围最大、整体浓度最高，对子站影响最大。

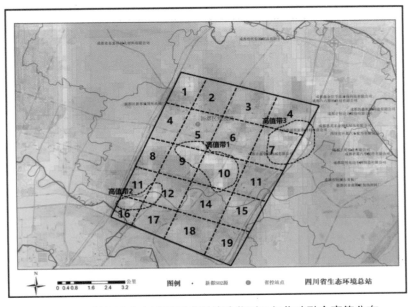

图4.1-4　新都区中心城区遥感及被动监测二氧化硫融合高值分布

具体来看，高值带1距离省控地税局子站约1千米，该区域浓度为19.2微克/立方米，高于地税子站区域平均浓度2.4倍，对子站影响最大。高值带1位于地税站点正南方向的学院路与蓉都大道交界以及蜀龙路中段与工业大道交界一带，范围较广，主要污染来源为燃煤源。

高值带2距离省控地税局子站约3.5千米，该区域浓度为14.4微克/立方米，高于地税子站区域平均浓度1.8倍。高值带2位于传化国际片区，主要污染来源为燃煤源。

高值带3距离省控地税局子站约3.5千米，该区域浓度为17.6微克/立方米，高于地税子站区域平均浓度2.2倍。高值带3位于兴乐北路、新都街道黄河路、新都街道黄河路成都医学院区域，主要污染来源为燃煤源。

4. 小结

新都区二氧化硫排放以工业源为主，工业源中贡献较大的为防水建筑材料制造、陶瓷等行业。从新都区和周边区域二氧化硫分布来看，主要受到区域外传输和本地自身污染源的共同影响。新都区内部二氧化硫高值区域主要位于斑竹园镇、龙桥镇、新繁镇东部、新民镇西南部、马家镇西部。外部传输从广汉南部沿青白江西部，逐步延伸至新都中心城区。高值带1（地税站点正南方向的学院路与蓉都大道交界以及蜀龙路中段与工业大道交界一带）距离省控地税局子站约1千米，该区域浓度为19.2微克/立方米，高于地税子站区域平均浓度2.4倍，对子站影响最大。

第二章　四川省地表水国控断面汛期污染强度动态分析及应用

自"十四五"以来，四川省地表水总体水质虽继续保持良好态势，水质综合指数改善幅度明显，但仍存在受城乡面源污染影响、部分小流域水质波动的问题。为加强四川省汛期污染强度分析，着力突破城乡面源污染防治瓶颈，推动解决旱季"藏污纳垢"、雨季"零存整取"等问题，精准识别平时污染物浓度较低、汛期污染物浓度大幅上升的断面，更好厘清面源污染责任，2022年四川省在98个国控水质自动站监测数据基础上，接入159个气象站、82个水文站的数据，动态分析首要污染因子、浓度高值及雨量等数据，强化汛期污染防治流域多源水环境数据赋能，实现断面汛期污染强度一表清、雨情变化及规律趋势一图明。四川省生态环境监测总站结合污染源分布、土地利用类型、水土流失、汇入支流监测等方法构建入河污染源强数据库，厘清城乡面源污染和汛期违法排污责任主体，定期向省厅报送汛期污染强度前五十断面，完善汛期污染问题"发现—报送—督导—整改"闭环机制。

一、数据来源与计算

1. 汛期污染强度相关概念

汛期污染强度是指断面汛期首要污染物浓度与Ⅲ类水质标准的比值，主要反映监测断面汛期污染程度与水质目标之间的差距。

首要污染物是指断面水质劣于水质目标时，水质类别最差的指标；当同一断面不同指标对应的水质类别相同时，其首要污染物取超过水质目标倍数最大的指标。

2. 数据来源

汛期污染强度计算数据来源于国家地表水站高锰酸盐指数、氨氮、总磷自动监测有效小时数据。

降水信息来源于气象部门，包含气象站点位基础信息和降水量信息。气象站点位信息应与监测断面汇水范围进行匹配，基于区域识别和现场调查，确定断面汇水特征及范围，建立断面与气象站关联清单。在汇水范围内有气象站的断面，关联汇水范围内所有气象站；在汇水范围内无气象站的断面，关联断面考核县级、乡镇行政区内的气象站，或者结合水文、浊度、电导率等辅助指标，以及现场调研、实地走访等，综合判断汇水范围内是否降水。

3. 计算方法

汛期污染强度计算公式为：

$$汛期污染强度 = \frac{某断面首要污染物浓度}{该断面该项指标考核目标对应浓度限值}$$

降水过程匹配：将断面各指标最高浓度值的监测时间与气象站降水信息进行匹配，如果该断面匹配的任一气象站在各指标最高浓度值的监测时间前24小时累计降水量大于等于5毫米，则对该断面进行汛期污染强度计算。对于24小时累计降水量小于5毫米的，可结合水文地貌、土地利用等客观条件判断是否形成地表径流，若形成明显地表径流，则对该断面进行汛期污染强度计算。

不同时段内断面汛期污染强度统计：断面月度、季度和年度等不同时间段内汛期污染为该时段内最大单次汛期污染强度。

考核目标对应标准限值：某断面"十四五"时期水质考核目标对应的水质类别标准限值。

二、结果与讨论

1. 汛期污染强度情况

2022年3—12月，国控水站排名在全国前50名汛期污染强度断面共10个，分别为3月2个（南渡、马边河河口），4月3个（三川、双江桥、二江寺），5月1个（柏枝），6月1个（阿七大桥），8月1个（廖家堰），10月2个（三川、都江堰水文站），其中三川断面重复两月出现。

2. 典型月份分析

（1）2022年4月

2022年4月受汛期影响的断面有31个，汛期污染强度范围为1.02～8.94，在全国排名前50的断面是三川、双江桥、二江寺。首要污染物站点数量由多到少依次为总磷、高锰酸盐指数、氨氮；从影响程度来看，总磷和高锰酸盐指数的影响程度较严重，氨氮的影响程度较低。2022年4月受汛期影响的断面水质类别占比如图4.2-1所示，2022年4月汛期污染强度不同首要污染物站点数量如图4.2-2所示。

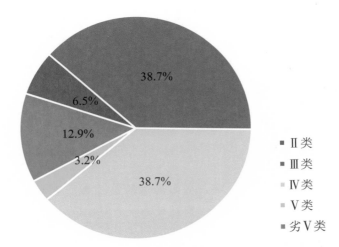

图4.2-1 2022年4月受汛期影响的断面水质类别占比

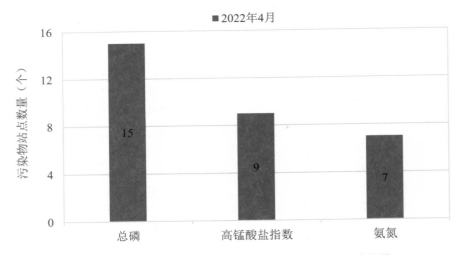

图4.2-2 2022年4月汛期污染强度不同首要污染物站点数量

从市（州）来看，受汛期影响的断面数量依次为德阳6个，广安3个，成都、达州、乐山、凉山州、泸州、内江、眉山、遂宁均为2个，绵阳、南充、雅安、自贡、阿坝州、攀枝花均为1个。2022年4月各市（州）受影响断面占比见表4.2-1。

表4.2-1　2022年4月各市（州）受影响断面占比

序号	市（州）	受降雨影响断面数（个）	参与统计的断面数（个）	受降雨影响断面比例（%）
1	德阳市	6	6	100
2	眉山市	2	3	66.7
3	广安市	3	6	50.0
4	乐山市	2	4	50.0
5	内江市	2	4	50.0
6	凉山州	2	4	50.0
7	遂宁市	2	4	50.0
8	成都市	2	5	40.0
9	攀枝花	1	3	33.3
10	南充市	1	3	33.3
11	雅安市	1	3	33.3
12	达州市	2	7	28.6
13	自贡市	1	4	25.0
14	资阳市	1	4	25.0
15	泸州市	2	10	20.0
16	阿坝州	1	6	16.7

从流域来看，受汛期影响断面分布在嘉陵江水系（10个）、金沙江水系（5个）、岷江水系（8个）、沱江水系（7个），2022年4月不同流域受影响断面占比见表4.2-2。从河流来看，青衣江、雅砻江、琼江受降雨影响断面比例均在50%以上，2022年4月不同河流受影响断面占比见表4.2-3。

表4.2-2　2022年4月不同流域受影响断面占比

序号	流域	受降雨影响断面数（个）	参与统计的断面数（个）	受降雨影响断面比例（%）
1	岷江水系	8	19	42.1
2	金沙江水系	5	12	41.7
3	沱江水系	7	18	38.9
4	嘉陵江水系	10	35	28.6

表4.2-3　2022年4月不同河流受影响断面占比

序号	河流	受降雨影响断面数（个）	参与统计的断面数（个）	受降雨影响断面比例（%）
1	青衣江	3	3	100
2	雅砻江	2	3	66.7
3	琼江	2	3	66.7
4	沱江	7	18	38.9
5	岷江	4	11	36.4
6	安宁河	1	3	33.3
7	赤水河	1	3	33.3
8	涪江	3	10	30.0
9	渠江	3	11	27.3
10	大渡河	1	5	20.0
11	嘉陵江	2	11	18.2
12	长江（金沙江）	1	10	10.0

（2）2022年5月

2022年5月受汛期影响的断面有32个，汛期污染强度范围为1.02～4.45，在全国排名前50的断面是柏枝。首要污染物站点数量由多到少依次为高锰酸盐指数、总磷、氨氮；从影响程度来看，高锰酸盐指数和总磷的影响程度较严重，氨氮的影响程度较低。2022年5月受汛期影响的断面水质类别占比如图4.2-3所示，2022年5月汛期污染强度不同首要污染物站点数量如图4.2-4所示。

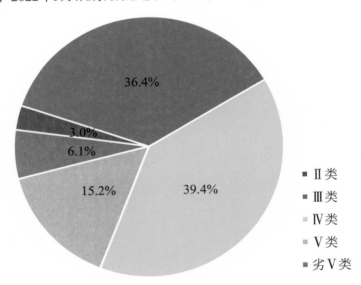

图4.2-3　2022年5月受汛期影响的断面水质类别占比

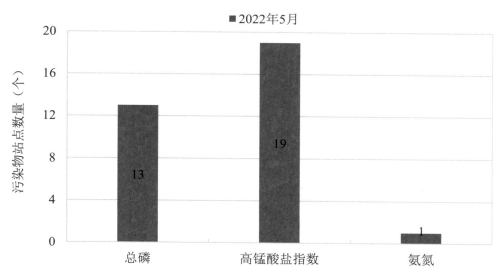

图4.2-4　2022年5月汛期污染强度不同首要污染物站点数量

从市（州）来看，受汛期影响的断面数量依次为阿坝州4个，成都、乐山、内江、自贡均为3个，达州、德阳、眉山、宜宾均为2个，巴中、广安、广元、凉山州、泸州、南充、攀枝花、遂宁均为1个。2022年5月各市（州）受影响断面占比见表4.2-4。

表4.2-4　2022年5月各市（州）受影响断面占比

序号	市（州）	受降雨影响断面数（个）	参与统计的断面数（个）	受降雨影响断面比例（%）
1	自贡市	3	4	75.0
2	乐山市	3	4	75.0
3	内江市	3	4	75.0
4	眉山市	2	3	66.7
5	阿坝州	4	6	66.7
6	成都市	3	5	60.0
7	巴中市	1	2	50.0
8	宜宾市	2	5	40.0
9	攀枝花	1	3	33.3
10	德阳市	2	6	33.3
11	南充市	1	3	33.3
12	达州市	2	7	28.6
13	凉山州	1	4	25.0
14	遂宁市	1	4	25.0
15	广安市	1	6	16.7
16	广元市	1	6	16.7
17	泸州市	1	10	10.0

从流域来看，受汛期影响断面分布在嘉陵江水系（9个）、金沙江水系（4个）、岷江水系（12个）、沱江水系（7个）、黄河干流（四川段）（1个），2022年5月不同流域受影响断面占比见表4.2-5。从河流来看，岷江、青衣江、雅砻江受降雨影响断面比例均在50%以上，2022年5月不同河流受影响断面占比见表4.2-6。

表4.2-5 2022年5月不同流域受影响断面占比

序号	流域	受降雨影响断面数（个）	参与统计的断面数（个）	受降雨影响断面比例（%）
1	黄河干流（四川段）	1	1	100
2	岷江水系	11	19	63.2
3	沱江水系	7	18	38.9
4	金沙江水系	4	11	36.4
5	嘉陵江水系	9	35	25.7

表4.2-6 2022年5月不同河流受影响断面占比

序号	河流	受降雨影响断面数（个）	参与统计的断面数（个）	受降雨影响断面比例（%）
1	黄河	1	1	100
2	岷江	9	11	81.8
3	青衣江	2	3	66.7
4	雅砻江	2	3	66.7
5	沱江	7	18	38.9
6	渠江	4	11	36.4
7	琼江	1	3	33.3
8	嘉陵江	3	11	27.3
9	长江（金沙江）	2	16	12.5
10	涪江	1	10	10.0

（3）2022年8月

2022年8月受汛期影响的断面有23个，汛期污染强度范围为1.02～3.86，在全国排名前50的断面是廖家堰。首要污染物站点数量由多到少依次为高锰酸盐指数、总磷、氨氮；从影响程度来看，高锰酸盐指数和总磷的影响程度较严重，氨氮的影响程度较低。2022年8月受汛期影响的断面水质类别占比如图4.2-5所示，2022年8月汛期污染强度不同首要污染物站点数量如图4.2-6所示。

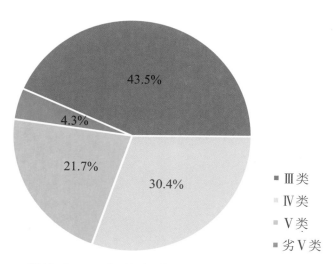

图4.2-5　2022年8月受汛期影响的断面水质类别占比

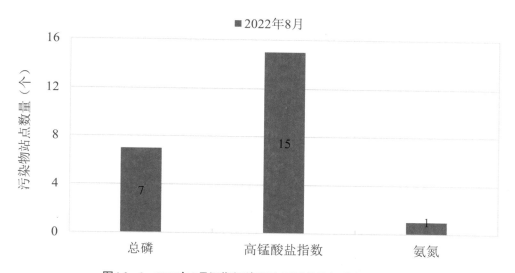

图4.2-6　2022年8月汛期污染强度不同首要污染物站点数量

从市（州）来看，受汛期影响的断面数量依次为达州5个，广元3个，阿坝州、乐山、德阳、成都均为2个，广安、眉山、攀枝花、遂宁、雅安、自贡、凉山州均为1个。2022年8月各市（州）受影响断面占比见表4.2-7。

从流域来看，受汛期影响断面分布在嘉陵江水系（10个）、金沙江水系（3个）、岷江水系（7个）、沱江水系（3个），2022年8月不同流域受影响断面占比见表4.2-8。从河流来看，受降雨影响断面比例均在50%以下，2022年8月不同河流受影响断面占比见表4.2-9。

表4.2-7　2022年8月各市（州）受影响断面占比

序号	市（州）	受降雨影响断面数（个）	参与统计的断面数（个）	受降雨影响断面比例（%）
1	达州市	5	7	71.4
2	广元市	3	6	50.0
3	乐山市	2	4	50.0

序号	市（州）	受降雨影响断面数（个）	参与统计的断面数（个）	受降雨影响断面比例（%）
4	攀枝花市	1	2	50.0
5	雅安市	1	2	50.0
6	阿坝州	2	5	40.0
7	成都市	2	5	40.0
8	德阳市	2	6	33.3
9	凉山州	1	3	33.3
10	眉山市	1	3	33.3
11	自贡市	1	4	25.0
12	遂宁市	1	4	25.0
13	广安市	1	5	20.0

表4.2-8　2022年8月不同流域受影响断面占比

序号	流域	受降雨影响断面数（个）	参与统计的断面数（个）	受降雨影响断面比例（%）
1	岷江水系	7	19	36.8
2	嘉陵江水系	10	35	28.6
3	金沙江水系	3	11	27.3
4	沱江水系	3	18	16.6

表4.2-9　2022年8月不同河流受影响断面占比

序号	河流	受降雨影响断面数（个）	参与统计的断面数（个）	受降雨影响断面比例（%）
1	岷江	5	11	45.5
2	渠江	5	11	45.5
3	嘉陵江	4	11	36.4
4	安宁河	1	3	33.3
5	青衣江	1	3	33.3
6	琼江	1	3	33.3
7	雅砻江	1	3	33.3
8	大渡河	1	5	20.0
9	沱江	3	18	16.7
10	长江（金沙江）	1	16	6.3

三、小结

经遥感解译和土地利用类型识别计算，大多数汛期污染强度排名前列的断面上游汇水范围内主要土地利用类型为城镇用地、农用地，初步判定污染来源为生活源、水土流失以及养殖尾水外排。其中201医院断面位列全国1—3月排名第30位，三川断面位列全国1—6月排名第15位，双江桥断面位列全国1—6月排名第17位，均位于德阳市沱江流域起源支流。因此，四川省水污染防治工作应进一步加强城镇污水综合治理，加快城镇污水管网及处理设施建设，以及现有污水处理设施提标升级扩容改造的进度。加强农村污水收集与治理，稳步消除较大面积农村黑臭水体。加强农业面源污染防治，开展水产养殖尾水专项整治，不断推进水产标准化健康养殖。强化种植业污染防治工作，持续开展化肥、农药减量行动。

第三章 气候变化和污染防治政策对岷江流域水质的影响研究

　　水环境质量在区域和国家层面上受到人类活动和气候变化的影响是显著的。目前，分析气候变化和人类活动的研究是基于过程耦合与数学统计方法开展的，比如结合了气候模型、水文模型、水质模型或生态模型的综合模型、SWAT等。然而，面对水生态环境的复杂性和多样性，基于过程的模型对数据的深度和广度要求较高，对一些偏远河流或缺少基础资料的流域系统操作难度大，并且仅适用于小区域或一条河流。利用数学统计方法，可以直接分析目标变量之间的关系，包括多元回归、趋势分析等，它们对数据的限制较低，利于对大尺度和缺少长期观测资料的流域进行水质分析研究。

　　岷江流域是长江上游地区重要的一级支流，许多学者开展了水资源的时空分布和短期水质变化等相关研究，但对岷江流域的长期水质动态变化研究尚且不够。本研究运用趋势分析方法，系统分析了在气候变化和人类活动的影响下，岷江流域水质的时空变化特征和影响机制，以此为流域水质的长期管理工作提供基础数据、决策依据和科学支撑。

一、数据来源与方法

1. 研究区概况

　　岷江流域位于四川省（东经102.5°～104.7°，北纬28.3°～33.2°），全长约为760千米，流域面积为45000平方千米。岷江流域流经阿坝州、成都、眉山、乐山和宜宾，年平均降水量和年平均气温分别为1036.7毫米和17.8℃。岷江流域地形及水质、气象监测站点分布如图4.3-1所示。

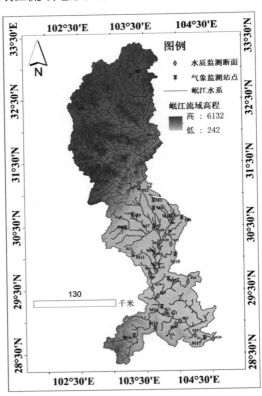

图4.3-1　岷江流域地形及水质、气象监测站点分布

2. 数据来源

选择岷江流域的17个气象站点（上游的M1～M2，中游的M3～M12，下游的M13～M17）和26个水质站点（上游的S1～S4，中游的S5～S17，下游的S18～S26）构成气象与水质数据集。气象数据包括2011—2020年每日的降水量、最高温度、最低温度和平均温度数据，水质参数包括每日的溶解氧、高锰酸盐指数、五日生化需氧量、氨氮、总磷和化学需氧量，废水排放数据和经济发展数据来自岷江流域流经城市（成都、眉山、乐山、宜宾、阿坝州）的统计年鉴，另外收集了生态工程措施的相关数据（包括投资额、生态工程建设规模等）。岷江流域水质站点与气象站点信息见表4.3-1。

表4.3-1　岷江流域水质站点与气象站点信息

水质站点	站点名称	气象站点	站点名称
S1	渭门桥	M1	松潘
S2	映秀	M2	都江堰
S3	都江堰水文站	M3	郫县
S4	水磨	M4	温江
S5	永安大桥	M5	大邑
S6	二江寺	M6	龙泉驿
S7	老南河大桥	M7	新津
S8	岳店子下	M8	邛崃
S9	黄龙溪	M9	眉山
S10	彭山岷江大桥	M10	仁寿
S11	东风桥	M11	丹棱
S12	桥江桥	M12	青神
S13	眉山白糖厂	M13	井研
S14	体泉河口	M14	犍为
S15	思蒙河口	M15	沐川
S16	金牛河口	M16	马边
S17	悦来渡口	M17	宜宾
S18	于佳乡黄龙桥	—	—
S19	马鞍山	—	—
S20	茫溪大桥	—	—
S21	马边河河口	—	—
S22	河口渡口	—	—
S23	月波	—	—
S24	龙溪河河口	—	—
S25	越溪河口	—	—
S26	凉姜沟		

3. 数据分析

数据分析通过R 3.4.0、Microsoft Office Excel 2016、Origin 2021实现，显著性水平为0.05。使用ArcMap 10.8进行空间制图。

（1）Seasonal Mann-Kendall 检验

Seasonal Mann-Kendall检验（SMK）是一种稳健的非参数检验方法，适用于研究季节性变化特征的变量在时间上的变化趋势。根据SMK检验，在原假设H_0中，数据集$(x_1, x_2, x_3, \cdots, x_n)$是$n$个独立分布的随机变量的样本。设$X=(X_1, X_2, \cdots, X_n)^{\top}$和$X_i=(X_{i1}, X_{i2}, \cdots, X_{inp})$，其中，$X$和$X_i$分别为监测样本系列和子样本系列，每个月的统计量定义如下：

$$S_i = \sum_{k=1}^{n_i-1} \sum_{j=k+1}^{n_i} sgn(x_{ij} - x_{ik}) \ (1 \leqslant k < j \leqslant n) \tag{1}$$

式中，$sgn(x)$是符号函数：

$$sgn(x) = \begin{cases} 1, x > 0 \\ 0, x = 0 \\ -1, x < 0 \end{cases} \tag{2}$$

SMK的统计量为$S = \sum_{i=1}^{n} S_i$。在原假设条件下，$E(S)=0$，$Var(S) = \sum_j \sigma_j^2 + \sum_{j,k} j \neq k \sigma_{jk}$。在$i$月，与监测系列相比，其方差可以计算如下：

$$\sigma_j^2 = \frac{n_j(n_j-1)(2n_j+5)}{18} \tag{3}$$

$$\sigma_{jk} = \frac{H_{jk} + 4\sum_{i=1}^{n} R_{ij}R_{ik} - n(n_g+1)(n_h+1)}{3} \tag{4}$$

$$H_{jk} = \sum_{i<m} sgn\left[(x_{mj}-x_{ij})(x_{mk}-x_{ik})\right] \tag{5}$$

标准正态Z（标准化统计量）遵循标准正态分布，计算如下：

$$Z = \begin{cases} \frac{S-1}{\sqrt{Var(S)}}, S > 0 \\ \frac{S+1}{\sqrt{Var(S)}}, S < 0 \\ 0, \qquad S = 0 \end{cases} \tag{6}$$

（2）Sen's slope方法

Sen's slope被认为是比传统趋势估计方法更强的线性趋势估计方法，这种方法可以描述趋势的斜率（作为每年/每月的变化）。为了得到趋势估计值，所有配对数据的计算如下：

$$G_i = \frac{x_j - x_k}{j - k} \tag{7}$$

式中，x_j和x_k分别是时间j和k（$j>k$）的数据。如果时间序列中样本数为n，则$N = \frac{n(n-1)}{2}$可以被概括为G_i的斜率估计值。Sen's slope的估计值是n个G_i值的中位数。将G_i值从小到大排列，则G的计算方法如下：

$$G = \begin{cases} \dfrac{1}{2}\left(G_{\left[\frac{N}{2}\right]} + G_{\left[\frac{N+2}{2}\right]} \right), & N是奇数 \\ G_{\left[\frac{N+1}{2}\right]}, & N是偶数 \end{cases} \tag{8}$$

二、结果与讨论

1. 水质的变化趋势

采用SMK检验和Sen's slope用于分析岷江流域的水质参数趋势和趋势变化强度。平均变化强度（$\triangle Mean$）是具有显著变化趋势站点的Sen's slope值的平均值。总体而言，全流域高锰酸盐指数（$\triangle Mean = -0.16$毫克/升·年$^{-1}$）、五日生化需氧量（$\triangle Mean = -0.23$毫克/升·年$^{-1}$）、氨氮（$\triangle Mean = -0.06$毫克/升·年$^{-1}$）、总磷（$\triangle Mean = -0.02$毫克/升·年$^{-1}$）和化学需氧量（$\triangle Mean = -0.88$毫克/升·年$^{-1}$）呈明显下降趋势（$p < 0.05$）。pH在流域尺度上没有明显的变化趋势。溶解氧呈现明显的上升趋势，$p < 0.05$（$\triangle Mean = +0.11$毫克/升·年$^{-1}$）；65.4%的站点溶解氧呈上升趋势，主要分布在中游和上游；其中64.7%的站点上升强度超过了流域平均值，主要分布在岷江中游。高锰酸盐指数下降的站点61.5%集中在流域北部，五日生化需氧量下降的站点76.9%集中在中游北部和中部，但这两个区域的下降强度数值都低于流域平均值。氨氮下降的站点占76.9%，其中40.0%的站点集中在岷江中游，其下降强度大于流域平均值。总磷呈下降趋势的有21个站点，主要在岷江中游，流域北部的总磷没有明显趋势。化学需氧量下降的站点约占84.6%，其中60.0%的下降幅度小于流域平均值，下降幅度大于流域平均值的站点主要分布在中部地区。岷江流域水质SMK趋势分析数据见表4.3-2，岷江流域水质Sen's slope值见表4.3-3。

表4.3-2　岷江流域水质SMK趋势分析数据

水质站点	pH p值	pH 趋势	DO p值	DO 趋势	COD$_{Mn}$ p值	COD$_{Mn}$ 趋势	BOD$_5$ p值	BOD$_5$ 趋势	NH$_3$-N p值	NH$_3$-N 趋势	TP p值	TP 趋势	COD$_{Cr}$ p值	COD$_{Cr}$ 趋势
S1	0.04	↓	$<10^{-2}$	↑	$<10^{-2}$	↓	$<10^{-2}$	↓	$<10^{-2}$	↓	0.42	—	$<10^{-2}$	↓
S2	0.65	—	0.03	↑	$<10^{-2}$	↓	$<10^{-2}$	↓	0.01	↓	0.23	—	0.13	—
S3	0.01	↓	$<10^{-2}$	↑	0.12	↓	$<10^{-2}$	↓	$<10^{-2}$	↓	$<10^{-2}$	↓	$<10^{-2}$	↓
S4	0.19	—	0.01	↑	$<10^{-2}$	↓	$<10^{-2}$	↓	0.63	—	0.06	—	0.20	↓
S5	0.6	↓	0.84	—	$<10^{-2}$	↓	$<10^{-2}$	↓	$<10^{-2}$	↓	$<10^{-2}$	↓	$<10^{-2}$	↓
S6	0.76	—	0.09	—	0.09	—	$<10^{-2}$	↓	$<10^{-2}$	↓	$<10^{-2}$	↓	$<10^{-2}$	↓
S7	0.02	↓	0.86	—	0.04	↓	$<10^{-2}$	↓	0.03	↓	$<10^{-2}$	↓	$<10^{-2}$	↓
S8	0.48	—	0.04	↑	$<10^{-2}$	↓	$<10^{-2}$	↓	$<10^{-2}$	↓	$<10^{-2}$	↓	$<10^{-2}$	↓
S9	0.37	—	$<10^{-2}$	↑	$<10^{-2}$	↓	$<10^{-2}$	↓	$<10^{-2}$	↓	$<10^{-2}$	↓	$<10^{-2}$	↓
S10	$<10^{-2}$	↓	$<10^{-2}$	↑	$<10^{-2}$	↓	0.29	—	$<10^{-2}$	↓	$<10^{-2}$	↓	0.18	—
S11	$<10^{-2}$	↓	$<10^{-2}$	↑	0.83	—	0.38	—	$<10^{-2}$	↓	$<10^{-2}$	↓	0.25	—
S12	$<10^{-2}$	↑	$<10^{-2}$	↑	$<10^{-2}$	↓	$<10^{-2}$	↓	$<10^{-2}$	↓	0.01	↓	$<10^{-2}$	↓
S13	$<10^{-2}$	↑	$<10^{-2}$	↑	$<10^{-2}$	↓	$<10^{-2}$	↓	$<10^{-2}$	↓	$<10^{-2}$	↓	$<10^{-2}$	↓

水质站点	pH		DO		COD_{Mn}		BOD_5		NH_3-N		TP		COD_{Cr}	
	p值	趋势	p值	趋势	p值	趋势	p值	趋势	p值	趋势	p值	趋势	p值	趋势
S14	$<10^{-2}$	↑	$<10^{-2}$	↑	$<10^{-2}$	↓	$<10^{-2}$	↓	$<10^{-2}$	↓	$<10^{-2}$	↓	$<10^{-2}$	↓
S15	$<10^{-2}$	↑	$<10^{-2}$	↑	$<10^{-2}$	↓	0.04	↓	0.02	↓	$<10^{-2}$	↓	$<10^{-2}$	↓
S16	0.18	—	0.13	—	$<10^{-2}$	↓	0.24	—	0.10	—	0.88	—	0.70	—
S17	0.70	—	$<10^{-2}$	↑	$<10^{-2}$	↓	$<10^{-2}$	↓	$<10^{-2}$	↓	$<10^{-2}$	↓	$<10^{-2}$	↓
S18	0.24	—	0.33	—	$<10^{-2}$	↓	$<10^{-2}$	↓	$<10^{-2}$	↓	0.06	—	$<10^{-2}$	↓
S19	0.03	↑	$<10^{-2}$	↑	0.01	↓	$<10^{-2}$	↓	$<10^{-2}$	↓	$<10^{-2}$	↓	$<10^{-2}$	↓
S20	$<10^{-2}$	↑	0.01	↑	$<10^{-2}$	↓	$<10^{-2}$	↓	$<10^{-2}$	↓	$<10^{-2}$	↓	0.01	↓
S21	0.98	—	0.13	—	$<10^{-2}$	↓	0.03	↓	$<10^{-2}$	↓	$<10^{-2}$	↓	$<10^{-2}$	↓
S22	0.47	—	$<10^{-2}$	↑	0.02	↓	0.08	—	0.14	—	$<10^{-2}$	↓	$<10^{-2}$	↓
S23	0.16	—	0.41	—	$<10^{-2}$	↓	0.02	↓	0.04	↓	$<10^{-2}$	↓	$<10^{-2}$	↓
S24	0.7	—	0.01	↑	0.03	↓	$<10^{-2}$	↓	$<10^{-2}$	↓	$<10^{-2}$	↓	$<10^{-2}$	↓
S25	0.96	—	0.69	—	$<10^{-2}$	↑	$<10^{-2}$	↑	0.88	—	0.39	—	0.12	—
S26	0.60	—	$<10^{-2}$	↓	$<10^{-2}$	↓	0.72	—	0.14	—	$<10^{-2}$	↓	$<10^{-2}$	↓
流域	0.74	—	$<10^{-2}$	↓	$<10^{-2}$	↓	$<10^{-2}$	↓	$<10^{-2}$	↓	$<10^{-2}$	↓	$<10^{-2}$	↓

表4.3-3 岷江流域水质Sen's slope值

水质站点	pH (L·yr^{-1})	DO (mg/L·yr^{-1})	COD_{Mn} (mg/L·yr^{-1})	BOD_5 (mg/L·yr^{-1})	NH_3-N (mg/L·yr^{-1})	TP (mg/L·yr^{-1})	COD_{Cr} (mg/L·yr^{-1})
S1	−0.01	0.10	−0.04	−0.13	−0.02	0.00	−0.61
S2	0.00	0.03	−0.05	−0.09	−0.01	0.00	−0.11
S3	−0.02	0.16	−0.02	−0.10	−0.01	−0.01	−1.00
S4	0.01	0.04	−0.05	−0.05	0.00	0.00	−0.05
S5	−0.01	−0.02	−0.07	−0.20	−0.11	−0.02	−1.28
S6	0.00	0.08	−0.09	−0.27	−0.15	−0.02	−0.67
S7	−0.02	0.01	−0.06	−0.25	−0.03	−0.02	−0.67
S8	0.01	0.11	−0.13	−0.15	−0.02	−0.01	−1.23
S9	0.01	0.21	−0.13	−0.30	−0.34	−0.05	−1.75
S10	0.07	0.36	−0.16	−0.05	−0.11	−0.04	0.13
S11	0.04	0.28	−0.01	−0.05	−0.02	−0.01	−0.20
S12	0.08	0.48	−0.34	−0.20	−0.07	−0.01	−0.71
S13	0.06	0.49	−0.17	−0.20	−0.08	−0.02	−0.44
S14	0.08	0.41	−1.00	−0.60	−0.56	−0.24	−2.43
S15	0.04	0.25	−0.25	−0.06	−0.02	−0.03	−0.31

续表

水质站点	pH（L·yr^{-1}）	DO（mg/L·yr^{-1}）	COD$_{Mn}$（mg/L·yr^{-1}）	BOD$_5$（mg/L·yr^{-1}）	NH$_3$-N（mg/L·yr^{-1}）	TP（mg/L·yr^{-1}）	COD$_{Cr}$（mg/L·yr^{-1}）
S16	−0.02	−0.05	−0.22	−0.05	0.01	0.00	0.01
S17	0.01	0.40	−0.29	−0.10	−0.05	−0.03	−1.25
S18	0.01	−0.06	−0.20	−0.49	−0.10	0.00	−1.25
S19	0.02	0.11	−0.03	−0.05	−0.01	−0.01	−1.00
S20	0.03	0.20	−0.41	−0.20	−0.11	−0.03	−0.38
S21	0.00	0.05	−0.07	−0.03	−0.02	−0.01	−0.83
S22	0.01	0.08	−0.03	−0.02	0.01	−0.01	−0.84
S23	−0.01	0.03	−0.14	0.03	0.01	−0.03	−0.67
S24	−0.03	0.08	−0.09	−0.03	−0.01	0.00	−0.57
S25	0.00	0.00	0.12	0.14	0.01	−0.01	0.08
S26	0.00	−0.05	−0.11	0.00	0.01	−0.01	−0.50
流域	0.00	0.11	−0.16	−0.23	−0.06	−0.02	−0.88

2. 气候变化对水质的影响

岷江流域的气温和降水都表现出明显的季节性和周期性，属于典型的高温季节和降水同步的气候模式。具体来说，岷江流域每年有70.3%～90.1%的降水集中在6—9月，水质参数与降水一样呈周期性变化，水质变化的周期性与汛期是相关的。在非汛期（10月—次年5月），降水的增加可能导致陆地上积累的污染物随径流进入水体，或河道中的扰动沉积物使污染物返回到水体中，导致水质变差。进入汛期（6—9月）后，随着陆上污染输入的减少和河流流量的增加，污染物被稀释，自净能力增强，水质得到改善。2013—2016年，年降水量平均每年减少49.03毫米，2016年后，年降水量明显增加，平均每年增加138.32毫米。随着降水的增加和人类活动的介入，岷江流域的水质有所改善，高锰酸盐指数、五日生化需氧量、氨氮、总磷和化学需氧量每年分别下降7.6%、10.2%、20.5%、19.7%和10.8%，而溶解氧每年上升4.4%。岷江流域降水与水质关系如图4.3-2所示。

近年来在气候变化的影响下，降水中心南移是岷江流域降水模式变化的一个重要特征。强降水主要集中在岷江流域西部和西南部。岷江下游的年平均降水量比上游和中游分别增多198.2毫米和68.8毫米。特别是在2018年降水大幅增加后，这种聚集效应更加明显。南部平原因为受到来自南海的气流影响，会出现大量降水；而北部高原的降水较少，是因为来自印度洋的气流受到横断山脉的阻挡。降水的时空差异可能进一步推动对水质变化的空间异质性的影响。

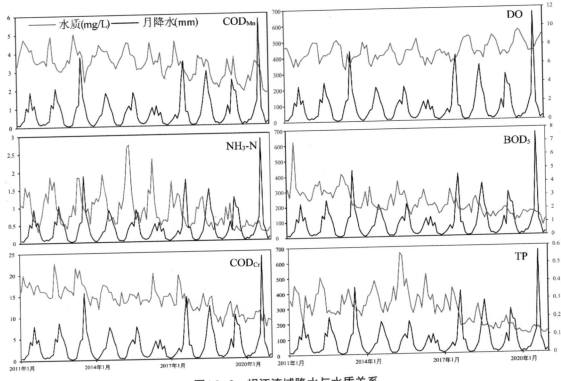

图4.3-2　岷江流域降水与水质关系

3. 污染防治措施对水质的影响

岷江流域化学需氧量和氨氮的排放通量呈现明显的下降趋势（$p<0.05$，$R^2_{adj}>0.8$）。通过线性拟合表明，污染排放的变化与水质之间存在着显著的相关性，污染减排措施对改善水质起到了重要作用。从2011年到2020年，每年减少10吨化学需氧量或1吨氨氮的排放可以使岷江流域的高锰酸盐指数、五日生化需氧量、氨氮、总磷和化学需氧量的浓度分别下降0.37毫克/升、0.55毫克/升、0.18毫克/升、0.049毫克/升和1.86毫克/升。"十三五"期间，岷江流域共投资719.3亿元用于生态工程建设，这些工作包括新建或扩建73座污水处理厂和新建及改造1553.5千米管道，这些措施对控制点源污染非常有效。在非点源污染控制方面，包括河流生态修复区和人工湿地面积等共327.7平方千米，这些生态工程的建设协同点源控制的落实减少了非点源污染，岷江流域水质得到显著提升，并丰富了河流生态系统的多样性。岷江流域废水排放变化及其与水质的关系拟合参数统计见表4.3-4。

表4.3-4　岷江流域废水排放变化及其与水质的关系拟合参数统计

y	x	方程	R^2_{adj}	p值
废水排放年度变化拟合分析				
COD 排放通量	年份	$y=-3.878x+7844.717$	0.883	<0.05
NH₃-N 排放通量		$y=-0.422x+553.760$	0.898	<0.05
水质与废水排放变化拟合分析				
DO	COD排放通量	$y=0.023x+8.087$	0.292	>0.05
COD_{Mn}		$y=-0.038x+2.20$	0.821	<0.05
BOD₅		$y=-0.055x+0.895$	0.786	<0.05

续表

y	x	方程	R^2_{adj}	p值
NH_3-N		$y=-0.019x+0.302$	0.648	<0.05
TP	COD排放通量	$y=-0.005x+0.096$	0.613	<0.05
COD_{Cr}		$y=-0.194x+8.082$	0.743	<0.05
DO		$y=0.217x+8.094$	0.32	>0.05
COD_{Mn}		$y=-0.357x+2.216$	0.841	<0.05
BOD_5		$y=-0.511x+0.917$	0.799	<0.05
NH_3-N	NH_3-N 排放通量	$y=-0.177x+0.307$	0.669	<0.05
TP		$y=-1.831x+8.096$	0.628	<0.05
COD_{Cr}		$y=-0.048x+0.097$	0.777	<0.05

三、小结

2011—2020年岷江流域水质在气候变化和污染防治政策的影响下得到了明显改善，尤其是在"十三五"期间，全流域水质参数的削减强度平均为0.23毫克/升·年$^{-1}$，其中化学需氧量是主要的削减指标。在岷江流域的水质改善过程中，随着降水的增加和污染防治政策的介入，岷江流域表征污染水平的水质参数平均每年下降13.8%，而溶解氧每年增加4.4%。污染防治政策主要是污染减排措施和生态工程建设，每减少10吨化学需氧量或1吨氨氮的排放可以使岷江流域污染物当量有效下降0.60毫克/升。人工湿地、河流生态修复区、对非点源污染的削减等生态工程的建设能够有效地改善岷江流域水质。

第四章 重点城市环境空气中特征挥发性有机物组分变化规律及对策研究

近几年为初步摸清各城市空气中挥发性有机物（VOCs）实时状况，有效防治臭氧污染，部分城市相继开展走航监测工作，尝试利用卫星遥感的甲醛和地面自动站监测数据划定疑似VOCs高值区，并在此基础上筛选特征VOCs组分，对不同行业进行溯源与管控。但由于走航与自动监测设备监测种类及定性定量的局限性，手工监测仍是一种长期和必不可少的重要监测手段。研究四川省重点城市环境空气中特征VOCs组分变化规律及对策，获得的基础数据能进一步加快补齐省内相关监测的短板，对四川省VOCs污染治理、精准防控、政策制定等具有显著意义，也能为打赢蓝天保卫战、开展臭氧与细颗粒物污染防治工作提供有力支撑。

一、研究内容

以成都市、自贡市、德阳市、眉山市为研究对象，结合四川省各市（州）空气质量监测结果、臭氧污染状况和走航监测历史数据，采用预浓缩—气相色谱（GC）—氢火焰离子化（FID）/质谱（MS）检测器联用法研究四大重点城市环境空气中117种VOCs浓度水平，筛选出浓度高、对臭氧污染贡献大的特征VOCs组分并探索其变化规律，提出特征VOCs组分污染防治对策。

二、结果与讨论

1. VOCs组分浓度水平分析

通过对四大重点城市环境空气实际样品开展监测分析，确定了具体VOCs组分浓度水平数据，研究发现丙酮、丙烷、乙烷、二氯甲烷、乙炔、乙烯、正丁烷等物质在四个重点城市中的浓度水平均排名靠前。四大重点城市117种VOCs组分排名前十的浓度水平如图4.4-1所示。

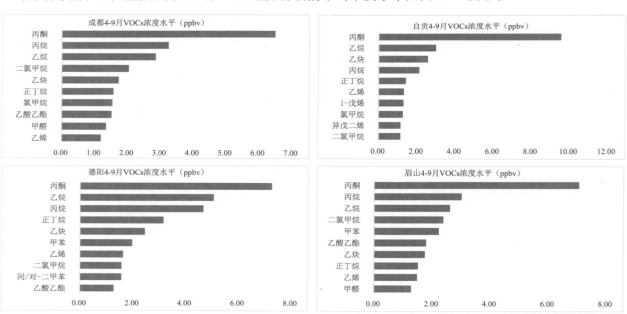

图4.4-1 四大重点城市117种VOCs组分排名前十的浓度水平

2. 特征VOCs组分筛选

结合浓度水平数据及MIR系数，共计算出106种VOCs组分的臭氧生成潜势（OFP），进一步筛选出环境中对臭氧生成贡献大的高浓度、高活性VOCs组分。研究发现，间/对二甲苯、1-戊烯、甲苯、乙烯、邻二甲苯、异戊二烯、丙烯、1-丁烯等物质在四个重点城市中的OFP均排名靠前，对臭氧生成贡献较大，是各重点城市的特征VOCs。四大重点城市117种VOCs中OFP排名前十的污染物如图4.4-2所示。

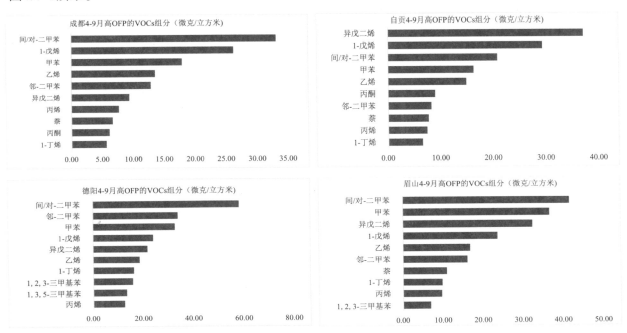

图4.4-2 四大重点城市117种VOCs中OFP排名前十的污染物

3. 特征VOCs组分随时间变化趋势分析

结合当地臭氧污染实时监测数据，对四个重点城市特征VOCs组分浓度水平变化趋势进行绘图分析。研究发现，4—9月，成都市经历的6次臭氧轻度或中度污染过程，有4次与本研究中特征VOCs组分变化趋势高度吻合；自贡市经历的6次臭氧轻度污染过程，有4次与本研究中特征VOCs组分变化趋势高度吻合；德阳市经历的7次臭氧轻度污染过程，有3次与本研究中特征VOCs组分变化趋势较为吻合；眉山市经历的5次臭氧轻度污染过程，有2次与本研究中特征VOCs组分变化趋势较为吻合。由此可见，特征VOCs组分浓度水平与各重点城市臭氧浓度水平密切相关。四大重点城市特征VOCs组分浓度变化趋势如图4.4-3所示。

三、小结

通过特征VOCs组分对四大重点城市易产生此种污染物的重点行业进行匹配，研究发现，在4—9月臭氧污染频发阶段，四大重点城市特征VOCs组分多涉及印刷和包装、橡胶和塑料制品、汽修喷涂、加油站、电气机械及器材制造、家具制造等行业，建议对特征VOCs组分涉及的6大重点行业开展区域内综合整治，严格控制臭氧污染频发阶段VOCs的肆意排放，在此基础上，进一步梳理与排查6大重点行业涉及企业的区域分布，及时制定区域内VOCs污染防治措施。同时，各城市需因城施策，加大对石油炼制、医药制造、汽车制造、电子产品制造、涂料、油墨、胶黏剂及类似产品制造等行业的管控力度，密切关注这些行业的VOCs排放状况，从而实现VOCs高效治理及科学管控。

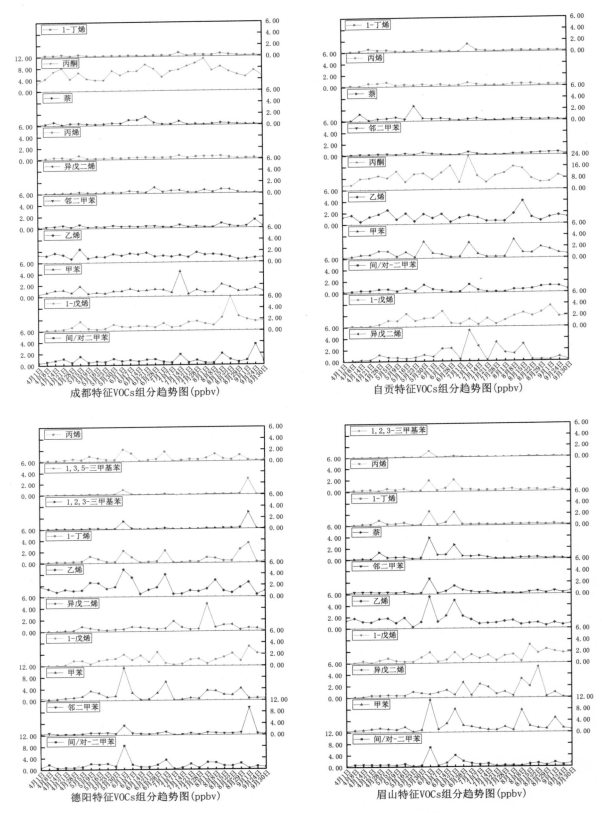

成都特征VOCs组分趋势图(ppbv)

自贡特征VOCs组分趋势图(ppbv)

德阳特征VOCs组分趋势图(ppbv)

眉山特征VOCs组分趋势图(ppbv)

图4.4-3　四大重点城市特征VOCs组分浓度变化趋势

第五章 快速执法筛查监测在大气污染防治工作中的应用

执法监测是生态环境管理部门对排污单位依法开展的监督性监测工作，是通过管控污染源排放促进环境质量改善的重要基础性工作，是生态环境监测和执法的重要组成部分。

根据近年来环境空气质量分析，四川省呈现冬春季（10月至次年3月）以细颗粒物污染为主，夏秋季（4月至9月）以臭氧污染为主的规律性特点。针对不同季节、不同时段、不同污染源，坚持分类施策，标本兼治，四川省开展了多项环保执法专项活动，如企业建筑工地专项执法、工业园区VOCs专项执法、机动车尾气专项检查、城市油烟管控、企业自动监测设备比对等，为守护大气环境质量提供了重要保障。

一、应用背景

执法监测的数据涉及司法公正性，故需要对执法监测全过程严格把控，包括监测方法标准的准确选择、监测仪器的计量溯源要求、监测人员持证上岗、采样的规范操作、全过程的摄像取证等，需要投入较多的人力、物力及时间成本，造成部分地方执法监测实际开展过程中存在监测力量不足、执法监测企业覆盖面小、工作效率不高等局限性。部分地方将执法监测外委第三方监测机构开展，这些机构监测能力参差不齐，时常出现监测工作不规范等问题，导致在行政复议或行政诉讼时生态环境部门败诉的情况。针对执法监测工作所遇到的局限性，四川省积极探索以现场快检设备为主的快速筛查监测技术，对存疑污染源企业针对性地开展精准执法监测并及时提出整改要求，进一步提升污染源企业排查监测覆盖面和监督性监测工作效率。

二、技术路线

首先利用卫星遥感的立体视角对所关注区域进行连续监控，初步筛查城市污染物浓度高值区域。然后采用走航监测车对高值区域开展加密走航监测，通过相同路线、不同时段进行反复多次走航监测，并根据走航监测结果，建立大气污染物时空画像，判别城市及周边排放特征强度和传输路径，得到污染源的大致区域。最后由监测技术人员携带便携式快速筛查监测设备深入企业内部，对企业有组织及无组织排放进行监测，根据监测数据判断企业可能存在的环境问题，及时督促企业进行整改并反馈给属地环境管理部门采取进一步的管控措施。快速筛查监测技术路线如图4.5-1所示。

三、应用案例

以2022年3—4月期间成都龙泉驿区VOCs大气污染防治为例，全流程梳理PID快速筛查监测技术的应用情况。

本次执法监测工作以卫星遥感监测锁定龙泉驿区域内及边界高值带分布为依据，在龙泉驿工业园片区和贾家工业园片区进行走航监测。排查组携带便携式PID检测仪对重点企业的厂界、厂方门窗处以及涉VOCs排放的排气筒进行监测，同时对企业涉及VOCs排放的生产工艺、在线设备的运行情况、处理设施的安装运行情况等进行统计，最终完成对企业VOCs排放的全面摸排执法监测工作。

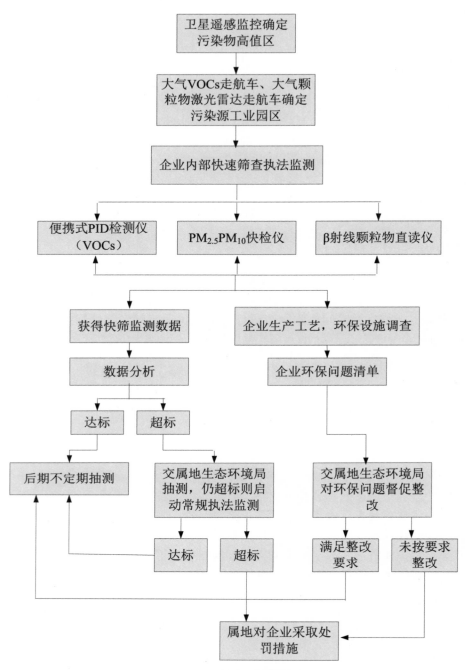

图4.5-1 快速筛查监测技术路线

1. 高值区位置确定

2022年3月，通过卫星遥感分析，在龙泉驿区发现两个高值区：一是龙泉工业园区所在地，主要为本地工业源污染；二是龙泉驿区沿龙泉山东面与简阳交界区域，主要为简阳贾家工业园区产生的污染物向北传输污染。2022年3月龙泉驿区VOCs遥感高值区域分布如图4.5-2所示，2022年3月龙泉驿区VOCs高值区污染物扩散情况如图4.5-3所示。

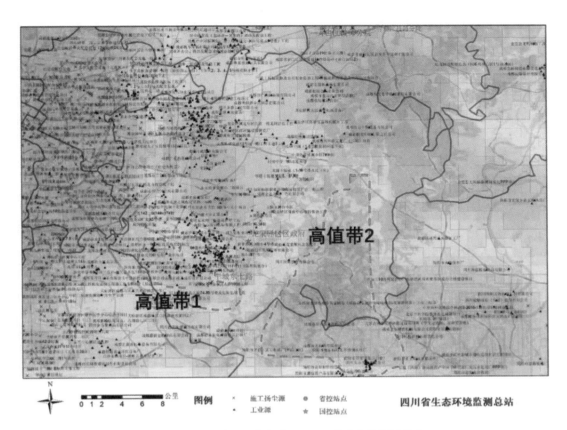

图4.5-2　2022年3月龙泉驿区VOCs遥感高值区域分布

图4.5-3　2022年3月龙泉驿区VOCs高值区污染物扩散情况

2. 高值区走航排查

2022年4月9—11日，走航车分别对龙泉驿工业园片区和贾家工业园片区进行了VOCs走航监测，包括龙泉驿工业园片区、贾家工业园片区共计120余家企业，面积覆盖龙泉山东面及西面约110平方千米。龙泉工业园区VOCs高值区走航结果如图4.5-4所示，贾家工业园区VOCs高值区走航结果如图4.5-5所示。

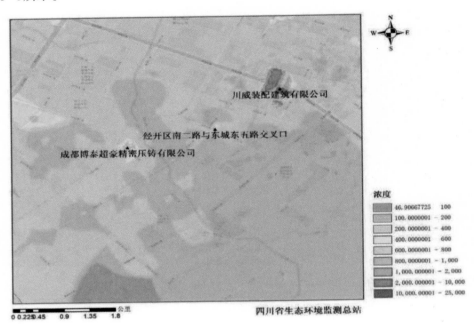

图4.5-4 龙泉工业园区VOCs高值区走航结果

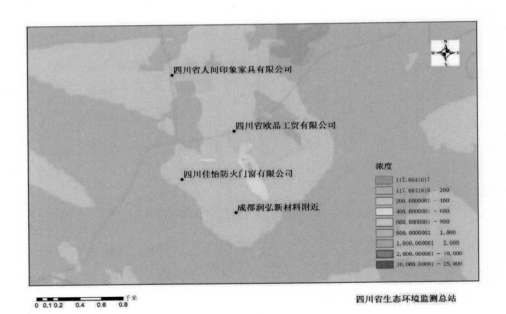

图4.5-5 贾家工业园区VOCs高值区走航结果

3. 快速筛查监测

在获得龙泉工业园区和贾家工业园区的高值区域结果后，现场排查组携带便携式PID检测仪对区域内重点企业进行排查监测。

（1）排查监测结果统计

对龙泉工业园区和贾家工业园区的企业进行排查监测，PID快速筛查仪器监测数据统计见表4.5-1。

表4.5-1 PID快速筛查仪器监测数据统计

企业名称	监测结果（μg/m³）			
	厂界无组织高值	厂内门窗处高值	生产工艺处	有组织废气
XX家具有限公司	458	—	—	—
XX装配建筑有限公司	23954	36746	47856	—
XX贸易有限公司	1273	2756	4222	—
XX新材料有限公司	358	—	—	—
XX家居	241			—
XX金属制品公司	756			—
XX家具有限公司	2587	6818	162400	—
XX家居有限公司	1641	16200	29320	28754
XX防火门窗有限公司	480	2600	3540	26540
XX家居有限公司	1901	3412	30350	
XX自动化设备有限公司	254	—		—
XX科技有限责任公司	3487	15233	35478	
XX金属制品有限公司	487			—
XX灯具电气设备厂	412			
XX树脂化工有限公司	915	1987	—	75634
XX装备有限公司	124			—
XX包装印务有限公司	1548	2478	3689	47845
XX塑料制品厂	89	—	—	—
XX涂料有限公司	354	—	—	—
XX汽车有限公司成都分公司	214	—	—	—
XX树脂化工有限公司	120	—	—	—
XX汽车外饰有限公司	184	—	—	—

（2）原因分析

①主体责任落实不到位。

除部分关停的企业外，厂界VOCs浓度较低的企业基本上都执行了成都市黄色预警期间"一厂一策"管控措施的要求，未进行生产；厂界VOCs浓度较高甚至超标的企业基本都存在未完全落实黄色预警强制性减排措施以及"一厂一策"管控措施要求的情况。主要超标原因：露天进行刷漆喷漆作业，喷涂作业时无废气收集措施；部分应停产生产线仍在生产或喷涂作业，废气收集处理设施未正常运行；活性炭未及时更换；等等。

②政府监管责任落实不到位。

黄色预警期间，有关部门未严格监管预警管控措施的落实情况，未完全核实企业停产限产情况，未对生产活动以外的产污作业进行详细排查。部分企业生产线仍在运行，或虽已停产，但仍在厂内进行路面刷漆、厂房装修作业，导致高浓度挥发性有机物排放。

（3）问题反馈及复测

对快速筛查中发现的VOCs浓度相对较高的企业开展了现场执法监测，对所发现的环境问题进行现场处理，根据问题具体情况或移交地方生态环境局，或要求立行立改。整改完成后地方生态环境局组织监测机构对上述企业进行VOCs浓度复测并纳入重点监管对象，后期加大监督巡查力度。

2022年5月，四川省生态环境厅办公室印发了《关于开展重点城市涉VOCs排放企业排查监测工作的通知》，对四川省一万多家企业进行了抽测，问题企业再次被纳入抽测范围。

四、小结

快筛监测方法扩大了企业的筛查数量，依托筛查数据发现并提供了切实可行的整改措施，及时联合执法部门督促企业整改，在整改后及时对企业进行复测，体现了柔性执法，确保了企业整改效果。走航观测可以对区域内VOCs、颗粒物进行高空间分辨率的监测分析，获取区域浓度分布，发现问题区域、问题企业，便携式监测设备则能深入问题企业内部，查找企业具体工段、具体排污设施的污染物浓度，充分发挥大型遥感、走航式监测设备和小型便携式监测设备各自的优势，将两类设备在污染源执法排查监测中结合使用，发挥其最大的能效作用。实践证明这种执法监测的方法是可以推广的。

除此之外，还需重点关注以下几个方面：

一是适度前瞻规范新技术在大气污染源监测中的应用条件和范畴，对走航、现场快速监测技术设备、现场监测全过程质控智能化等的应用明确使用要求。

二是提升现场监测质量控制信息化、物联化水平，支撑执法监测活动。

三是推动便携式监测方法标准化工作的完善机制，定期评估修订污染源监测技术规范，推动监测技术迭代优化。

第六章 社会经济发展与生态环境质量的关联性分析

社会经济发展与生态环境状况之间的相互关系是受诸多因素影响的复杂的非线性关系，各因素相互影响，各要素相互制衡。当人均收入达到一定水平、社会经济高速发展时，生态环境也会向良好方向发展。生态环境是社会经济发展的基础，很大程度上影响着社会经济的发展；社会经济对生态环境具有能动作用，促进或阻碍着生态环境的改善。

随着四川省经济的快速发展，生态环境问题受到各界关注。通过整理"十三五"以来四川省各年环境空气质量、地表水水质及声环境质量等数据，结合四川省社会经济统计指标数值，分析其相关性，从而找到社会经济发展与生态环境质量变化之间的内在关系。

一、灰色关联性分析方法

1. 基本原理

灰色关联性分析理论及方法是对于两个系统之间的因素，其随时间或不同对象而变化的关联性大小的量度，称为关联度。灰色关联性分析方法是灰色分离理论中发展起来的一种新的分析方法。

通过确定参考序列与比较序列曲线几何形状的相似程度来判断其联系是否紧密，曲线越接近，相应序列之间的关联度越大，反之越小。关联度主要通过测度两个系统间的因素随不同对象变化的关联程度得到。若两个因素随不同对象同向变化，则表示这两个因素的关联度较高；若两个因素随不同对象相向变化，则表示这两个因素的关联度较低。灰色关联性分析方法的突出优点是贫数据处理，即对样本量的多少和样本数据有无规律等没有严格要求。

2. 计算公式

序列号标记为k（$k=1$，2，$\cdots$，6），分别代表年份。将"十三五"以来四川省生态环境质量数据标记为固定的参考序列X_0，将四川省常住人口数量、城镇化率、生产总值、能源消耗、产业布局、机动车保有量（车辆类型等）、运输公路总长度、工业企业数量以及房屋建筑施工面积等作为影响系统行为的比较序列X_i。

参考序列和相关因子的比较序列表示如下：
$$X_0=\{X_0(k)/k=1，2，\cdots，6\};$$
$$X_i(k)=\{X_i(k)/k=1，2，\cdots，6；i=1，2，\cdots，8\}$$

下面计算关联系数和关联度。

差序列：
$$\Delta_{0i}(k)=\left|X_0'(k)-X_i'(k)\right|$$

最大值：
$$x_{\max}=\max_i\max_i\left|X_0'(k)-X_i'(k)\right|$$

最小值：
$$x_{\min}=\min_i\min_k\left|X_0'(k)-X_i'(k)\right|$$

关联系数：
$$\xi_i(k)=\frac{\min_i\min_k|x_0(k)-x_i(k)|+\rho\min_i\min_k|x_0(k)-x_i(k)|}{|x_0(k)-x_i(k)|+\rho\max_i\max_k|x_0(k)-x_i(k)|}$$

式中，ρ为分辨系数，一般取$\rho=0.5$。

3. 分析与评价表征

按照参考序列和比较序列的要求,整理出"十三五"以来四川省环境空气和地表水的主要污染因子,区域、道路交通声环境质量监测数据,与其相关的社会经济发展影响因素,将参考序列和比较序列进行初值化无量纲化处理;通过计算比较序列和参考序列之差的绝对值得到差序列,并从绝对差值矩阵中找出系统最大差和最小差;利用上述公式计算各比较序列的关联系数,再分别计算各序列对应元素关联系数的平均值,即关联度;将计算得到的关联度按大小排序,通过比较各因素灰色关联度的大小来判断各指标对数据的影响。灰色关联系数分级见表4.6-1。

表4.6-1 灰色关联系数分级

关联系数阈值	关联度	颜色表征
0<r<0.35	弱	
0.35<r<0.65	中	
0.65<r<0.85	较强	
0.85<r<1	强	

二、数据来源

1. 经济指标数据

四川省常住人口数量、第一产业生产总值、第二产业生产总值、第三产业生产总值、能源消耗总量、城镇化率、生产总值、机动车保有量(车辆类型等)、运输公路总长度、工业企业数量、房屋建筑施工面积等相关数据来源于四川省统计年鉴、四川省国民经济和社会发展的统计公报。

2. 污染指标数据

四川省环境空气、地表水污染因子年均浓度,城市昼间区域及道路交通各年度平均等效声级数据来源于对四川省生态环境监测网络监测数据的统计。

三、关联性分析结果与评价

1. 环境空气质量与社会经济发展关联性分析

(1)指标选择

将常住人口数量、第一产业生产总值、第二产业生产总值、第三产业生产总值、能源消耗总量、机动车保有量、房屋建筑施工面积和工业企业数量作为影响因子序列,与环境空气优良天数、污染指标(二氧化氮、臭氧、细颗粒物和可吸入颗粒物)分别进行关联度分析。

(2)空气优良天数关联性分析

分析结果表明:能源消耗总量、工业企业数量、第二产业生产总值和常住人口数量均与空气优良天数呈现很强的正相关;房屋建筑施工面积、第一产业生产总值与空气优良天数呈现较强的正相关。空气优良天数与社会经济因子关联度排名结果见表4.6-2,空气优良天数与社会经济因子关联强度如图4.6-1所示。

表4.6-2 空气优良天数与社会经济因子关联度排名结果

指标	灰色关联度	排名	指标	灰色关联度	排名
能源消耗总量	0.964	1	房屋建筑施工面积	0.815	5
工业企业数量	0.949	2	第一产业生产总值	0.799	6
第二产业生产总值	0.929	3	机动车保有量	0.594	7
常住人口数量	0.925	4	第三产业生产总值	0.574	8

图4.6-1 空气优良天数与社会经济因子关联强度

（3）主要污染指标关联性分析

分析结果表明：能源消耗总量、常住人口数量与二氧化氮、臭氧、细颗粒物和可吸入颗粒物均呈现强或较强的正相关；房屋建筑施工面积和工业企业数量与污染指标关联性较强；第一产业生产总值和第二产业生产总值与环境空气中污染指标浓度关联性普遍强于第三产业生产总值，机动车保有量与其关联性一般。环境空气主要污染指标与社会经济因子关联度排名结果见表4.6-3，环境空气主要污染指标与社会经济因子关联强度如图4.6-2所示。

表4.6-3 环境空气主要污染指标与社会经济因子关联度排名结果

二氧化氮			臭氧		
指标	灰色关联度	排名	指标	灰色关联度	排名
常住人口数量	0.739	1	能源消耗总量	0.924	1
工业企业数量	0.719	2	工业企业数量	0.915	2
能源消耗总量	0.713	3	第二产业生产总值	0.906	3
第二产业生产总值	0.712	4	常住人口数量	0.891	5
房屋建筑施工面积	0.657	5	房屋建筑施工面积	0.851	4
第一产业生产总值	0.654	6	第一产业生产总值	0.814	6
机动车保有量	0.559	7	机动车保有量	0.613	7
第三产业生产总值	0.547	8	第三产业生产总值	0.593	8
细颗粒物			可吸入颗粒物		
指标	灰色关联度	排名	指标	灰色关联度	排名
常住人口数量	0.765	1	常住人口数量	0.807	1
工业企业数量	0.735	2	工业企业数量	0.777	2
第二产业生产总值	0.729	3	第二产业生产总值	0.768	3
能源消耗总量	0.727	4	能源消耗总量	0.769	5

续表

房屋建筑施工面积	0.661	5		房屋建筑施工面积	0.693	4
第一产业生产总值	0.648	6		第一产业生产总值	0.687	6
机动车保有量	0.545	7		机动车保有量	0.569	7
第三产业生产总值	0.528	8		第三产业生产总值	0.554	8

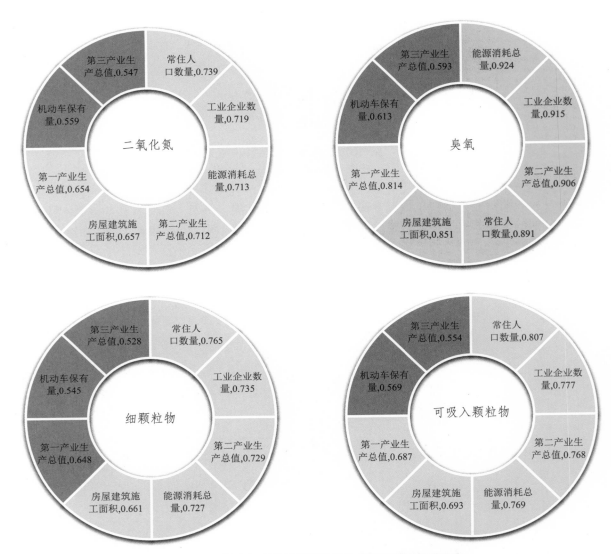

图4.6-2 环境空气主要污染指标与社会经济因子关联强度

（4）小结

空气质量关联程度普遍较高的因素主要集中于常住人口数量、工业企业数量、第一产业生产总值和第二产业生产总值。因此，四川省应高度关注人口变化对环境空气质量的影响，探索建立有效的人口评估机制，在重点开发区域内进一步完善城市公共服务和基础设施，提高城市人口承载能力。加强对各类新建、原有工业企业的排污许可管理和主要污染物排放总量统筹管理。严防农业废弃物污染，如露天秸秆的焚烧等，减少第一产业对空气质量的影响。各城市在调整产业结构布局的同时，应加快传统工业技术改造，适度加大第三产业比重，并针对不同主体功能区设置严格的污染物排放和总量控制标准，根据重点开发区域环境容量、农产品主产区保护和恢复地力、重点生态功能区恢复生态功能和保育及禁止开发区域强制保护原则设置严格的产业准入环境标准，对已落地产业进行综合整治、分类指导、分类处置；对于显著影响各城市空气质量的污染物，进一步加强污染物排放管理，实现清洁绿色生产和发展。

2. 地表水环境质量与社会经济发展关联性分析

（1）指标选择

将常住人口数量、城镇化率、第一产业生产总值、第二产业生产总值、第三产业生产总值、能源消耗总量、污水处理能力作为影响因子序列，与地表水环境质量污染因子（高锰酸盐指数、化学需氧量、氨氮、总磷）进行关联分析。

（2）主要污染指标关联性分析

分析结果表明：常住人口数量、城镇化率、污水处理能力与高锰酸盐指数、化学需氧量、氨氮、总磷均呈现强或较强的正相关；能源消耗总量与高锰酸盐指数和化学需氧量呈现较强的正相关；第二产业生产总值与污染指标的关联性高于第一产业生产总值和第三产业产生总值。地表水主要污染指标与社会经济因子关联度排名结果见表4.6-4，地表水主要污染指标与社会经济因子关联强度如图4.6-3所示。

表4.6-4　地表水主要污染指标与社会经济因子关联度排名结果

高锰酸盐指数			化学需氧量		
指标	灰色关联度	排名	指标	灰色关联度	排名
常住人口数量	0.930	1	常住人口数量	0.912	1
第二产业生产总值	0.734	2	能源消耗总量	0.712	2
能源消耗总量	0.724	3	城镇化率	0.694	3
城镇化率	0.720	4	污水处理能力	0.688	4
污水处理能力	0.711	5	第二产业生产总值	0.579	5
第三产业生产总值	0.657	6	第一产业生产总值	0.552	6
第一产业生产总值	0.639	7	第三产业生产总值	0.528	7
氨氮			总磷		
指标	灰色关联度	排名	指标	灰色关联度	排名
常住人口数量	0.799	1	常住人口数量	0.791	1
污水处理能力	0.627	2	污水处理能力	0.670	2
城镇化率	0.610	3	能源消耗总量	0.643	3
能源消耗总量	0.595	4	城镇化率	0.642	4
第二产业生产总值	0.575	5	第二产业生产总值	0.605	5
第三产业生产总值	0.540	6	第一产业生产总值	0.584	6
第一产业生产总值	0.525	7	第三产业生产总值	0.578	7

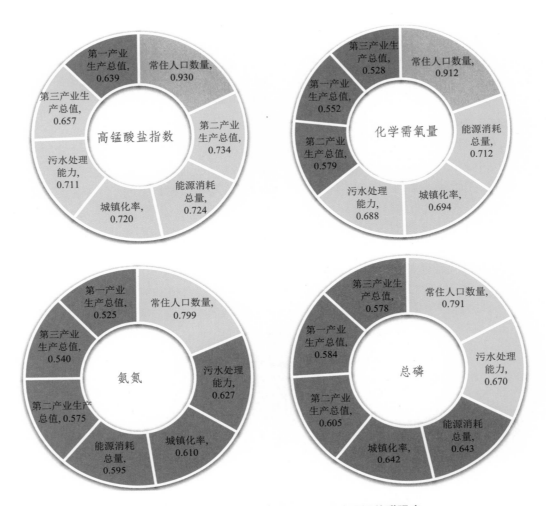

图4.6-3 地表水主要污染指标与社会经济因子关联强度

（3）小结

地表水环境质量关联程度普遍较高的因素主要集中在常住人口数量、能源消耗总量、城镇化率、污水处理能力、第一产业生产总值和第二产业生产总值。因此，应针对短板弱项，实施节水行动计划，从推进农业节水增效、实施城镇节水降损、强化工业节水减排、提升非常规水源利用等方面，提高水资源集约节约利用水平。实施重点流域的水环境治理，开展重点行业的提标升级改造，强化重点领域的污染管控，持续推动工业企业入园，提高工业园区污水收集率。加强环保基础设施建设，适度超前布局一批设施项目，控制污染物排放。加强农村污水收集与治理，以不能稳定达标的小流域为重点，加快区域农村生活污水收集与治理。

3.声环境质量与社会经济发展关联性分析

（1）指标选择

将常住人口数量、城镇化率、生产总值、机动车保有量、房屋建筑施工面积和工业企业数量作为影响因子序列，与区域声环境质量和道路交通声环境质量分别进行关联度分析。

（2）区域声环境质量关联性分析

区域声环境质量声源构成主要包括社会生活源、道路交通源、建筑施工源和工业源，将社会经济等因子序列与区域声环境质量序列进行分析可看出：常住人口数量和工业企业数量与区域声环境质量呈现很强的正相关；城镇化率和房屋建筑施工面积与区域声环境质量呈现较强的正相关。区域声环境质量与社会经济因子关联度排名结果见表4.6-5，声环境质量与社会经济因子关联强度如图4.6-4所示。

表4.6-5　区域声环境质量与社会经济因子关联度排名结果

指标	灰色关联度	排名	指标	灰色关联度	排名
常住人口数量	0.969	1	房屋建筑施工面积	0.722	4
工业企业数量	0.891	2	生产总值	0.609	5
城镇化率	0.832	3	机动车保有量	0.530	6

（3）道路交通声环境质量关联性分析

将运输公路长度、不同类型车辆数量作为影响因子序列，与道路交通声环境质量序列进行分析可看出：运输公路长度、载货汽车以及改装车、摩托或其他机动车与道路交通声环境质量呈现较强的正相关。道路交通声环境质量与社会经济因子关联度排名结果见表4.6-6，声环境质量与社会经济因子关联强度如图4.6-4所示。

表4.6-6　道路交通声环境质量与社会经济因子关联度排名结果

指标	灰色关联度	排名	指标	灰色关联度	排名
改装车、摩托或其他机动车	0.842	1	交通部门营运汽车	0.596	4
载货汽车	0.708	2	私人汽车	0.545	5
运输公路长度	0.702	3	载客车	0.535	6

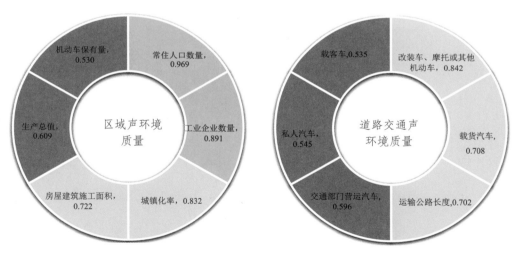

图4.6-4　声环境质量与社会经济因子关联强度

（4）小结

区域、道路交通声环境质量关联较高的因素主要是常住人口数量、工业企业数量和运输公路长度。在人口增长、城镇化率增加的形势下，各类工业企业噪声采取合理布局、降噪、减振等产噪设备源头防控，房屋建筑施工采取施工场地隔音墙、环保振动机器等措施能够有效控制噪声影响。在发展公路运输的同时，采用多孔结构的低噪路面、货车箱体减噪、控制改装车轰鸣炸街等措施，对提升道路交通声环境质量非常有效。

第五篇　总结

2022

第一章 生态环境质量状况主要结论

一、2022年四川省城市环境空气质量持续改善，是历年来细颗粒物浓度最低、重污染天数最少、达标城市最多的一年

四川省六项监测指标年均浓度均达到国家二级标准，细颗粒物、二氧化氮、可吸入颗粒物、一氧化碳年均浓度同比分别下降3.1、4.2、2.0、9.1个百分点。重度及以上污染天数7天，同比减少8天。细颗粒物和重污染天数实现"双下降"。细颗粒物达标城市达到15个，同比增加3个；空气质量达标城市达到14个，同比增加1个。总体优良天数率为89.3%，同比仅下降0.2个百分点。污染物季节分布特征主要为冬季细颗粒物、夏季臭氧污染；川南经济区污染浓度较高，川西北生态示范区和攀西经济区空气质量较好。

二、2022年四川省城市酸雨污染状况总体保持稳定

四川省城市降水pH年均值为6.27，同比上升0.18；酸雨频率为2.6%，同比下降1.9个百分点；酸雨城市比例为4.8%，同比下降4.7个百分点。巴中市属中酸雨城市，其余市（州）城市均为非酸雨城市。硫酸根和硝酸根的当量浓度比为1.6，硫酸盐仍为降水中的主要致酸物质。

三、2022年四川省地表水水质总体为优，水质优良率达99.4%，创近20年来最好水平，岷江和沱江水生态环境质量整体为良好状态

四川省Ⅰ、Ⅱ类，Ⅲ类，Ⅳ类水质断面占比分别为72.3%、27.1%、0.6%，无Ⅴ类、劣Ⅴ类水质断面，水质总体为优。十三条重点流域水质均为优，雅砻江、安宁河、赤水河、岷江、大渡河、青衣江、沱江、嘉陵江、渠江、琼江、黄河流域水质优良率为100%；长江（金沙江）流域优良率为98.1%；涪江流域优良率为96.6%。出川断面Ⅰ～Ⅲ类水质占比为93.7%，同比上升6.2个百分点；14个重点湖库水质均为优良。岷江、沱江水生态监测点位综合评价指数值分别为3.6、3.7，水生态环境质量整体评价为良好状态。

四、2022年四川省集中式饮用水水源地水质良好，保持稳定

四川省县级及以上城市集中式饮用水水源地全年断面达标率及水质达标率均为100%；Ⅱ类及以上水质所占比例为78.9%，同比上升3.3个百分点。乡镇集中式饮用水水源地水质断面达标率为97.6%，同比上升2.7个百分点。全年达标的市（州）占比为42.9%，同比上升28.6个百分点。

五、2022年四川省地下水环境质量基本稳定，监测点位水质以Ⅲ类为主

四川省国家地下水环境质量考核点位以Ⅲ类水质为主，Ⅱ～Ⅴ类监测点位占比分别为17.1%、46.3%、20.7%、15.9%。省级地下水环境质量监测点位中，Ⅲ类水质占比为45.7%。

六、2022年四川省城市声环境质量总体保持稳定

四川省城市昼间区域声环境质量总体为"较好"，平均等效声级为54.4分贝，同比上升0.1分贝；道路交通声环境昼间质量总体为"好"，昼间长度加权平均等效声级为67.9分贝，同比下降0.1分贝，达标路段占76.0%，同比上升3.7个百分点；各类功能区昼间达标率为96.8%，夜间达标率为84.1%，同比基本持平。区域声环境质量声源构成以社会生活源和道路交通源为主。

七、2022年四川省生态质量类型为"一类"，基本保持稳定

四川省生态质量类型为"一类"，生态质量指数为71.17。21个市（州）生态质量类型均为"一类"和"二类"，生态质量指数在59.10～77.48之间；"一类"城市占四川省面积的81.0%，占市域数量的47.6%；"二类"城市占四川省面积的19.0%，占市域数量的52.4%。183个县（市、区）生态质量类型以"一类"和"二类"为主，占四川省面积的97.5%，占县域数量的86.3%。

八、2022年四川省农村环境质量总体保持稳定

四川省村庄环境空气质量优良天数比例为94.7%，同比上升0.2个百分点；土壤质量分级为Ⅰ级的监测点位比例为90.0%；县域地表水Ⅲ类及以上水质断面占96.3%，同比上升1.1个百分点；农村千吨万人饮用水水源地达标率为98.6%，同比上升3.2个百分点；日处理能力20吨及以上农村生活污水处理设施出水水质达标率为88.0%；灌溉规模10万亩及以上的农田灌溉水水质达标率为93.8%，同比上升6.3个百分点。农村面源污染以"轻度污染"等级为主，黑臭水体监测达标率为100%。县域农村环境质量状况以"优""良"为主。

九、2022年土壤环境质量总体稳定

四川省土壤风险监控点监测结果低于风险筛选值的占比为30.3%，介于风险筛选值和管制值的占比为63.5%，高于风险管制值的占比为6.2%，重点风险点达标率同比上升3.8个百分点。自贡、攀枝花、内江、广安、巴中达标率明显上升，成都、泸州、凉山州略有下降。土壤中镉的污染风险较高。

十、2022年电离辐射环境质量总体良好

四川省辐射环境自动站、陆地、空气、地表、水体、饮用水、土壤、电磁辐射等辐射环境质量监测结果表明电离辐射环境质量总体良好，电磁辐射环境水平低于《电磁环境控制限值》（GB 8702—2014）规定的公众暴露控制限值。

第二章　主要环境问题

一、臭氧污染形势严峻，年均浓度有所反弹，超标天数率首次超过细颗粒物

2022年四川省臭氧年均浓度为144微克/立方米，同比上升13.4个百分点；四川省21个市（州）城市累积臭氧污染437天，同比增加190天，占全年污染天数的53.4%，首次超过了细颗粒物。臭氧超标时间大幅提前，超标天数、污染过程次数均为近三年最差水平。臭氧污染特点呈现持续时间长、污染范围广的特点。19个城市年均臭氧浓度同比上升，成都、德阳、眉山、自贡、宜宾5市超标。

二、十三条重点流域中，长江（金沙江）、安宁河、岷江、沱江、嘉陵江、涪江、渠江、琼江尚有个别河段水质未稳定达到优良

2022年四川省十三条重点流域中，雅砻江、赤水河、大渡河、青衣江、黄河五大流域水质常年稳定优良，长江（金沙江）、安宁河、岷江、沱江、嘉陵江、涪江、渠江、琼江八大流域中有55条河流部分河段出现了超过Ⅲ类标准的情况，其中12条河流的13个断面出现Ⅴ类水质，水质未稳定达到优良。

三、乡镇集中式饮用水水源地仍存在超标现象

2022年四川省乡镇集中式饮用水水源地断面达标率虽较上年有所提高，但仍存在超标现象。乡镇集中式地表水型饮用水水源地超标指标为生化需氧量、高锰酸盐指数、锰、总磷和铁，主要污染指标生化需氧量、高锰酸盐指数和锰的超标率均为0.1%。地下水型饮用水水源地超标指标为总大肠菌群、菌落总数、硫酸盐、锰、溶解性总固体、总硬度、铁、氟化物、浑浊度及pH，主要污染指标总大肠菌群、菌落总数、硫酸盐的超标率分别为4.0%、3.8%、1.1%。

四、国家地下水环境质量考核超标点位数量略有增加，风险源周边地下水污染较严重

四川省国家地下水环境质量考核点位超标16个，同比增加7个，其中风险监控点占56.2%；省级地下水环境质量监测点位超标291个，其中风险监控点占75.9%。超标指标为硫酸盐、氯化物、铁、锰、氨氮、耗氧量、硝酸盐、氟化物、镉和铅。

第三章　对策与建议

一、聚焦重点行业、重点领域，强化环境空气多污染物协同控制

四川省大气污染防控工作以春夏季重点治理臭氧、秋冬季重点治理细颗粒物为主，坚持源头治理、综合施策，强化细颗粒物和臭氧协同控制。以成都、眉山、乐山、宜宾、泸州等城市为重点，建设成都平原、川南经济区一条线大气污染精细化、网格化治理体系，形成"监测—分析—溯源—监管"闭环，提高大气污染防治精准度。以达州、南充、德阳等新晋细颗粒物达标城市为重点，巩固达标形势并实现持续改善。以成都、眉山、德阳、宜宾、自贡等臭氧不达标城市为重点，持续深化挥发性有机物与氮氧化物协同控制。

一是持续推进钢铁、水泥等重点行业深度治理，深入推进钢铁、铸造、焦化行业工业炉窑超低排放改造，力争四川省钢铁企业超低排放改造率提升至70%以上，四川省现有及新建水泥企业全面执行《四川省水泥工业大气污染物排放标准》。健全重点行业重污染天气绩效分级和差异化管控措施。

二是强化挥发性有机物排放管控，继续推行典型涉挥发性有机物企业高效治理设施及低（无）挥发性有机物原辅材料替代。推动挥发性有机物治理设施更新升级，开展单一活性炭治理等低效设施提标改造，力争至年底四川省高效治理废气设备（RTO）、吸附浓缩冷凝回收等高效治理设施达到680台以上。推进涉挥发性有机物集群综合治理，实施"一园一策"整治，继续推动成都经开区、自贡沿滩高新区、广安经开区等地集中喷涂中心建设。

三是加强面源污染治理，加强施工场地扬尘源管控，深入推动"工地蓝天行动"，力争施工扬尘排放量同比削减8%。强化道路扬尘管理，大力推进道路清扫冲洗机械化作业，到2023年底，地级及以上城市建成区道路机械化清扫率达到77%及以上，县城达到67%及以上，其中成都市中心城区达到93%以上。

四是持续开展移动源专项治理，全面实施汽车国六排放标准和非道路移动柴油机械国四排放标准，国三及以下排放标准汽车实施"一车一档"动态管理，推动淘汰国四排放标准柴油货车。深入实施清洁柴油机行动，鼓励重型柴油货车更新替代。对重点区域加密开展移动源排放抽测，统一规范四川省重型柴油车远程监控，建设一批"黑烟车"智能抓拍系统、柴油车OBD远程在线监控系统、非道路移动机械排放抽测设备，严查排放超标、冒黑烟柴油车和非道路移动机械。

二、重点关注水质不稳定的流域和断面，坚持分类管理，强化措施的针对性和持续性

水污染防控工作重点应关注水质未达标及同比降类国、省考核断面，强化水污染治理措施的针对性和持续性，确保国、省考断面优良率全部达到100%。持续构建以Ⅱ类水质为主的水质目标，推动全年Ⅱ类水质及以上国考断面占比达到75%以上，推进攀枝花、巴中、广元、甘孜、凉山等地开展城市水质排名提升行动，实现"前30有名，后200清零"。

一是着眼重点断面持续发力，重点聚焦流域水污染物存在增加风险的釜溪河宋渡大桥、大陆溪四明水厂、姚市河白沙、坛罐窑河白鹤桥等断面，深入分析问题症结，对重点断面实行"一断面一方案"，科学制定达标攻坚方案，持续实施限期达标整治。

二是加强城镇污水综合治理，以姚市河、釜溪河、旭水河、大陆溪、南溪河等为重点，加快城镇污水管网及处理设施建设，以及现有污水处理设施提标升级扩容改造的进度。力争到2023年底，流域城市、县城、建制镇污水处理率分别达到98%、93%、58%。实施2023年县级城市黑臭水体整

治环境保护行动,加快推进长江、黄河流域工业园区水污染专项整治。

三是加强农村污水收集与治理,以釜溪河、小濛溪河、坛罐窑河、旭水河、大陆溪、南溪河等为重点,加快区域农村生活污水收集与治理,稳步消除较大面积农村黑臭水体,力争到2023年底,四川省70%以上的行政村农村生活污水得到有效治理。

四是加强农业面源污染防治,加强新建规模化畜禽养殖企业监督管理,2023年南充、宜宾、达州等地现有及新增规模化畜禽养殖企业有序推进配套处理设施建设。开展水产养殖尾水专项整治,不断推进水产标准化健康养殖。强化种植业污染防治工作,以成都、雅安、眉山、乐山、泸州以及安宁河谷地区为重点,持续开展化肥、农药减量行动。

五是推进节水社会建设,推进农业节水增效、工业节水减排、城镇节水降损,到2023年底,甘孜州、阿坝州、凉山州至少20%的县(市、区)建成节水型社会达标县,除三州外的其他市至少45%的县(市、区)建成节水型社会达标县。

六是推动美丽河湖建设,以市(州)为主体,加快推动美丽河湖建设,建成一批具有示范价值的美丽河湖典型案例,到2023年底,力争建成50余条省级美丽河湖。

三、加强乡镇饮用水水源地保护,夯实保护区基础设施建设

继续把饮用水水源地保护作为保障群众饮水安全的首要环节,牢固树立底线思维和风险意识,以保障乡镇饮用水安全为目标,补齐农村饮用水水源地保护短板,推进饮用水水源地规范化建设,有效防范环境风险,提升饮用水水源地保护治理现代化水平,持续改善饮用水水源地水质。

一是推进水源工程新建和优化调整。持续推进农村供水规模化发展,大力推进稳定水源工程建设,强化饮用水水源地选址论证,实施规模化供水工程建设和小型工程标准化改造,以人口集聚的乡镇或行政村为中心,因地制宜建设一批中小型水库水源工程,推进千人供水工程饮用水水源地建设保护。

二是合理设立乡镇饮用水水源地保护区。依法、科学开展集中式饮用水水源地保护区划定,对取水口位置发生变化、保护范围不合理、水质不稳定的已划定保护区,合理调整保护区。有计划地关闭或合并水质不达标、水量不足、环境风险较高的水源地,在确保供水安全的前提下及时撤销原保护区。

三是完善乡镇饮用水水源地标识和隔离设施。推进乡镇饮用水水源地保护区界标、宣传牌、交通警示牌设置,及时更换污损、破损的标识标牌。科学规范设置隔离防护设施,因地制宜采用生物隔离、物理隔离等多方式隔离。

四是巩固提升饮用水水源地水质。坚持"保好水、治差水",实行分类、精准管理,持续改善饮用水水源地水质。对于不稳定达标饮用水水源地要加密监测频次,找准问题成因。对于人类活动导致水质频繁超标的饮用水水源地,要因地制宜,分类施策,综合采取水源替代、污染治理等措施,实现水质稳定达标;对于受自然因素影响导致水质超标的饮用水水源地,优先考虑替换饮用水水源地,暂时不具备条件的,通过强化水厂处理工艺和水质监测,确保供水水质满足生活饮用水卫生标准。

五是持续推进环境问题整治。以乡镇水源保护区为重点,开展保护区内规模化畜禽养殖、涉水工业企业等违法建设项目和排污口排查整治,取缔一级、二级保护区内非法种植,推进准保护区对水体污染严重建设项目、违规矿山开采活动等突出环境问题排查整治。结合乡村振兴规划和农村环境整治,持续推进生活污水垃圾治理,补齐基础设施短板,强化生活污染处理设施运维管护,确保乡镇饮用水水源地水质达标。

四、开展地下水污染调查溯源，加强风险源周边地下水风险预警与管控

一是加强地下水污染区域基础环境状况调查，收集区域水文地质调查报告、区域供水水文地质调查报告、综合水文地质图、水文地质剖面图、环境敏感目标等相关资料，开展水文地质勘察工作，调查污染源原辅料和产品、"三废"排放情况、主要生产工艺和环保设施、防渗措施和特征污染物、地下水环境监测井设置等情况，开展调查监测。

二是在资料搜集和周边调查工作的基础上，开展地下水监测点位及周边地下水环境的综合分析，诊断和识别地下水环境质量存在的主要问题；结合区域地质、水文地质条件，根据收集的地下水监测点位所在的水文地质单元地下水背景值资料，将地下水监测点位监测指标与背景值进行对比，初步判断地下水国考点位水质超标是否受地质背景成因影响。结合污染源的分布、污染源产排污、特征污染物分析、污染源与监测点位水力联系、污染物迁移特征等，判断地下水水质超标是否受人为污染影响。

三是依据地下水污染溯源工作，制定地下水污染源头风险管控工作方案，引导企业加强地下水污染防治意识，提高污染隐患排查力度，推行企业高标准自行监测，同时针对渗漏排查发现的问题，采取污染防渗改造工程等措施，实现地下水污染源头管控。

四是基于现状条件（水文、水质等），搜集区域规划等相关资料，以地下水数值模拟为手段，对未来不同条件下的地下水补给、径流、排泄条件，地下水流场的变化状况，地下水水质的时空变化与污染趋势进行科学预测，为环境管理做出科学合理的决策提供依据。

第四章　生态环境质量预测

一、环境空气质量预测

1. 预测指标及数据来源

本次使用数据源为2010—2022年四川省国控城市环境空气质量监测点位监测数据，选择细颗粒物和优良天数率作为主要预测指标，其中细颗粒物监测数据的起始年份是2015年。

2. 模型选择

时间序列分析模型是根据系统观测得到的时间序列数据，通过曲线拟合和参数估计来建立数学模型的理论和方法。它一般采用曲线拟合和参数估计方法（如非线性最小二乘法）。本次预测利用SPSS 26.0统计软件进行时间序列分析，主要计算过程如下：

（1）定义时间序列，对原始数据进行平稳化处理。

（2）进行指数平滑，分析变量数据的变化规律和发展趋势。

（3）通过进行一、二或者多阶差分方式平稳序列确定差分自回归移动平均模型（ARIMA模型）中的p、d、q值，最终确定所有参数并得到预测结果。由于数据以年份为序列单位，不存在季节变化，所以拟合度通过R^2可确定。环境空气预测模型见表5.4-1。

表5.4-1　环境空气预测模型

预测指标	预测模型	R^2	平稳的R^2
细颗粒物	ARIMA（0，1，0）（0，0，0）	0.742	—
优良天数率	ARIMA（1，0，1）（0，0，0）	0.709	0.709

3. 预测结果

通过预测拟合度分析可以看出，预测指标模拟值与实测值误差较小，使用的模型具有可行性。环境空气预测拟合度分析如图5.4-1所示，环境空气预测结果见表5.4-2。

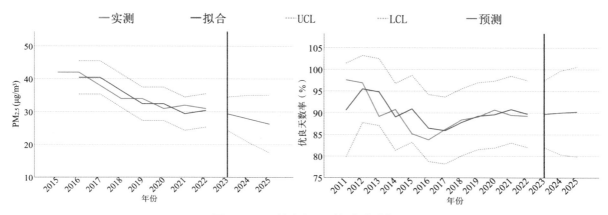

图5.4-1　环境空气预测拟合度分析

表5.4-2 环境空气预测结果

污染指标	2021年			2022年			预测值		
	实测值	模拟值	相对误差（%）	实测值	模拟值	相对误差（%）	2023年	2024年	2025年
细颗粒物（μg/m³）	32	29	-9.4	31	30	-3.2	29	28	27
优良天数率（%）	89.5	90.8	1.4	89.3	89.8	0.6	89.7	90.0	90.2

由预测结果可以看出：2023—2025年，细颗粒物年均值分别为29微克/立方米、28微克/立方米、27微克/立方米，呈下降趋势，均能达标；2023年预测值满足国家及省级既定目标要求。优良天数率年均值分别为89.7%、90.0%、90.2%；2023年预测值低于国家及省级既定目标要求，完成目标难度较大，需继续坚持精准治污、科学治污，空气质量才能得到持续改善。

二、地表水质量预测

1. 预测断面、指标及数据来源

为了合理、科学地制定污染防治措施，保证地表水断面稳定达到优良，选择污染情况复杂、生态流量较小、稳定达标压力较大的宋渡大桥和白沙断面开展地表水质量预测。

宋渡大桥位于沱江流域釜溪河，为国控断面，2019年9月开始监测；2019—2020年均为Ⅳ类水质；2021年、2022年年均值虽达标，但2022年3—5月、7—9月为Ⅳ类或Ⅴ类水质。月度主要污染物为化学需氧量、高锰酸盐指数、总磷、生化需氧量和氨氮，年度主要污染物为化学需氧量。

白沙位于琼江流域姚市河，为国控断面，从2018年4月开始监测；2018—2021年均为Ⅳ类水质；2022年年均值达标，但2—5月、9月、11月均为Ⅳ类水质。月度主要污染物为化学需氧量、高锰酸盐指数、总磷、生化需氧量和氨氮，年度主要污染物为化学需氧量、高锰酸盐指数、总磷和生化需氧量。

本次预测使用的数据为宋渡大桥、白沙断面2020—2022年的逐月监测数据（采测分离国家共享数据）。根据断面污染历史情况，选择化学需氧量、高锰酸盐指数、总磷、生化需氧量和氨氮作为主要预测指标。

2. 模型选择

利用SPSS 26.0统计软件进行时间序列分析，主要计算过程与环境空气预测基本一致。因涉及多个指标，选择专家建模器，根据指标的平稳性、变化性等确定使用模型（ARIMA、简单季节性、Winters加法、Winters乘法等模型）并得到预测结果。季节性模型通过观测平稳的R^2确定模型原始值与预测值之间的差异，即拟合度；非季节性模型通过R^2即可看出模型拟合度，如果是平稳的R^2或R^2较高，则拟合度较高，推算预测值较可靠。地表水断面水质预测模型见表5.4-3。

表5.4-3 地表水断面水质预测模型

预测断面	所属流域	预测指标	预测模型	R^2	平稳的R^2
宋渡大桥	沱江流域釜溪河	总磷	简单季节性模型	0.406	0.626
		化学需氧量	简单季节性模型	0.267	0.830
		氨氮	Winters乘法模型	0.379	0.621
		生化需氧量	简单季节性模型	0.304	0.801
		高锰酸盐指数	简单季节性模型	0.641	0.821
白沙	琼江流域姚市河	总磷	简单季节性模型	0.434	0.745
		化学需氧量	简单季节性模型	0.524	0.717
		氨氮	ARIMA（0，0，2）（0，0，0）	0.248	0.134
		生化需氧量	Winters乘法模型	0.630	0.773
		高锰酸盐指数	Winters加法模型	0.679	0.851

3. 预测结果

通过预测模拟可以看出，大多数污染物模拟值与实测值的误差范围较小，且处于置信范围内，使用专家建模器推荐的模型具有可行性。地表水预测拟合度分析如图5.4-2所示，地表水预测结果见表5.4-4。

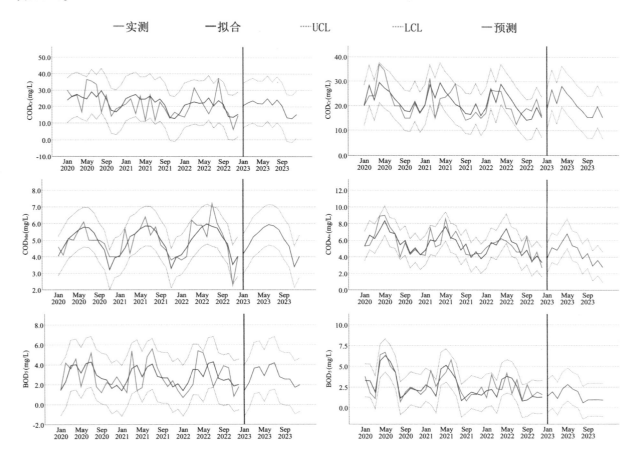

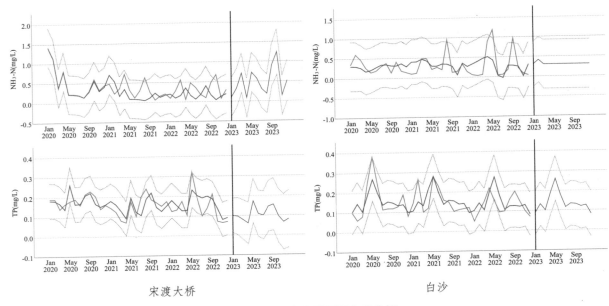

宋渡大桥   白沙

图5.4-2 地表水预测拟合度分析

表5.4-4 地表水预测结果

断面名称	污染指标	2020年			2021年			2022年			2023年预测值（mg/L）
		实测值（mg/L）	模拟值（mg/L）	相对误差（%）	实测值（mg/L）	模拟值（mg/L）	相对误差（%）	实测值（mg/L）	模拟值（mg/L）	相对误差（%）	
宋渡大桥	总磷	0.180	0.181	0.6	0.152	0.152	0	0.142	0.159	12.0	0.105
	化学需氧量	25.1	24.2	−3.6	18.6	21.9	17.7	20.0	20.3	1.5	20.2
	氨氮	0.52	0.50	−3.8	0.32	0.22	−31.3	0.30	0.16	−46.7	0.48
	生化需氧量	2.9	2.9	0	2.7	2.8	3.7	2.8	2.8	0	2.8
	高锰酸盐指数	4.8	4.8	0	5.0	4.9	−2.0	5.0	5.0	0	5.0
白沙	总磷	0.155	0.152	−1.9	0.158	0.159	0.6	0.129	0.141	9.3	0.138
	化学需氧量	22.8	22.6	−0.9	20.7	21.7	4.8	19.9	20.4	2.5	20.5
	氨氮	0.30	0.26	−13.3	0.30	0.29	−3.3	0.32	0.36	12.5	0.34
	生化需氧量	3.2	3.3	3.1	2.9	2.6	−10.3	2.4	2.0	−16.7	1.5
	高锰酸盐指数	6.1	6.1	0	5.6	5.5	−1.8	5.0	5.1	2.0	4.5

由预测结果可以看出：2023年，宋渡大桥总磷、化学需氧量、氨氮、生化需氧量和高锰酸盐指数的每月浓度预测值范围分别为0.060～0.173毫克/升、12.6～24.9毫克/升、0.10～1.20毫克/升、1.4～4.2毫克/升和3.4～5.9毫克/升，年均值浓度分别为0.105毫克/升、20.2毫克/升、0.48毫克/升、2.8毫克/升和5.0毫克/升。全年中2—9月可能出现化学需氧量、氨氮和生化需氧量超标，且化学需氧量年均值可能超标。白沙总磷、化学需氧量、氨氮、生化需氧量和高锰酸盐指数的每月浓度预测值范围分别为0.008～0.261毫克/升、15.3～28.1毫克/升、0.31～0.56毫克/升、0.9～2.8毫克/升和2.8～6.8毫克/升，年均值浓度分别为0.138毫克/升、20.5毫克/升、0.34毫克/升、1.5毫克/升和4.5毫克/升。全年2—9月可能出现总磷、化学需氧量和高锰酸盐指数超标，化学需氧量年均值可能

超标。

预测结果显示两个断面预测指标变化趋势具有一定的季节性，枯水期、汛期和夏季由于生态流量、农村面源排放及气象、高温等原因，可能导致污染物浓度上升，水质恶化。因此，需进一步加强城镇生活污水及农村面源污染综合整治，制定有针对性的污染防治措施，才能确保断面长期稳定达标。

三、功能区声环境质量预测

1. 预测指标及数据来源

本次对2023—2025年四川省城市功能区声环境质量昼、夜间年度达标率开展预测，数据源为2012—2022年功能区声环境质量手工监测点位的昼、夜间年度达标率。

2. 模型选择

灰色模型（grey models）是通过少量的、不完全的信息，建立灰色微分预测模型，对事物发展规律作出模糊性的长期描述（模糊预测领域中理论、方法较为完善的预测学分支）。该模型能使灰色系统的因素由不明确到明确，由知之甚少发展到知之较多。灰色系统理论是控制论的观点和方法延伸到社会、经济领域的产物，也是自动控制科学与运筹学数学方法相结合的结果。

采用GM（1，1）原理，建立声环境质量功能区昼、夜间达标率预测模型，主要计算过程是：分别以2012—2022年四川省21市（州）城市功能区声环境质量昼间和夜间达标率作为原始数据x^0，一次累加形成新数列x^1，对两者进行光滑度检查，光滑度均小于0.5，确定数据矩阵$\boldsymbol{B}$、$\boldsymbol{Y}_n$，再使用最小二乘法拟合得到参数列，随后建立白化微分方程拟合新序列，计算GM（1，1）预测模型的时间响应序列，最后累减还原数列，即得到所谓预测数值，计算公式如下：

$$\boldsymbol{B} = \begin{bmatrix} -\dfrac{1}{2}[x^1(1) + x^1(2)] & 1 \\ -\dfrac{1}{2}[x^2(1) + x^1(3)] & 1 \\ \vdots & \vdots \\ -\dfrac{1}{2}[x^k(1) + x^1(n)] & 1 \end{bmatrix} \tag{1}$$

$$\boldsymbol{Y}_n = [x^0(2), x^0(3), \cdots, x^0(k)] \tag{2}$$

$$\frac{\mathrm{d}x^1}{\mathrm{d}t} + ax^1 = u \tag{3}$$

$$x^1(k+1) = \left[x^0(1) - \frac{u}{a}\right]\mathrm{e}^{-ak} + \frac{u}{a} \tag{4}$$

3. 预测结果

2016年达标率突变，将2016年后的残差数据作为可建模的尾段，对其进行二次残差GM（1，1）预测修正，最后通过累减还原得到最终的达标率预测模拟值。通过对已有数据的模拟验证可以发现，昼、夜间达标率模拟值和实测值的相对误差均在5%范围之内，昼、夜间达标率预测模拟值平均相对残差分别是0.01和0.009，模型精度较高，预测较可靠。功能区声环境质量预测拟合度分析如图5.4-3所示，功能区声环境质量预测结果见表5.4-5。

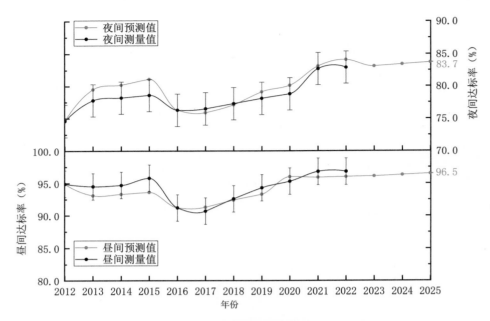

图5.4-3 功能区声环境质量预测拟合度分析

表5.4-5 功能区声环境质量预测结果

年份	昼间达标率（%）			夜间达标率（%）		
	预测值	实测值	相对误差	预测值	实测值	相对误差
2012	94.9	94.9	0	74.6	74.6	0
2013	93.1	94.5	1.5	77.8	79.5	2.1
2014	93.3	94.7	1.5	78.2	80.2	2.5
2015	93.6	95.8	2.3	78.6	81.1	3
2016	91.2	91.2	0	76.3	76.3	0
2017	91.3	90.7	−0.7	76.5	75.9	0.9
2018	92.4	92.6	0.2	77.3	77.1	0.3
2019	93.3	94.3	1.1	78.1	79.1	1.3
2020	96.0	95.3	−0.7	78.8	80.1	1.6
2021	95.9	96.8	0.9	82.7	83.1	0.5
2022	96.0	96.8	0.8	82.9	84.1	1.4
2023	96.1	—	—	83.1	—	—
2024	96.3	—	—	83.4	—	—
2025	96.5	—	—	83.7	—	—

由预测结果可以看出：2023年四川省城市功能区声环境质量昼、夜间达标率分别为96.1%、83.1%，2025年昼、夜间达标率分别为96.5%、83.7%。目前，四川省噪声监测工作正在逐步从手工监测转为自动监测，在监测点位不断优化的同时，监测时长也会大幅增长。要实现"到2025年声环境功能区夜间达标率达到85%"的目标，任务依然艰巨。

附　表

附表1　2022年四川省21市（州）城市环境空气质量指数（AQI）级别统计

市（州）	优（%）	良（%）	轻度污染（%）	中度污染（%）	重度污染（%）	严重污染（%）	优良天数率		重度污染及以上	
							比例（%）	同比（%）	天数	同比天数
成都市	25.8	51.5	20.8	1.9	0	0	77.3	−4.6	0	−1
自贡市	25.2	55.6	16.4	2.7	0	0	80.8	2.2	0	−3
攀枝花市	44.9	54.2	0.8	0	0	0	99.2	2.5	0	0
泸州市	24.9	55.9	17.3	1.1	0.8	0	80.8	−3.6	3	2
德阳市	23.6	60.3	14.2	1.9	0	0	83.8	1.1	0	−1
绵阳市	29.6	60.0	9.9	0.5	0	0	89.6	0.8	0	0
广元市	47.4	50.7	1.9	0	0	0	98.1	1.9	0	0
遂宁市	34.0	57.0	9.0	0	0	0	91.0	0.9	0	0
内江市	31.5	52.6	15.3	0.5	0	0	84.1	0.3	0	−1
乐山市	27.1	55.6	15.3	1.6	0.3	0	82.7	−3.3	1	1
南充市	32.6	61.9	5.2	0.3	0	0	94.5	2.4	0	−1
宜宾市	22.5	55.6	19.7	1.9	0.3	0	78.1	−2.4	1	−3
广安市	31.8	59.2	7.9	1.1	0	0	91.0	3.3	0	0
达州市	44.4	49.6	4.7	1.4	0	0	94.0	5.2	0	−1
巴中市	47.7	48.8	3.6	0	0	0	96.4	0.8	0	0
雅安市	46.8	46.0	6.8	0.3	0	0	92.9	−0.3	0	0
眉山市	25.8	51.8	19.5	3.0	0	0	77.5	−7.7	0	−1
资阳市	26.3	59.7	13.7	0.3	0	0	86.0	−2.8	0	−1
阿坝州	74.5	25.5	0	0	0	0	100			
甘孜州	84.7	15.3	0	0	0	0	100			
凉山州	59.7	38.1	1.6	0	0.3	0.3	97.8	−0.8	2	2
四川省	38.6	50.7	9.7	0.9	0.1	0	89.3	−0.2	7	−8

附表2　2022年四川省21市（州）城市环境空气主要污染物同比变化

市（州）	SO₂		NO₂		CO		O₃		PM₂.₅		PM₁₀	
	浓度（μg/m³）	同比（%）	浓度（μg/m³）	同比（%）	浓度（mg/m³）	同比（%）	浓度（μg/m³）	同比（%）	浓度（μg/m³）	同比（%）	浓度（μg/m³）	同比（%）
成都市	4	−33.3	30	−14.3	0.9	−10.0	181	19.9	39	−2.5	58	−4.9
自贡市	8	0	22	−8.3	0.9	0	161	13.4	39	−9.3	59	−10.6
攀枝花市	21	−4.5	29	0	2.1	−8.7	126	−5.3	28	−9.7	46	−2.1
泸州市	10	−16.7	24	−11.1	0.9	−10.0	152	10.9	41	0	60	15.4
德阳市	6	0	29	−6.5	0.9	−10.0	165	13.0	35	−5.4	63	0.0
绵阳市	6	−25.0	25	−3.8	1.0	0	152	9.4	34	−2.9	55	−3.5
广元市	9	28.6	24	−11.1	1.2	0	123	9.8	25	4.2	41	0.0
遂宁市	10	25.0	20	0	0.9	0	146	15.9	30	0	54	10.2
内江市	8	−11.1	24	0	1.1	0	160	16.8	32	−8.6	46	−11.5
乐山市	7	0	24	−7.7	1.1	0	157	13.8	40	8.1	58	5.5
南充市	6	20.0	17	−19.0	0.9	−18.2	132	23.4	35	−5.4	53	−3.6
宜宾市	8	−11.1	30	−3.2	1.2	9.1	173	16.1	38	11.8	49	−9.3
广安市	9	12.5	28	−3.4	0.9	0	165	16.2	42	−4.5	60	0
达州市	8	33.3	17	−10.5	1.0	−9.1	144	13.4	34	0	51	0
巴中市	8	−11.1	35	12.9	1.2	−14.3	117	21.9	30	−21.1	49	−18.3
雅安市	8	14.3	19	−5.0	0.9	12.5	145	22.9	29	3.6	41	2.5
眉山市	4	0	24	0	1.0	0	121	12.0	28	0	43	−2.3
资阳市	7	16.7	22	−8.3	1.0	0	158	19.7	33	17.9	55	10.0
阿坝州	9	−25.0	11	0	0.9	−10.0	111	2.8	10	−41.2	17	−34.6
甘孜州	8	0	19	−5.0	0.6	0	106	10.4	8	0	21	23.5
凉山州	11	0	16	6.7	1.0	25.0	127	−1.6	21	0	36	0
四川省	8	0	23	−4.2	1.0	−9.1	144	13.4	31	−3.1	48	−2.0

注：O₃浓度为日最大8小时均值第90百分位平均浓度，CO浓度为日均值第95百分位平均浓度。

附表3　2022年四川省21个市（州）城市降水监测结果

市（州）	降水pH值	酸雨pH值	酸雨频率（%）
成都市	6.28		0
自贡市	5.99	5.22	9.8
攀枝花市	6.04	5.37	6.9
泸州市	5.79	4.96	19.2
德阳市	6.26	4.90	0.9
绵阳市	6.29		0
广元市	6.46		0
遂宁市	6.93	5.55	1.1
内江市	6.30	5.29	1.0
乐山市	7.14		0
南充市	7.05		0
宜宾市	6.32		0
广安市	6.08		0
达州市	6.23		0
巴中市	4.98	4.58	18.2
雅安市	6.67		0
眉山市	6.40		0
资阳市	6.20		0
马尔康市	7.84		0
康定市	6.68		0
西昌市	6.47		0
四川省	6.27	5.08	2.6

附表4　2022年四川省河流水质评价结果

序号	所属流域	河流/湖库	断面名称	水体类型	断面级别	上年类别	本年类别	污染指标（超标倍数）
1	长江（金沙江）	金沙江	金沙江岗托桥	河流	国控	Ⅱ	Ⅱ	
2	长江（金沙江）	金沙江	水磨沟村	河流	国控	Ⅱ	Ⅱ	
3	长江（金沙江）	金沙江	贺龙桥	河流	国控	Ⅰ	Ⅰ	
4	长江（金沙江）	金沙江	倮果	河流	国控	Ⅰ	Ⅰ	
5	长江（金沙江）	金沙江	金江	河流	省控	Ⅱ	Ⅱ	
6	长江（金沙江）	金沙江	大湾子	河流	国控	Ⅱ	Ⅱ	
7	长江（金沙江）	金沙江	蒙姑	河流	国控	Ⅱ	Ⅱ	
8	长江（金沙江）	金沙江	葫芦口	河流	国控	Ⅰ	Ⅰ	
9	长江（金沙江）	金沙江	雷波县金沙镇	河流	省控	Ⅱ	Ⅰ	
10	长江（金沙江）	金沙江	宝宁村	河流	省控	Ⅱ	Ⅱ	
11	长江（金沙江）	金沙江	马鸣溪	河流	省控	Ⅱ	Ⅱ	
12	长江（金沙江）	金沙江	石门子	河流	国控	Ⅰ	Ⅰ	
13	长江（金沙江）	长江	挂弓山	河流	国控	Ⅱ	Ⅱ	
14	长江（金沙江）	长江	李庄镇下渡口	河流	省控	Ⅱ	Ⅱ	
15	长江（金沙江）	长江	江南镇沙嘴上	河流	国控	Ⅱ	Ⅱ	
16	长江（金沙江）	长江	纳溪大渡口	河流	国控	Ⅱ	Ⅱ	
17	长江（金沙江）	长江	手爬岩	河流	国控	Ⅱ	Ⅱ	
18	长江（金沙江）	长江	朱沱	河流	国控	Ⅱ	Ⅱ	
19	长江（金沙江）	赠曲	格学桥	河流	国控	Ⅱ	Ⅱ	

续表

序号	所属流域	河流/湖库	断面名称	水体类型	断面级别	上年类别	本年类别	污染指标（超标倍数）
20	长江（金沙江）	硕曲河	香巴拉镇	河流	国控	Ⅰ	Ⅱ	
21	长江（金沙江）	水洛河	禾尼乡骡子沟	河流	国控	Ⅰ	Ⅰ	
22	长江（金沙江）	水洛河	香格里拉镇	河流	国控	Ⅱ	Ⅰ	
23	长江（金沙江）	水洛河	油米	河流	国控	Ⅱ	Ⅰ	
24	长江（金沙江）	城河	城河入境	河流	国控	Ⅱ	Ⅱ	
25	长江（金沙江）	鳡鱼河	鳡鱼河入境	河流	国控	Ⅱ	Ⅱ	
26	长江（金沙江）	黑水河	公德房电站	河流	国控	Ⅱ	Ⅱ	
27	长江（金沙江）	黑水河	黑水河河口	河流	省控	Ⅱ	Ⅱ	
28	长江（金沙江）	西溪河	三湾河大桥	河流	国控	Ⅲ	Ⅲ	
29	长江（金沙江）	西溪河	西溪河大桥	河流	省控	Ⅱ	Ⅱ	
30	长江（金沙江）	金阳河	木府乡仓房电站	河流	省控	Ⅱ	Ⅱ	
31	长江（金沙江）	溜筒河	拉一木入境断面	河流	省控	Ⅱ	Ⅱ	
32	长江（金沙江）	南广河	璜滩乡	河流	省控	Ⅱ	Ⅱ	
33	长江（金沙江）	南广河	南广镇	河流	国控	Ⅱ	Ⅱ	
34	长江（金沙江）	宋江河	黄泥咀	河流	省控	Ⅱ	Ⅱ	
35	长江（金沙江）	黄沙河	高店	河流	省控	Ⅲ	Ⅱ	
36	长江（金沙江）	长宁河	珙泉镇三江村	河流	国控	Ⅱ	Ⅱ	
37	长江（金沙江）	长宁河	楠木沟大桥	河流	省控	Ⅱ	Ⅲ	
38	长江（金沙江）	长宁河	蔡家渡口	河流	国控	Ⅱ	Ⅱ	

续表

序号	所属流域	河流/湖库	断面名称	水体类型	断面级别	上年类别	本年类别	污染指标（超标倍数）
39	长江（金沙江）	红桥河	平桥	河流	省控	II	II	
40	长江（金沙江）	红桥河	红桥园田	河流	省控	II	II	
41	长江（金沙江）	绵溪河	大步跳	河流	省控	II	III	
42	长江（金沙江）	永宁河	观音桥	河流	省控	II	II	
43	长江（金沙江）	永宁河	泸天化大桥	河流	国控	II	II	
44	长江（金沙江）	古宋河	堰坝大桥	河流	国控	II	II	
45	长江（金沙江）	大陆溪	四明水厂	河流	国控	IV	IV	高锰酸盐指数（0.09）
46	长江（金沙江）	塘河	白杨溪	河流	国控	II	II	
47	长江（金沙江）	御临河	双河口大桥	河流	国控	III	III	
48	长江（金沙江）	御临河	幺滩	河流	国控	II	II	
49	长江（金沙江）	大洪河	岗架大桥	河流	国控	III	III	
50	长江（金沙江）	大洪河	黎家乡崔家岩村	河流	国控	III	III	
51	长江（金沙江）	南河	巫山乡	河流	国控	II	III	
52	长江（金沙江）	任河	白杨溪电站	河流	国控	II	II	
53	雅砻江	干流	长须干马乡	河流	国控	II	II	
54	雅砻江	干流	呷拉乡雅砻江	河流	省控	II	II	
55	雅砻江	干流	雅江县城上游	河流	国控	I	I	
56	雅砻江	干流	柏枝	河流	国控	I	I	
57	雅砻江	干流	二滩	河流	省控	I	I	
58	雅砻江	干流	雅砻江口	河流	国控	I	I	
59	雅砻江	霍曲河	雄龙西沟霍曲河	河流	省控	II	II	
60	雅砻江	鲜水河	仁达乡水电站	河流	国控	II	II	

序号	所属流域	河流/湖库	断面名称	水体类型	断面级别	上年类别	本年类别	污染指标（超标倍数）
61	雅砻江	鲜水河	鲜水河	河流	省控	II	I	
62	雅砻江	格西沟	雅江县318国道	河流	省控	II	I	
63	雅砻江	理塘河	雄坝乡无量河大桥	河流	国控	II	II	
64	雅砻江	理塘河	理塘河入境	河流	省控	I	I	
65	雅砻江	卧落河	卧落河入境	河流	国控	II	II	
66	雅砻江	九龙河	乃渠乡水打坝	河流	国控	I	I	
67	雅砻江	泸沽湖	泸沽湖湖心	湖库	国控	I	I	
68	雅砻江	二滩水库	红壁滩下	湖库	省控	II	II	
69	安宁河	干流	大桥水库	河流	国控	II	II	
70	安宁河	干流	黄土坡吊桥	河流	省控	II	II	
71	安宁河	干流	阿七大桥	河流	国控	II	II	
72	安宁河	干流	昔街大桥	河流	国控	II	II	
73	安宁河	干流	湾滩电站	河流	国控	II	II	
74	安宁河	孙水河	冕山镇新桥村	河流	国控	II	II	
75	安宁河	邛海	邛海湖心	湖库	国控	II	II	
76	赤水河	干流	清池	河流	国控	II	II	
77	赤水河	干流	醒觉溪	河流	国控	II	II	
78	赤水河	古蔺河	太平渡	河流	国控	III	III	
79	赤水河	大同河	两汇水	河流	国控	II	II	
80	岷江	干流	镇平乡	河流	国控	II	I	
81	岷江	干流	渭门桥	河流	国控	I	I	
82	岷江	干流	牟托	河流	省控	II	II	
83	岷江	干流	映秀	河流	省控	II	II	
84	岷江	干流	都江堰水文站	河流	国控	I	I	
85	岷江	干流	岷江渡	河流	省控	II	II	
86	岷江	干流	刘家壕	河流	省控	II	II	
87	岷江	干流	岳店子下	河流	国控	III	III	
88	岷江	干流	彭山岷江大桥	河流	国控	III	II	
89	岷江	干流	岷江彭东交界	河流	省控	III	II	
90	岷江	干流	岷江东青交界	河流	国控	III	II	
91	岷江	干流	悦来渡口	河流	国控	II	II	
92	岷江	干流	岷江青衣坝	河流	国控	II	II	
93	岷江	干流	岷江沙咀	河流	国控	III	III	

序号	所属流域	河流/湖库	断面名称	水体类型	断面级别	上年类别	本年类别	污染指标（超标倍数）
94	岷江	干流	月波	河流	国控	Ⅲ	Ⅱ	
95	岷江	干流	麻柳坝	河流	省控	Ⅲ	Ⅲ	
96	岷江	干流	鹰嘴岩	河流	省控	Ⅲ	Ⅲ	
97	岷江	干流	凉姜沟	河流	国控	Ⅲ	Ⅱ	
98	岷江	黑水河	色尔古乡	河流	国控	Ⅱ	Ⅰ	
99	岷江	杂谷脑河	五里界牌	河流	国控	Ⅱ	Ⅰ	
100	岷江	寿溪河	寿溪水磨	河流	省控	Ⅱ	Ⅱ	
101	岷江	泊江河	安龙桥	河流	省控	Ⅱ	Ⅱ	
102	岷江	西河	泗江堰	河流	国控	Ⅱ	Ⅱ	
103	岷江	江安河	共耕	河流	省控	Ⅱ	Ⅱ	
104	岷江	江安河	二江寺	河流	国控	Ⅲ	Ⅲ	
105	岷江	走马河	花园	河流	省控	Ⅱ	Ⅱ	
106	岷江	清水河	永宁	河流	国控	Ⅱ	Ⅱ	
107	岷江	南河	百花大桥	河流	省控	Ⅲ	Ⅱ	
108	岷江	柏条河	金马	河流	省控	Ⅱ	Ⅱ	
109	岷江	府河	罗家村	河流	省控	Ⅱ	Ⅱ	
110	岷江	府河	高桥	河流	国控	Ⅱ	Ⅱ	
111	岷江	府河	永安大桥	河流	省控	Ⅲ	Ⅱ	
112	岷江	府河	黄龙溪	河流	国控	Ⅲ	Ⅲ	
113	岷江	东风渠	十陵	河流	省控	Ⅱ	Ⅱ	
114	岷江	东风渠	罗家河坝	河流	省控	Ⅱ	Ⅱ	
115	岷江	东风渠	天府新区出境	河流	省控	Ⅱ	Ⅱ	
116	岷江	东风渠	东风桥	河流	省控	Ⅱ	Ⅱ	
117	岷江	新津南河	黄塔	河流	省控	Ⅲ	Ⅲ	
118	岷江	新津南河	老南河大桥	河流	省控	Ⅲ	Ⅲ	
119	岷江	斜江河	唐场大桥	河流	省控	Ⅲ	Ⅲ	
120	岷江	出江河	桑园	河流	国控	Ⅱ	Ⅱ	
121	岷江	蒲江河	两合水	河流	国控	Ⅲ	Ⅲ	
122	岷江	蒲江河	五星	河流	省控	Ⅲ	Ⅲ	
123	岷江	临溪河	团结堰	河流	国控	Ⅱ	Ⅱ	
124	岷江	毛河	桥江桥	河流	省控	Ⅲ	Ⅲ	
125	岷江	体泉河	体泉河口	河流	省控	Ⅳ	Ⅲ	

续表

序号	所属流域	河流/湖库	断面名称	水体类型	断面级别	上年类别	本年类别	污染指标（超标倍数）
126	岷江	丹棱河	思蒙河丹东交界	河流	省控	III	III	
127	岷江	思蒙河	思蒙河口	河流	省控	III	III	
128	岷江	金牛河	金牛河口	河流	省控	III	III	
129	岷江	茫溪河	茫溪大桥	河流	省控	IV	III	
130	岷江	马边河	马边河鼓儿滩吊桥	河流	省控	III	II	
131	岷江	马边河	马边河河口	河流	国控	II	II	
132	岷江	沐溪河	沐溪河穿山坳	河流	省控	II	II	
133	岷江	龙溪河	龙溪河河口	河流	省控	II	II	
134	岷江	越溪河	越溪镇	河流	国控	I	I	
135	岷江	越溪河	于佳乡黄龙桥	河流	国控	IV	III	
136	岷江	越溪河	越溪河两河口	河流	国控	II	II	
137	岷江	越溪河	越溪河口	河流	国控	II	II	
138	岷江	紫坪铺水库	跨库大桥	湖库	省控	II	II	
139	岷江	黑龙潭水库	龙庙	湖库	省控	II	II	
140	大渡河（大金川河）	大渡河	集沐乡周山村点	河流	省控	II	II	
141	大渡河（大金川河）	大金川河	马尔邦碉王山庄	河流	国控	I	I	
142	大渡河（大金川河）	大渡河	聂呷乡佛爷岩	河流	省控	II	I	
143	大渡河（大金川河）	大渡河	鸳鸯坝	河流	省控	II	II	
144	大渡河（大金川河）	大渡河	大岗山	河流	国控	I	I	
145	大渡河（大金川河）	大渡河	石棉丰乐乡三星村	河流	省控	II	II	
146	大渡河（大金川河）	大渡河	三谷庄	河流	国控	I	I	
147	大渡河（大金川河）	大渡河	宜坪	河流	省控	II	II	
148	大渡河（大金川河）	大渡河	芝麻凼	河流	省控	II	II	
149	大渡河（大金川河）	大渡河	安谷电站大坝	河流	省控	II	II	

续表

序号	所属流域	河流/湖库	断面名称	水体类型	断面级别	上年类别	本年类别	污染指标（超标倍数）
150	大渡河（大金川河）	大渡河	李码头	河流	国控	Ⅱ	Ⅱ	
151	大渡河（大金川河）	阿柯河	茸安乡	河流	国控	Ⅱ	Ⅱ	
152	大渡河（大金川河）	则曲河	茸木达乡	河流	省控	Ⅱ	Ⅱ	
153	大渡河（大金川河）	梭磨河	新康猫大桥	河流	省控	Ⅱ	Ⅱ	
154	大渡河（大金川河）	梭磨河	小水沟	河流	国控	Ⅰ	Ⅰ	
155	大渡河（大金川河）	绰斯甲河	蒲西乡	河流	国控	Ⅱ	Ⅱ	
156	大渡河（大金川河）	色曲河	歌乐沱乡色曲河	河流	国控	Ⅱ	Ⅱ	
157	大渡河（大金川河）	小金川河	新格乡松矶砂石场	河流	国控	Ⅱ	Ⅱ	
158	大渡河（大金川河）	尼日河	梅花乡巴姑村	河流	省控	Ⅱ	Ⅱ	
159	大渡河（大金川河）	尼日河	尼日河甘洛出境	河流	国控	Ⅱ	Ⅱ	
160	大渡河（大金川河）	峨眉河	峨眉河曾河坝	河流	省控	Ⅲ	Ⅱ	
161	大渡河（大金川河）	瀑布沟	青富	湖库	省控	Ⅲ	Ⅱ	
162	青衣江	干流	多营	河流	省控	Ⅱ	Ⅱ	
163	青衣江	干流	龟都府	河流	国控	Ⅱ	Ⅱ	
164	青衣江	干流	木城镇	河流	国控	Ⅱ	Ⅱ	
165	青衣江	干流	姜公堰	河流	国控	Ⅱ	Ⅱ	
166	青衣江	宝兴河	灵鹫塔	河流	国控	Ⅱ	Ⅱ	
167	青衣江	天全河	天全河两河口	河流	国控	Ⅱ	Ⅱ	
168	青衣江	荥经河	槐子坝	河流	国控	Ⅱ	Ⅱ	
169	青衣江	周公河	葫芦坝电站	河流	国控	Ⅱ	Ⅱ	
170	沱江	干流	三皇庙	河流	省控	Ⅲ	Ⅲ	
171	沱江	干流	宏缘	河流	国控	Ⅲ	Ⅲ	
172	沱江	干流	临江寺	河流	省控	Ⅲ	Ⅱ	

续表

序号	所属流域	河流/湖库	断面名称	水体类型	断面级别	上年类别	本年类别	污染指标（超标倍数）
173	沱江	干流	拱城铺渡口	河流	国控	III	II	
174	沱江	干流	幸福村（河东元坝）	河流	国控	III	II	
175	沱江	干流	银山镇	河流	国控	III	II	
176	沱江	干流	高寺渡口	河流	省控	III	III	
177	沱江	干流	脚仙村	河流	国控	III	II	
178	沱江	干流	老翁桥	河流	国控	III	III	
179	沱江	干流	李家湾	河流	国控	III	II	
180	沱江	干流	大磨子	河流	国控	III	III	
181	沱江	干流	沱江大桥	河流	国控	III	III	
182	沱江	小石河	罗万场下	河流	国控	II	II	
183	沱江	鸭子河	红庙子	河流	省控	II	II	
184	沱江	鸭子河	三川	河流	国控	III	II	
185	沱江	石亭江	双江桥	河流	国控	III	III	
186	沱江	射水河	马射汇合	河流	省控	III	III	
187	沱江	绵远河	清平	河流	国控	I	II	
188	沱江	绵远河	红岩寺	河流	国控	II	II	
189	沱江	绵远河	八角	河流	国控	III	II	
190	沱江	北河	201医院	河流	国控	III	III	
191	沱江	毗河	新毗大桥	河流	省控	II	II	
192	沱江	毗河	拦河堰	河流	省控	III	II	
193	沱江	毗河	毗河二桥	河流	国控	III	II	
194	沱江	蒲阳河	驾虹	河流	省控	II	II	
195	沱江	青白江	成彭高速路桥	河流	省控	II	II	
196	沱江	青白江	三邑大桥	河流	国控	II	II	
197	沱江	中河	清江桥	河流	国控	III	II	
198	沱江	富顺河	碾子湾村	河流	国控	IV	III	
199	沱江	绛溪河	爱民桥	河流	省控	III	III	
200	沱江	阳化河	红日河大桥	河流	国控	IV	III	
201	沱江	阳化河	巷子口	河流	省控	III	III	
202	沱江	环溪河	兰家桥	河流	省控	IV	III	
203	沱江	索溪河	谢家桥	河流	国控	III	III	
204	沱江	小阳化河	万安桥	河流	省控	IV	III	

序号	所属流域	河流/湖库	断面名称	水体类型	断面级别	上年类别	本年类别	污染指标（超标倍数）
205	沱江	九曲河	九曲河大桥	河流	省控	Ⅲ	Ⅲ	
206	沱江	球溪河	发轮河口	河流	国控	Ⅲ	Ⅲ	
207	沱江	球溪河	球溪河口	河流	国控	Ⅲ	Ⅲ	
208	沱江	大濛溪河	肖家鼓堰码头	河流	省控	Ⅲ	Ⅲ	
209	沱江	大濛溪河	汪家坝	河流	省控	Ⅲ	Ⅲ	
210	沱江	大濛溪河	牛桥（民心桥）	河流	国控	Ⅲ	Ⅲ	
211	沱江	小濛溪河	资安桥	河流	国控	Ⅳ	Ⅲ	
212	沱江	大清流河	永福	河流	国控	Ⅲ	Ⅲ	
213	沱江	大清流河	李家碥	河流	国控	Ⅲ	Ⅲ	
214	沱江	大清流河	小河口大桥	河流	国控	Ⅲ	Ⅲ	
215	沱江	小清流河	韦家湾	河流	省控	Ⅲ	Ⅲ	
216	沱江	釜溪河	双河口	河流	省控	Ⅳ	Ⅲ	
217	沱江	釜溪河	碳研所	河流	国控	Ⅲ	Ⅲ	
218	沱江	釜溪河	宋渡大桥	河流	国控	Ⅲ	Ⅲ	
219	沱江	威远河	廖家堰	河流	国控	Ⅲ	Ⅲ	
220	沱江	旭水河	叶家滩	河流	国控	Ⅲ	Ⅲ	
221	沱江	旭水河	雷公滩	河流	省控	Ⅲ	Ⅲ	
222	沱江	濑溪河	官渡大桥	河流	省控	Ⅲ	Ⅲ	
223	沱江	濑溪河	胡市大桥	河流	国控	Ⅲ	Ⅲ	
224	沱江	高升河	红光村	河流	国控	Ⅲ	Ⅲ	
225	沱江	隆昌河	九曲河	河流	国控	Ⅳ	Ⅲ	
226	沱江	三岔湖	库中测点	湖库	省控	Ⅱ	Ⅱ	
227	沱江	老鹰水库	吉乐村	湖库	省控	Ⅲ	Ⅲ	
228	沱江	葫芦口水库	葫芦口水库	湖库	国控	Ⅱ	Ⅱ	
229	沱江	双溪水库	起水站	湖库	省控	Ⅱ	Ⅲ	
230	嘉陵江	干流	元西村	河流	国控	Ⅱ	Ⅱ	
231	嘉陵江	干流	上石盘	河流	国控	Ⅰ	Ⅱ	
232	嘉陵江	干流	红岩	河流	省控	Ⅱ	Ⅱ	
233	嘉陵江	干流	金银渡（张家岩）	河流	省控	Ⅱ	Ⅱ	
234	嘉陵江	干流	沙溪	河流	国控	Ⅰ	Ⅰ	
235	嘉陵江	干流	麻柳包	河流	国控	Ⅱ	Ⅱ	
236	嘉陵江	干流	新政电站	河流	国控	Ⅱ	Ⅱ	

续表

序号	所属流域	河流/湖库	断面名称	水体类型	断面级别	上年类别	本年类别	污染指标（超标倍数）
237	嘉陵江	干流	金溪电站	河流	国控	Ⅱ	Ⅱ	
238	嘉陵江	干流	伍嘉码头	河流	国控	Ⅱ	Ⅱ	
239	嘉陵江	干流	小渡口	河流	国控	Ⅱ	Ⅱ	
240	嘉陵江	干流	烈面	河流	国控	Ⅱ	Ⅱ	
241	嘉陵江	干流	金子	河流	国控	Ⅱ	Ⅱ	
242	嘉陵江	南河	荣山	河流	省控	Ⅱ	Ⅰ	
243	嘉陵江	南河	南渡	河流	国控	Ⅰ	Ⅰ	
244	嘉陵江	白龙江	郎木寺	河流	国控	Ⅱ	Ⅱ	
245	嘉陵江	白龙江	迭部	河流	国控	Ⅱ	Ⅱ	
246	嘉陵江	白龙江	水磨	河流	省控	Ⅰ	Ⅰ	
247	嘉陵江	白龙江	苴国村	河流	国控	Ⅰ	Ⅰ	
248	嘉陵江	包座河	川甘交界处	河流	省控	Ⅱ	Ⅱ	
249	嘉陵江	白水江	县城马踏石点	河流	国控	Ⅰ	Ⅰ	
250	嘉陵江	白河	九寨沟	河流	国控	Ⅱ	Ⅱ	
251	嘉陵江	清江河	五仙庙	河流	国控	Ⅱ	Ⅰ	
252	嘉陵江	清江河	石羊村	河流	省控	Ⅱ	Ⅱ	
253	嘉陵江	青竹江	竹园镇阳泉坝	河流	国控	Ⅰ	Ⅰ	
254	嘉陵江	白龙河	花石包	河流	省控	Ⅱ	Ⅲ	
255	嘉陵江	东河	喻家咀	河流	省控	Ⅱ	Ⅱ	
256	嘉陵江	东河	清泉乡（文成镇）	河流	国控	Ⅱ	Ⅰ	
257	嘉陵江	插江	卫子河	河流	省控	Ⅱ	Ⅱ	
258	嘉陵江	构溪河	三合场	河流	国控	Ⅱ	Ⅱ	
259	嘉陵江	西河	升钟水库铁炉寺	河流	国控	Ⅱ	Ⅱ	
260	嘉陵江	西河	西河村	河流	国控	Ⅱ	Ⅱ	
261	嘉陵江	西充河	彩虹桥（拉拉渡）	河流	省控	Ⅲ	Ⅲ	
262	嘉陵江	西溪河	西阳寺	河流	省控	Ⅲ	Ⅲ	
263	嘉陵江	长滩寺河	郭家坝	河流	省控	Ⅳ	Ⅲ	
264	嘉陵江	南溪河	摇金	河流	国控	Ⅲ	Ⅲ	
265	嘉陵江	白龙湖	坝前	湖库	省控	Ⅱ	Ⅱ	
266	嘉陵江	升钟水库	李家坝	湖库	省控	Ⅱ	Ⅱ	
267	渠江	南江河	元潭	河流	国控	Ⅱ	Ⅱ	
268	渠江	巴河	手傍岩	河流	国控	Ⅱ	Ⅱ	

续表

序号	所属流域	河流/湖库	断面名称	水体类型	断面级别	上年类别	本年类别	污染指标（超标倍数）
269	渠江	巴河	金碑	河流	国控	II	II	
270	渠江	巴河	江陵	河流	国控	II	II	
271	渠江	巴河	排马梯	河流	省控	II	II	
272	渠江	巴河	清河坝	河流	省控	II	II	
273	渠江	巴河	大蹬沟	河流	国控	II	II	
274	渠江	渠江	团堡岭	河流	国控	II	II	
275	渠江	渠江	涌溪	河流	省控	III	II	
276	渠江	渠江	化龙乡渠河村	河流	国控	II	II	
277	渠江	渠江	码头	河流	国控	II	II	
278	渠江	恩阳河	拱桥河	河流	国控	II	II	
279	渠江	恩阳河	雷破石	河流	省控	II	II	
280	渠江	恩阳河	小元村	河流	省控	II	II	
281	渠江	大坝河	鳌溪	河流	省控	III	III	
282	渠江	驷马河	徐家河	河流	省控	III	III	
283	渠江	通江	纳溪口	河流	国控	II	II	
284	渠江	月潭河	荀家湾	河流	国控	II	II	
285	渠江	小通江	邹家坝	河流	国控	II	II	
286	渠江	渐滩河	园门	河流	国控	II	II	
287	渠江	州河	张鼓坪	河流	省控	II	III	
288	渠江	州河	车家河	河流	国控	II	II	
289	渠江	州河	白鹤山（水井湾）	河流	省控	III	III	
290	渠江	州河	舵石盘	河流	国控	II	II	
291	渠江	后河	漩坑坝	河流	国控	II	II	
292	渠江	明月江	葫芦电站	河流	省控	III	III	
293	渠江	明月江	李家渡	河流	国控	III	III	
294	渠江	任市河	联盟桥	河流	国控	III	III	
295	渠江	新宁河	大石堡平桥	河流	省控	IV	III	
296	渠江	铜钵河	上河坝	河流	国控	III	II	
297	渠江	平滩河	牛角滩	河流	国控	IV	III	
298	渠江	石桥河	凌家桥	河流	省控	III	III	
299	渠江	东柳河	墩子河	河流	省控	IV	III	
300	渠江	流江河	开源村	河流	省控	III	III	

序号	所属流域	河流/湖库	断面名称	水体类型	断面级别	上年类别	本年类别	污染指标（超标倍数）
301	渠江	流江河	白兔乡	河流	国控	III	III	
302	渠江	清溪河	双龙桥	河流	省控	III	III	
303	渠江	华蓥河	黄楠	河流	国控	II	II	
304	涪江	干流	平武水文站	河流	国控	I	I	
305	涪江	干流	楼房沟	河流	国控	II	II	
306	涪江	干流	福田坝	河流	国控	I	I	
307	涪江	干流	丰谷	河流	国控	II	II	
308	涪江	干流	百顷	河流	国控	II	II	
309	涪江	干流	红江渡口	河流	国控	II	II	
310	涪江	干流	玉溪	河流	国控	II	II	
311	涪江	平通河	平通镇	河流	省控	II	II	
312	涪江	平通河	沙窝子大桥	河流	省控	II	II	
313	涪江	通口河	北川通口	河流	国控	I	II	
314	涪江	土门河	北川墩上	河流	省控	II	II	
315	涪江	安昌河	板凳桥	河流	省控	II	II	
316	涪江	安昌河	安州区界牌	河流	省控	II	II	
317	涪江	安昌河	饮马桥	河流	省控	II	II	
318	涪江	凯江	松花村	河流	国控	II	II	
319	涪江	凯江	凯江村大桥	河流	省控	III	II	
320	涪江	凯江	西平镇	河流	国控	III	II	
321	涪江	凯江	老南桥	河流	省控	III	III	
322	涪江	秀水河	双堰村	河流	国控	II	II	
323	涪江	梓江	先锋桥	河流	省控	II	II	
324	涪江	梓江	垢家渡	河流	省控	III	II	
325	涪江	梓江	天仙镇大佛寺渡口	河流	国控	III	II	
326	涪江	梓江	梓江大桥	河流	国控	II	II	
327	涪江	鄢江	象山	河流	国控	III	III	
328	涪江	鄢江	鄢江口	河流	国控	III	III	
329	涪江	芝溪河	涪山坝	河流	省控	IV	III	
330	涪江	坛罐窑河	白鹤桥	河流	省控	IV	IV	化学需氧量（0.03）
331	涪江	鲁班水库	鲁班岛	湖库	国控	III	III	
332	涪江	沉抗水库	沉抗水库	湖库	省控	II	II	

序号	所属流域	河流/湖库	断面名称	水体类型	断面级别	上年类别	本年类别	污染指标（超标倍数）
333	琼江	干流	跑马滩（新）	河流	国控	Ⅲ	Ⅲ	
334	琼江	干流	大安（光辉）	河流	国控	Ⅲ	Ⅲ	
335	琼江	蟠龙河	元坝子	河流	国控	Ⅲ	Ⅲ	
336	琼江	姚市河	白沙	河流	国控	Ⅳ	Ⅲ	
337	琼江	龙台河	两河	河流	国控	Ⅲ	Ⅲ	
338	黄河	干流	玛曲	河流	国控	Ⅱ	Ⅰ	
339	黄河	贾曲河	贾柯牧场	河流	省控	Ⅱ	Ⅱ	
340	黄河	白河	切拉塘	河流	省控	Ⅱ	Ⅱ	
341	黄河	白河	唐克	河流	国控	Ⅱ	Ⅱ	
342	黄河	黑河	若尔盖	河流	国控	Ⅱ	Ⅱ	
343	黄河	黑河	大水	河流	省控	Ⅲ	Ⅱ	

附表5 2022年四川省21个市（州）地表水水质类别占比

市（州）	优（%）	良（%）	轻度污染（%）	优良率（%）	优良率同比变化（%）
成都市	68.4	31.6	0	100	5.3
自贡市	30.0	70.0	0	100	10.0
攀枝花市	100	0	0	100	0
泸州市	61.5	30.8	7.7	92.3	0
德阳市	57.1	42.9	0	100	7.1
绵阳市	90.0	10.0	0	100	0
广元市	94.7	5.3	0	100	0
遂宁市	37.5	50.0	12.5	87.5	12.5
内江市	33.3	66.7	0	100	25.0
乐山市	85.7	14.3	0	100	7.1
南充市	66.7	33.3	0	100	0
宜宾市	81.8	18.2	0	100	0
广安市	60.0	40.0	0	100	10.0
达州市	47.8	52.2	0	100	13.0
巴中市	90.0	10.0	0	100	0
雅安市	90.0	10.0	0	100	0
眉山市	53.3	46.7	0	100	13.3
资阳市	11.8	88.2	0	100	17.6
阿坝州	100	0	0	100	0
甘孜州	100	0	0	100	0
凉山州	95.8	4.2	0	100	0
四川省	72.3	27.1	0.6	99.4	4.6

附表6　2022年四川省21个市（州）集中式饮用水水源地达标率

市（州）	县级及以上城市集中式饮用水水源地达标率（%）	乡镇集中式饮用水水源地达标率（%）
成都市	100	98.7
自贡市	100	100
攀枝花市	100	90.0
泸州市	100	89.3
德阳市	100	92.4
绵阳市	100	100
广元市	100	99.0
遂宁市	100	100
内江市	100	100
乐山市	100	99.2
南充市	100	77.5
宜宾市	100	97.4
广安市	100	98.7
达州市	100	99.5
巴中市	100	100
雅安市	100	100
眉山市	100	94.1
资阳市	100	95.7
阿坝州	100	100
甘孜州	100	100
凉山州	100	100
四川省	100	97.6

附表7　2022年四川省21个市（州）城市区域声环境质量监测结果

市（州）	网格覆盖面积（km²）	有效测点数（个）	昼间等效声级dB（A）	质量状况
成都市	1262.50	202	55.9	一般
自贡市	105.00	105	53.8	较好
攀枝花市	65.49	155	52.6	较好
泸州市	128.00	128	52.6	较好
德阳市	110.16	136	53.7	较好
绵阳市	107.52	168	54.7	较好
广元市	36.25	145	54.3	较好
遂宁市	143.37	177	55.9	一般
内江市	85.05	105	57.3	一般
乐山市	43.25	173	56.2	一般
南充市	149.00	149	57.3	一般
宜宾市	136.00	136	55.0	较好
广安市	50.96	104	55.6	一般
达州市	106.00	106	54.9	较好
巴中市	12.72	203	56.3	一般
雅安市	12.63	202	52.8	较好
眉山市	85.05	105	53.7	较好
资阳市	8.16	204	55.9	一般
马尔康市	12.80	20	49.7	好
康定市	0.04	15	50.8	较好
西昌市	25.00	100	52.6	较好
四川省	2684.95	2838	54.4	较好

附表8 2022年四川省21个市（州）城市道路交通声环境质量监测结果

市（州）	监测总长度（km）	超过70分贝路长（km）	超标比例（%）	昼间等效声级dB（A）	质量状况
成都市	663.65	155.01	23.4	68.0	好
自贡市	128.07	32.10	25.1	68.0	好
攀枝花市	167.40	67.20	40.1	69.4	较好
泸州市	156.80	86.71	55.3	68.4	较好
德阳市	155.85	11.40	7.3	65.9	好
绵阳市	179.64	53.95	30.0	69.0	较好
广元市	66.47	9.14	13.8	65.4	好
遂宁市	76.80	8.62	11.2	67.1	好
内江市	170.41	13.71	8.0	67.5	好
乐山市	72.77	0	0	67.6	好
南充市	57.28	17.72	30.9	69.2	较好
宜宾市	204.17	31.79	15.6	67.3	好
广安市	44.60	7.50	16.8	67.1	好
达州市	212.60	64.00	30.1	68.4	较好
巴中市	24.27	8.26	34.0	67.4	好
雅安市	5.01	1.05	21.0	67.1	好
眉山市	45.23	20.35	45.0	68.6	较好
资阳市	24.81	12.65	51.0	69.2	较好
马尔康市	41.80	5.00	12.0	67.2	好
康定市	0.62	0	0	54.3	好
西昌市	32.67	0	0	65.7	好
四川省	2530.92	606.16	24.0	67.9	好

附表9　2022年四川省21个市（州）城市功能区声环境质量监测点次达标率

市（州）	1类区		2类区		3类区		4类区		昼间合计（%）	夜间合计（%）
	昼间（%）	夜间（%）	昼间（%）	夜间（%）	昼间（%）	夜间（%）	昼间（%）	夜间（%）		
成都市	91.7	50.0	97.5	77.5	97.5	75.0	86.4	54.5	93.4	66.9
自贡市	75.0	75.0	97.2	91.7	100	100	100	100	96.7	93.3
攀枝花市	100	100	100	100	100	100	100	33.3	100	80.0
泸州市	100	100	92.9	92.9	100	100	100	33.3	96.7	83.3
德阳市	100	75.0	100	100	100	100	100	75.0	100	92.5
绵阳市	100	100	100	100	100	100	100	25.0	100	90.0
广元市	100	100	100	100	100	100	100	50.0	100	85.7
遂宁市	100	75.0	100	100	100	100	100	75.0	100	90.9
内江市	91.7	91.7	91.7	83.3	100	87.5	87.5	25.0	92.5	75.0
乐山市	87.5	75.0	100	87.5	100	75.0	100	12.5	96.4	60.7
南充市	83.3	83.3	100	91.7	100	91.7	100	91.7	96.7	90.0
宜宾市	75.0	100	100	100	100	100	80.0	60.0	92.2	87.5
广安市	100	75.0	100	100	无	无	100	75.0	100	87.5
达州市	100	100	96.9	100	100	100	100	12.5	98.3	88.3
巴中市	100	100	93.8	100	100	100	100	100	96.4	100
雅安市	100	100	100	100	100	100	100	87.5	100	96.4
眉山市	100	100	100	100	100	87.5	75.0	0	93.8	71.9
资阳市	75.0	50.0	100	100	100	100	100	100	95.0	90.0
马尔康市	100	100	100	100	无	无	100	87.5	100	95.8
康定市	无	无	100	100	无	无	无	无	100	100
西昌市	100	100	100	100	无	无	100	75.0	100	89.3
四川省	93.9	86.4	98.1	94.7	99.5	93.1	93.8	55.3	96.8	84.1

附表10 2022年四川省183个县生态质量（*EQI*）评价结果

序号	行政单位	生态功能类型	*EQI*值	*EQI*分级
1	朝天区	城市区	82.52	一类
2	荥经县	其他区域	81.20	一类
3	金口河区	其他区域	80.64	一类
4	若尔盖县	水源涵养	80.33	一类
5	青川县	其他区域	80.27	一类
6	峨边彝族自治县	其他区域	79.95	一类
7	天全县	其他区域	79.57	一类
8	木里藏族自治县	其他区域	79.05	一类
9	芦山县	其他区域	78.90	一类
10	雷波县	其他区域	78.67	一类
11	石棉县	其他区域	78.65	一类
12	宝兴县	其他区域	78.54	一类
13	平武县	其他区域	78.47	一类
14	旺苍县	其他区域	78.42	一类
15	洪雅县	其他区域	77.31	一类
16	康定市	其他区域	77.03	一类
17	茂县	其他区域	77.01	一类
18	马边彝族自治县	其他区域	76.95	一类
19	南江县	其他区域	76.92	一类
20	汉源县	其他区域	76.82	一类
21	沐川县	其他区域	76.80	一类
22	盐源县	其他区域	76.76	一类
23	红原县	水源涵养	76.75	一类
24	冕宁县	其他区域	76.46	一类
25	北川羌族自治县	其他区域	76.26	一类
26	甘洛县	其他区域	75.79	一类
27	屏山县	其他区域	75.79	一类
28	阿坝县	水源涵养	75.23	一类
29	米易县	其他区域	75.09	一类
30	德昌县	其他区域	75.04	一类
31	九寨沟县	其他区域	74.51	一类
32	万源市	其他区域	74.51	一类

续表

序号	行政单位	生态功能类型	EQI值	EQI分级
33	沙湾区	其他区域	74.31	一类
34	合江县	其他区域	74.21	一类
35	剑阁县	其他区域	74.18	一类
36	丹巴县	其他区域	74.03	一类
37	盐边县	其他区域	73.95	一类
38	越西县	其他区域	73.92	一类
39	德格县	其他区域	73.91	一类
40	美姑县	其他区域	73.88	一类
41	雨城区	城市区	73.87	一类
42	汶川县	其他区域	73.77	一类
43	喜德县	其他区域	73.74	一类
44	宣汉县	其他区域	73.29	一类
45	金川县	其他区域	73.09	一类
46	普格县	其他区域	73.06	一类
47	金阳县	其他区域	73.05	一类
48	炉霍县	其他区域	73.01	一类
49	江油市	其他区域	72.86	一类
50	昭觉县	其他区域	72.70	一类
51	利州区	城市区	72.61	一类
52	马尔康市	其他区域	72.52	一类
53	得荣县	其他区域	72.35	一类
54	黑水县	其他区域	72.27	一类
55	九龙县	其他区域	72.17	一类
56	平昌县	其他区域	72.10	一类
57	色达县	其他区域	71.98	一类
58	叙永县	其他区域	71.95	一类
59	恩阳区	城市区	71.84	一类
60	壤塘县	其他区域	71.79	一类
61	苍溪县	其他区域	71.73	一类
62	白玉县	其他区域	71.71	一类
63	西昌市	其他区域	71.64	一类
64	松潘县	其他区域	71.38	一类

序号	行政单位	生态功能类型	EQI值	EQI分级
65	大邑县	其他区域	71.28	一类
66	犍为县	其他区域	71.26	一类
67	新龙县	其他区域	71.23	一类
68	稻城县	其他区域	71.22	一类
69	巴州区	城市区	71.21	一类
70	宁南县	其他区域	71.06	一类
71	长宁县	其他区域	71.04	一类
72	乡城县	其他区域	70.88	一类
73	通江县	其他区域	70.87	一类
74	峨眉山市	其他区域	70.77	一类
75	道孚县	其他区域	70.69	一类
76	兴文县	其他区域	70.64	一类
77	会东县	其他区域	70.54	一类
78	雅江县	其他区域	70.49	一类
79	市中区	城市区	70.40	一类
80	筠连县	其他区域	70.38	一类
81	会理县	其他区域	70.23	一类
82	昭化区	城市区	70.13	一类
83	井研县	其他区域	70.04	一类
84	安州区	城市区	69.95	二类
85	布拖县	其他区域	69.67	二类
86	阆中市	其他区域	69.66	二类
87	梓潼县	其他区域	69.62	二类
88	理塘县	其他区域	69.62	二类
89	五通桥区	其他区域	69.60	二类
90	珙县	其他区域	69.58	二类
91	古蔺县	其他区域	69.53	二类
92	江安县	其他区域	69.44	二类
93	叙州区	城市区	69.38	二类
94	都江堰市	其他区域	69.30	二类
95	纳溪区	城市区	69.04	二类
96	泸定县	其他区域	68.96	二类

续表

序号	行政单位	生态功能类型	EQI值	EQI分级
97	甘孜县	其他区域	68.58	二类
98	通川区	城市区	68.51	二类
99	小金县	其他区域	68.19	二类
100	盐亭县	其他区域	68.04	二类
101	夹江县	其他区域	67.75	二类
102	青神县	其他区域	67.51	二类
103	绵竹市	其他区域	67.42	二类
104	巴塘县	其他区域	67.29	二类
105	蓬安县	其他区域	67.12	二类
106	理县	其他区域	67.03	二类
107	南部县	其他区域	67.02	二类
108	开江县	其他区域	66.99	二类
109	武胜县	其他区域	66.97	二类
110	石渠县	其他区域	66.92	二类
111	达川区	城市区	66.42	二类
112	邛崃市	其他区域	66.30	二类
113	仁和区	城市区	66.29	二类
114	高县	其他区域	66.21	二类
115	大竹县	其他区域	66.14	二类
116	仪陇县	其他区域	65.95	二类
117	渠县	其他区域	65.76	二类
118	射洪市	其他区域	65.70	二类
119	崇州市	其他区域	65.66	二类
120	邻水县	其他区域	65.62	二类
121	彭州市	其他区域	65.25	二类
122	荣县	其他区域	65.13	二类
123	三台县	其他区域	65.08	二类
124	嘉陵区	城市区	64.80	二类
125	丹棱县	其他区域	64.78	二类
126	威远县	其他区域	64.58	二类
127	仁寿县	其他区域	64.52	二类
128	华蓥市	其他区域	64.31	二类

续表

序号	行政单位	生态功能类型	EQI值	EQI分级
129	营山县	其他区域	64.26	二类
130	富顺县	其他区域	64.16	二类
131	蓬溪县	其他区域	63.77	二类
132	西充县	其他区域	63.49	二类
133	游仙区	城市区	63.03	二类
134	泸县	其他区域	63.02	二类
135	乐至县	其他区域	62.97	二类
136	中江县	其他区域	62.88	二类
137	隆昌市	其他区域	62.35	二类
138	什邡市	其他区域	62.17	二类
139	顺庆区	城市区	61.86	二类
140	岳池县	其他区域	61.61	二类
141	大英县	其他区域	60.55	二类
142	翠屏区	城市区	60.54	二类
143	简阳市	其他区域	60.44	二类
144	安岳县	其他区域	60.44	二类
145	高坪区	城市区	60.24	二类
146	资中县	其他区域	60.08	二类
147	广安区	城市区	59.49	二类
148	金堂县	其他区域	58.58	二类
149	南溪区	城市区	58.33	二类
150	蒲江县	其他区域	57.95	二类
151	东兴区	城市区	57.57	二类
152	雁江区	城市区	57.22	二类
153	西区	城市区	56.82	二类
154	彭山区	城市区	56.59	二类
155	新津区	其他区域	56.42	二类
156	贡井区	城市区	56.12	二类
157	自流井区	城市区	55.62	二类
158	沿滩区	城市区	55.48	二类
159	罗江区	城市区	54.62	三类
160	前锋区	城市区	54.59	三类

续表

序号	行政单位	生态功能类型	EQI值	EQI分级
161	江阳区	城市区	54.49	三类
162	东坡区	城市区	54.44	三类
163	名山区	城市区	54.09	三类
164	东区	城市区	53.85	三类
165	龙马潭区	城市区	53.55	三类
166	市中区	城市区	53.00	三类
167	船山区	城市区	52.97	三类
168	广汉市	其他区域	52.30	三类
169	涪城区	城市区	51.65	三类
170	安居区	城市区	51.36	三类
171	大安区	城市区	50.70	三类
172	旌阳区	城市区	50.37	三类
173	青白江区	其他区域	48.65	三类
174	双流区	城市区	47.00	三类
175	青羊区	城市区	45.61	三类
176	新都区	城市区	44.67	三类
177	郫都区	城市区	42.85	三类
178	温江区	城市区	42.63	三类
179	金牛区	城市区	40.89	三类
180	龙泉驿区	城市区	40.73	三类
181	武侯区	城市区	40.19	三类
182	成华区	城市区	40.12	三类
183	锦江区	城市区	37.99	四类

附表11　2020—2022年四川省183个县生态质量（EQI）变化结果

序号	行政单位	2020年EQI	2021年EQI	2022年EQI	2020—2021年ΔEQI	2021—2022年ΔEQI
1	锦江区	37.78	37.65	37.99	−0.13	0.34
2	青羊区	44.85	44.47	45.61	−0.38	1.14
3	金牛区	40.90	40.72	40.89	−0.18	0.17
4	武侯区	39.64	39.74	40.19	0.10	0.45
5	成华区	39.71	39.51	40.12	−0.20	0.61
6	龙泉驿区	41.11	40.81	40.73	−0.30	−0.08
7	青白江区	48.28	48.70	48.65	0.42	−0.05
8	新都区	43.93	43.90	44.67	−0.03	0.77
9	温江区	42.18	42.11	42.63	−0.07	0.52
10	双流区	45.79	46.02	47.00	0.23	0.98
11	郫都区	42.97	42.84	42.85	−0.13	0.01
12	金堂县	58.48	59.14	58.58	0.66	−0.56
13	大邑县	70.87	71.36	71.28	0.49	−0.08
14	蒲江县	58.02	58.60	57.95	0.58	−0.65
15	新津区	56.85	56.98	56.42	0.13	−0.56
16	都江堰市	69.14	69.60	69.30	0.46	−0.30
17	彭州市	65.02	65.53	65.25	0.51	−0.28
18	邛崃市	66.69	67.44	66.30	0.75	−1.14
19	崇州市	65.60	65.87	65.66	0.27	−0.21
20	简阳市	61.09	61.61	60.44	0.52	−1.17
21	自流井区	55.11	55.11	55.62	0.00	0.51
22	贡井区	55.76	55.63	56.12	−0.13	0.49
23	大安区	50.48	50.38	50.70	−0.10	0.32
24	沿滩区	55.52	55.59	55.48	0.07	−0.11
25	荣县	65.20	65.82	65.13	0.62	−0.69
26	富顺县	64.78	65.16	64.16	0.38	−1.00
27	东区	53.25	53.29	53.85	0.04	0.56
28	西区	56.58	56.70	56.82	0.12	0.12
29	仁和区	65.94	66.00	66.29	0.06	0.29
30	米易县	74.20	73.92	75.09	−0.28	1.17
31	盐边县	72.81	73.13	73.95	0.32	0.82
32	江阳区	53.59	54.01	54.49	0.42	0.48
33	纳溪区	68.40	68.66	69.04	0.26	0.38

序号	行政单位	2020年EQI	2021年EQI	2022年EQI	2020—2021年ΔEQI	2021—2022年ΔEQI
34	龙马潭区	53.84	53.58	53.55	−0.26	−0.03
35	泸县	64.63	64.62	63.02	−0.01	−1.60
36	合江县	74.67	74.75	74.21	0.08	−0.54
37	叙永县	71.96	72.25	71.95	0.29	−0.30
38	古蔺县	68.71	69.75	69.53	1.04	−0.22
39	旌阳区	50.33	49.95	50.37	−0.38	0.42
40	罗江区	54.56	54.90	54.62	0.34	−0.28
41	中江县	62.99	63.66	62.88	0.67	−0.78
42	广汉市	52.11	52.29	52.30	0.18	0.01
43	什邡市	62.28	63.02	62.17	0.74	−0.85
44	绵竹市	67.02	66.99	67.42	−0.03	0.43
45	涪城区	52.27	52.31	51.65	0.04	−0.66
46	游仙区	63.54	63.69	63.03	0.15	−0.66
47	安州区	70.70	70.89	69.95	0.19	−0.94
48	三台县	65.38	65.94	65.08	0.56	−0.86
49	盐亭县	68.02	68.70	68.04	0.68	−0.66
50	梓潼县	69.69	70.07	69.62	0.38	−0.45
51	北川羌族自治县	76.35	76.29	76.26	−0.06	−0.03
52	平武县	78.42	78.48	78.47	0.06	−0.01
53	江油市	72.69	73.54	72.86	0.85	−0.68
54	利州区	72.58	72.70	72.61	0.12	−0.09
55	昭化区	70.26	70.24	70.13	−0.02	−0.11
56	朝天区	82.14	82.53	82.52	0.39	−0.01
57	旺苍县	78.47	78.43	78.42	−0.04	−0.01
58	青川县	80.35	80.34	80.27	−0.01	−0.07
59	剑阁县	74.57	75.20	74.18	0.63	−1.02
60	苍溪县	72.49	72.61	71.73	0.12	−0.88
61	船山区	53.05	53.15	52.97	0.10	−0.18
62	安居区	50.23	50.44	51.36	0.21	0.92
63	蓬溪县	64.00	64.75	63.77	0.75	−0.98
64	大英县	61.08	61.56	60.55	0.48	−1.01

续表

序号	行政单位	2020年*EQI*	2021年*EQI*	2022年*EQI*	2020—2021年 Δ*EQI*	2021—2022年 Δ*EQI*
65	射洪市	66.29	66.82	65.70	0.53	−1.12
66	内江市中区	53.37	53.35	53.00	−0.02	−0.35
67	东兴区	57.72	57.64	57.57	−0.08	−0.07
68	威远县	64.61	65.31	64.58	0.70	−0.73
69	资中县	60.38	61.30	60.08	0.92	−1.22
70	隆昌市	63.30	63.38	62.35	0.08	−1.03
71	乐山市中区	70.48	69.99	70.40	−0.49	0.41
72	沙湾区	75.62	75.93	74.31	0.31	−1.62
73	五通桥区	70.59	70.70	69.60	0.11	−1.10
74	金口河区	80.79	80.71	80.64	−0.08	−0.07
75	犍为县	71.97	72.01	71.26	0.04	−0.75
76	井研县	69.71	70.54	70.04	0.83	−0.50
77	夹江县	67.46	68.45	67.75	0.99	−0.70
78	沐川县	78.01	77.71	76.80	−0.30	−0.91
79	峨边彝族自治县	80.03	79.98	79.95	−0.05	−0.03
80	马边彝族自治县	77.50	77.69	76.95	0.19	−0.74
81	峨眉山市	71.10	71.64	70.77	0.54	−0.87
82	顺庆区	61.91	62.05	61.86	0.14	−0.19
83	高坪区	59.47	60.55	60.24	1.08	−0.31
84	嘉陵区	64.24	65.15	64.80	0.91	−0.35
85	南部县	67.55	67.95	67.02	0.40	−0.93
86	营山县	64.55	64.68	64.26	0.13	−0.42
87	蓬安县	67.44	67.55	67.12	0.11	−0.43
88	仪陇县	66.60	66.57	65.95	−0.03	−0.62
89	西充县	63.64	64.40	63.49	0.76	−0.91
90	阆中市	70.15	70.54	69.66	0.39	−0.88
91	东坡区	54.95	54.86	54.44	−0.09	−0.42
92	彭山区	56.62	56.12	56.59	−0.50	0.47
93	仁寿县	64.15	64.99	64.52	0.84	−0.47
94	洪雅县	77.33	77.20	77.31	−0.13	0.11
95	丹棱县	64.14	65.14	64.78	1.00	−0.36

续表

序号	行政单位	2020年*EQI*	2021年*EQI*	2022年*EQI*	2020—2021年 Δ*EQI*	2021—2022年 Δ*EQI*
96	青神县	67.36	68.29	67.51	0.93	−0.78
97	翠屏区	60.49	60.58	60.54	0.09	−0.04
98	南溪区	58.01	57.75	58.33	−0.26	0.58
99	叙州区	68.93	68.84	69.38	−0.09	0.54
100	江安县	70.33	70.39	69.44	0.06	−0.95
101	长宁县	71.57	71.85	71.04	0.28	−0.81
102	高县	66.78	67.00	66.21	0.22	−0.79
103	珙县	69.58	70.02	69.58	0.44	−0.44
104	筠连县	70.44	70.55	70.38	0.11	−0.17
105	兴文县	71.00	71.23	70.64	0.23	−0.59
106	屏山县	76.13	76.73	75.79	0.60	−0.94
107	广安区	59.76	59.68	59.49	−0.08	−0.19
108	前锋区	54.59	54.48	54.59	−0.11	0.11
109	岳池县	62.26	62.37	61.61	0.11	−0.76
110	武胜县	67.20	67.91	66.97	0.71	−0.94
111	邻水县	66.38	66.49	65.62	0.11	−0.87
112	华蓥市	64.95	64.98	64.31	0.03	−0.67
113	通川区	68.73	68.56	68.51	−0.17	−0.05
114	达川区	66.18	66.23	66.42	0.05	0.19
115	宣汉县	73.48	73.58	73.29	0.10	−0.29
116	开江县	67.26	67.30	66.99	0.04	−0.31
117	大竹县	66.46	66.58	66.14	0.12	−0.44
118	渠县	66.02	65.94	65.76	−0.08	−0.18
119	万源市	74.56	74.52	74.51	−0.04	−0.01
120	雨城区	73.59	73.64	73.87	0.05	0.23
121	名山区	53.71	53.81	54.09	0.10	0.28
122	荥经县	81.30	81.18	81.20	−0.12	0.02
123	汉源县	76.52	76.23	76.82	−0.29	0.59
124	石棉县	77.13	77.64	78.65	0.51	1.01
125	天全县	79.31	79.11	79.57	−0.20	0.46
126	芦山县	78.46	79.28	78.90	0.82	−0.38
127	宝兴县	76.89	77.80	78.54	0.91	0.74

续表

序号	行政单位	2020年EQI	2021年EQI	2022年EQI	2020—2021年 ΔEQI	2021—2022年 ΔEQI
128	巴州区	71.12	71.25	71.21	0.13	−0.04
129	恩阳区	71.44	71.87	71.84	0.43	−0.03
130	通江县	70.95	70.87	70.87	−0.08	0
131	南江县	76.98	76.94	76.92	−0.04	−0.02
132	平昌县	72.16	72.33	72.10	0.17	−0.23
133	雁江区	57.11	57.32	57.22	0.21	−0.10
134	安岳县	60.37	61.26	60.44	0.89	−0.82
135	乐至县	63.12	63.95	62.97	0.83	−0.98
136	马尔康市	71.31	71.79	72.52	0.48	0.73
137	汶川县	71.95	73.11	73.77	1.16	0.66
138	理县	65.46	65.54	67.03	0.08	1.49
139	茂县	76.03	76.42	77.01	0.39	0.59
140	松潘县	70.12	70.82	71.38	0.70	0.56
141	九寨沟县	73.25	73.81	74.51	0.56	0.70
142	金川县	71.88	72.04	73.09	0.16	1.05
143	小金县	67.08	66.94	68.19	−0.14	1.25
144	黑水县	71.00	71.00	72.27	0.00	1.27
145	壤塘县	70.45	71.54	71.79	1.09	0.25
146	阿坝县	75.29	75.23	75.23	−0.06	0
147	若尔盖县	80.33	80.32	80.33	−0.01	0.01
148	红原县	76.84	76.77	76.75	−0.07	−0.02
149	康定市	75.81	76.29	77.03	0.48	0.74
150	泸定县	67.74	68.14	68.96	0.40	0.82
151	丹巴县	72.93	73.03	74.03	0.10	1.00
152	九龙县	70.78	70.75	72.17	−0.03	1.42
153	雅江县	69.81	69.85	70.49	0.04	0.64
154	道孚县	69.40	69.99	70.69	0.59	0.70
155	炉霍县	72.01	72.91	73.01	0.90	0.10
156	甘孜县	67.62	68.73	68.58	1.11	−0.15
157	新龙县	70.07	70.80	71.23	0.73	0.43
158	德格县	72.79	73.91	73.91	1.12	0
159	白玉县	70.43	71.32	71.71	0.89	0.39

续表

序号	行政单位	2020年EQI	2021年EQI	2022年EQI	2020—2021年ΔEQI	2021—2022年ΔEQI
160	石渠县	65.80	67.50	66.92	1.70	−0.58
161	色达县	70.98	72.29	71.98	1.31	−0.31
162	理塘县	68.61	69.17	69.62	0.56	0.45
163	巴塘县	66.39	66.85	67.29	0.46	0.44
164	乡城县	69.99	70.33	70.88	0.34	0.55
165	稻城县	70.03	70.16	71.22	0.13	1.06
166	得荣县	72.28	71.67	72.35	−0.61	0.68
167	西昌市	71.34	70.92	71.64	−0.42	0.72
168	木里藏族自治县	78.32	77.55	79.05	−0.77	1.50
169	盐源县	76.21	75.32	76.76	−0.89	1.44
170	德昌县	74.74	73.24	75.04	−1.50	1.80
171	会理县	68.84	68.72	70.23	−0.12	1.51
172	会东县	69.17	68.29	70.54	−0.88	2.25
173	宁南县	69.85	68.37	71.06	−1.48	2.69
174	普格县	72.51	71.56	73.06	−0.95	1.50
175	布拖县	69.24	68.26	69.67	−0.98	1.41
176	金阳县	72.74	71.65	73.05	−1.09	1.40
177	昭觉县	72.09	71.25	72.70	−0.84	1.45
178	喜德县	73.44	73.06	73.74	−0.38	0.68
179	冕宁县	75.42	75.19	76.46	−0.23	1.27
180	越西县	73.80	72.78	73.92	−1.02	1.14
181	甘洛县	75.78	75.51	75.79	−0.27	0.28
182	美姑县	73.56	72.72	73.88	−0.84	1.16
183	雷波县	78.83	78.55	78.67	−0.28	0.12

附表12　2022年四川省生态环境质量监测点位（省控）统计

单位：个

市（州）	空气				地表水								声环境			备注
	空气站	其中考核点位数（省考）	超级站	非甲烷总烃站	地表水点位				其中地表水考核点位（省考）				城市区域	道路交通	功能区	
					河流		湖库		河流		湖库					
					手工	自动站	手工	自动站	手工	自动站	手工	自动站				
成都市	23	23	1	1	26	32	8	1	24			2	202	193	34	
自贡市	4	4	1	1	4	8	1		2			1	105	50	15	
攀枝花市	2	2	0	1	2	2	2	1	2			1	155	52	10	
泸州市	4	4	1	1	5	10			2				128	81	15	
德阳市	5	5	1	1	4	13			3				136	50	10	
绵阳市	6	6	1	1	13	7	4		8		1		168	84	15	
广元市	7	7	0	1	11	7	1		8		1		145	24	7	
遂宁市	6	6	0	1	3	5			2				177	65	11	
内江市	6	6	0	1	3	12			2				105	50	10	
乐山市	10	10	0	1	14	5			8				173	32	7	
南充市	6	6	0	1	5	10	3		3		1		149	84	15	
宜宾市	9	9	1	1	14	13		1	12				136	82	16	
广安市	5	5	1	1	4	7			3				104	20	4	
达州市	9	9	1	1	10	13			8				106	36	15	
巴中市	4	4	0	1	6	11	1		4				203	22	7	
雅安市	8	8	0	1	11	4	2		2		1		202	16	7	
眉山市	6	6	0	1	7	10	2		7		1		105	24	8	
资阳市	2	2	0	1	7	10	2		6				204	12	5	
阿坝州	13	13	0	1	23	4			11				20	11	6	
甘孜州	17	17	0	1	35	10			6				15	2		
凉山州	16	16	0	1	21	6	5		8				100	25	7	
合计	168	168	8	21	227	198	32	5	131			10	2838	1015	226	

注：地表水手工断面省控是以断面所在地统计，省考是以责任地统计。